高职高专电子信息类“十三五”规划教材

51 单片机 C 语言项目实践教程

主　编　梁竹君　冉会中
副主编　李　娜　董禹辛

西安电子科技大学出版社

内容简介

本书分为基础知识储备篇、基础项目学习篇、综合项目实战篇三大部分。全书以项目化教学的思路展开编写，第一篇基础知识储备篇依次详细地介绍了51单片机应用系统开发所要求储备的相关基础知识，包括：对51单片机的认知、开发环境的搭建、C51程序设计基础以及单片机系统的开发方法。第二篇基础项目学习篇讲解单片机I/O口的基本操作和中断(外部中断)、单片机定时/计数器及操作、串口通信知识。第三篇综合项目实战篇，通过五个综合项目介绍单片机应用系统的综合设计和开发。

本书适合作为高职院校电子类、通信类、电气类、计算机类的教材使用，也可用作单片机开发工程技术人员的培训教材，还可作为电子设计爱好者的参考用书。

图书在版编目(CIP)数据

51单片机C语言项目实践教程/梁竹君，冉会中主编. —西安：西安电子科技大学出版社，2018.7

ISBN 978-7-5606-4800-2

Ⅰ. ①5… Ⅱ. ①梁… ②冉… Ⅲ. ①单片微型计算机—C语言—程序设计
Ⅳ. ①TP368.1 ②TP312.8

中国版本图书馆CIP数据核字(2018)第000852号

策划编辑 刘玉芳
责任编辑 刘玉芳 毛红兵
出版发行 西安电子科技大学出版社(西安市太白南路2号)
电　　话 (029)88242885 88201467　　邮　　编 710071
网　　址 www.xduph.com　　电子邮箱：xdupfxb001@163.com
经　　销 新华书店
印刷单位 陕西天意印务有限责任公司
版　　次 2018年7月第1版 2018年7月第1次印刷
开　　本 787毫米×1092毫米 1/16 印张 19.5
字　　数 464千字
印　　数 1～3000册
定　　价 40.00元
ISBN 978-7-5606-4800-2 / TP
XDUP 5102001-1

前　言

单片机全称为单片微型计算机，由于单片机主要应用在控制方面，故又称为微型控制器(MCU)。单片机在现代社会生产和生活中的应用越来越广泛，已深入到工业、农业、商业、教育、国防及日常生活等各个领域。单片机在家电方面的应用主要有：彩色电视机、影碟机内部的控制系统；数码相机、数码摄像机的控制系统；中高档电冰箱、空调器、电风扇、洗衣机、加湿器和消毒柜的控制系统；中高档微波炉、电磁灶和电饭煲的控制系统等。单片机在通信方面的应用主要有：移动电话、传真机、调制解调器和程控交换机中的控制系统；智能电缆监控系统、智能线路运行控制系统和智能电缆故障检测仪等。单片机在商业方面的应用主要有：自动售货机、无人值守系统、防盗报警系统、灯光音响设备、IC 卡等。

单片机不仅应用范围广泛，还从根本上改变了传统的控制系统设计思路和方法，使用它可以通过软件来实现硬件电路的大部分功能，简化了硬件电路结构，实现了智能化控制。因此，单片机的应用能力已经成为高职高专院校多个专业的学生必须要掌握的专业技能之一，全国许多高等工科院校已普遍开设了单片机及相关课程。然而，传统的单片机教学先理论后实践，按照单片机的结构体系来授课，使初学者很难入门，对单片机学习失去了兴趣。因此，需要针对高职高专院校培养高技能应用型人才的教育目标，在教学方法上进行改革，打破传统的单一教学模式，针对这一目标本书在内容的选取上以够用为原则，简化了单片机理论的难度和深度，加强了实践教学的内容，强调了单片机技术的应用能力，引入项目教学法、任务驱动教学法、实物演示教学法等，通过对具体任务的学习串联起单片机教学的主要内容，在实现工作任务的同时完成了理论教学与实践技能的培养，体现了高职教材的特色。特别是第三篇共设计了五个综合项目：简易电子琴的设计与制作、温度报警系统的设计与制作、汽车倒车报警系统的设计与制作、带红外遥控的电子密码锁的设计与制作以及12864 液晶显示的数字电子万年历系统的设计与制作。五个项目均按照项目设计目标和要求→系统方案设计→系统硬件设计→系统软件设计→项目扩展任务来进行分析与设计，整体项目设计采用循序渐进的方式进行。读者基于这部分实例，只需要做一些微小的改变，就可以开发出新的应用项目，轻松实现入门。每个任务后都提供任务扩展环节，进一步巩固所学知识。

综上所述，本书的特点包含以下几个方面。

(1) 从工程应用的实际出发，优化了教学内容，删繁就简，抓住核心知识，摒弃过时的理论与技术，补充新技术、新方法。

(2) 以项目设计任务为主线带动相关知识点的介绍和应用技能训练，通过对多个训练项目的设计与实现，达到对51单片机所有知识单元和功能模块的系统学习和训练。

(3) 项目设计案例能把理论知识和实践应用密切联系，设计方案紧扣工程实际，注重引导读者了解工程应用中需要考虑的实际问题和解决思路，培养工程化设计意识，锻炼分析问题、解决问题的能力。

(4) 项目知识点的掌握由浅入深，先进行基本编程方法练习，在此基础上，进一步开展工程项目的综合设计与编程。

(5) 每一个项目的设计例程都在Proteus ISIS仿真软件中运行通过，便于读者实践练习。

参加本书编写的所有人员都是在教学一线从事单片机C语言及应用技术课程教学的教师，不仅教学经验丰富，而且对高职教育有深入的研究和独特的见解。本书由梁竹君、冉会中任主编，李娜、董禹辛任副主编，最后由梁竹君统稿。其中，梁竹君编写了第一篇、第三篇，冉会中完成了第二篇的项目3和项目4的编写，李娜、董禹辛负责第二篇的项目2。

在本书的编写和出版过程中，得到了西安电子科技大学出版社刘玉芳编辑的大力支持，在此表示感谢。作者还要感谢成都职业技术学院应用电子技术专业的全体老师以及16级应用电子技术1班的沈安宇、母伟、刘应森同学的帮助，本书的出版与他们的帮助和支持是分不开的。

由于时间仓促，作者的水平有限，不足之处在所难免，恳请广大技术专家和读者指正。

为了方便教师教学，本书还配有免费的电子教学课件、测试试卷及答案等资料，请有此需要的教师登录西安电子科技大学出版社网站进行下载，有问题时请在网站留言或与西安电子科技大学出版社联系。

作　者

2017年12月16日

目　录

第一篇　基础知识储备篇

第二篇　基础项目学习篇

第三篇　综合项目实战篇

第一篇

基础知识储备篇

本篇设置了5个任务，任务1：先从“点亮一个LED发光二极管”的实际任务入手，让读者对单片机、单片机最小系统及单片机应用系统有一个感性的认知；任务2：认知51单片机，详细介绍了单片机硬件系统，让读者进一步了解单片机、单片机应用系统的概念、MCS－51系列单片机的硬件结构和工作原理、单片机最小系统的组成；任务3：Keil C51单片机开发环境的搭建，主要介绍Keil C软件的操作步骤；任务4：C51程序设计基础，主要介绍单片机软件设计的相关知识；任务5：单片机应用系统的开发方法，详细地介绍单片机应用系统开发过程与开发方法。通过这5个任务知识的储备，为后面的学习和深入奠定扎实的基础。

项目1 单片机基础知识

1. 项目目标

(1) 理解单片机、单片机最小系统及应用系统的概念。

(2) 理解 MCS-51 系列单片机的硬件结构和工作原理。

(3) 熟练掌握 MCS-51 系列单片机最小系统的组成和结构。

(4) 熟悉 Keil C 开发软件及 Keil C51 程序设计基础知识。

(5) 理解单片机应用系统的开发方法、开发过程。

(6) 掌握 Proteus ISIS 软件的使用。

2. 项目要求

通过这 5 个任务的学习,为后面的学习和深入掌握奠定扎实的理论知识基础。

任务1 点亮一个LED发光二极管

单片机控制一个 LED 发光二极管点亮的系统硬件电路图如图 1-1 所示，其包含了单片机、复位电路、晶振电路、电源电路和一个 LED 发光二极管显示电路。其中，复位电路由一个弹性按键、一个 10 kΩ 电阻和一个 10 μF 电解电容组成；晶振电路由一个 11.0592 MHz 晶振、两个 30 pF 瓷片电容组成；通过 AT89S51 的 VCC 脚接到+5 V 电源，GND 引脚接地，从而构成电源电路；AT89S51 单片机的 P1 口的 P1.0 引脚经过一个 1 kΩ 电阻后，再与发

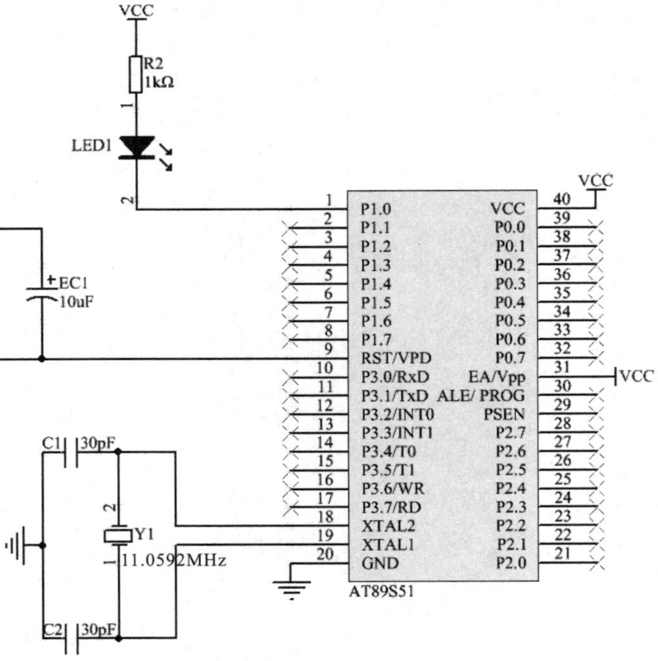

图 1-1 一个发光二极管点亮控制系统电路原理图

光二极管的负端连接，发光二极管的正端接+5 V电压，形成发光二极管显示电路。

一个发光二极管点亮控制系统电路元器件清单如表1-1所示。

表1-1　一个发光二极管点亮控制系统电路元器件清单

元器件名称	参数	数量	元器件名称	参数	数量	元器件名称	参数	数量
IC插座	DIP40	1	瓷片电容	30 pF	2	电阻	10kΩ	1
单片机	AT89S51	1	发光二极管		1	电阻	1 kΩ	1
晶体振荡器	11.0592 MHz	1	弹性按键		1	电解电容	10 μF	1

1. 硬件电路的设计

在万能板上按图1-1焊接元器件，完成电路板的制作，电路板实物图如图1-2所示。

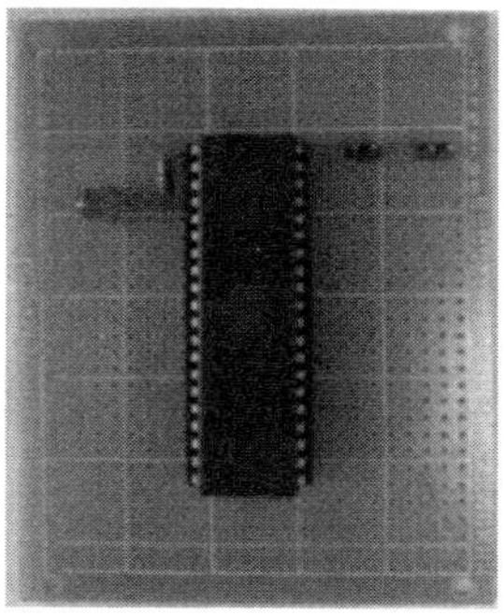

图1-2　一个发光二极管点亮控制系统实物图

★小提示：

(1) 焊接单片机应用系统电路时，一般不直接将单片机芯片焊接在电路板上，而是焊接在与单片机芯片引脚对应的直插式插座上，以方便单片机芯片的插入与拔出，在这里采用的是DIP40插座。

(2) 晶振电路焊接时尽可能地靠近单片机芯片，以减小电路分布电容，从而使频率更加稳定。

2. 程序及下载

图1-2是发光二极管点亮控制系统的硬件电路，仅仅只有硬件是没有办法实现灯亮效果的，还必须将控制程序烧录到单片机芯片的内部存储器中才能实现。因此，一个单片机应用系统是由硬件系统和软件系统两部分组成的，二者缺一不可。

一个LED灯点亮控制程序如下：

```
#include<reg51.h> //头文件，定义了MCS-51单片机的特殊功能寄存器
sbit  LED=P1^0;      //定义P1.0口
voidmain(  )
{
  LED=0;               //点亮P1.0对应的LED
  while(1);
}
```

对一个LED灯点亮.C源程序进行编译和链接后，生成一个LED灯点亮.hex二进制代码文件如下：

：04000F00C29080FE1D

：03000000020003F8

：0C000300787FE4F6D8FD75810702000F3D

：00000001FF

▲知识补充：

用C语言或汇编语言编写的程序称为源程序，源程序必须经过编译、链接等操作变成目标程序，即二进制程序，单片机才能够执行。

将二进制文件下载到单片机的方法有很多种，这里通过USB ISP下载器下载。

(1) 首先将下载器的一端与计算机的USB接口连接，另一端连接到单片机应用系统的ISP下载口，打开系统电源，启动智峰ISP下载软件PROGISP (Ver 1.72)软件，出现如图1-3所示的主窗口画面，如果软件上“PRG”和“USB”位置上颜色显示正常(不是灰色)，表示计算机与单片机系统连接正常。

图1-3　单片机应用系统与计算机连接主窗口界面图

(2) 在图1-3所示的主窗口的“Select Chip”区域的下拉列表中，左键单击选择单片机应用系统对应的单片机芯片的型号，弹出如图1-4所示的界面。

(3) 在图1-4所示的界面中点击“擦除”按钮，当下面的提示窗口中出现“芯片擦除成功”字样，则表明原单片机芯片里的程序已擦除完毕，如图1-5所示。

(4) 在图1-5所示的界面中点击“调入Flash”按钮，通过路径选择需要烧录的hex文件，如图 1－6 所示，选中要烧录的 hex 文件。

图 1－4　“Select Chip”界面

图 1－5　擦除单片机芯片里程序成功界面图

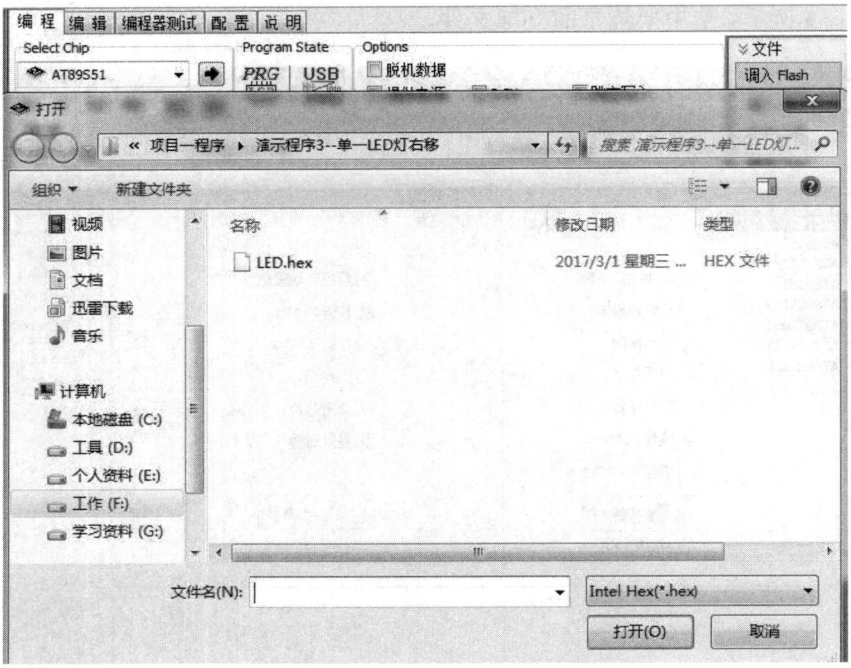

图 1-6 选择烧录的 hex 文件界面图

(5) 在图 1-6 所示的界面中，点击“打开”按钮，则进入图 1-7 所示的界面，点击“自动”按钮，则会在图 1-7 所示的界面下方出现程序下载进度指示，当程序下载完毕后，在提示窗口中会出现“成功”字样。

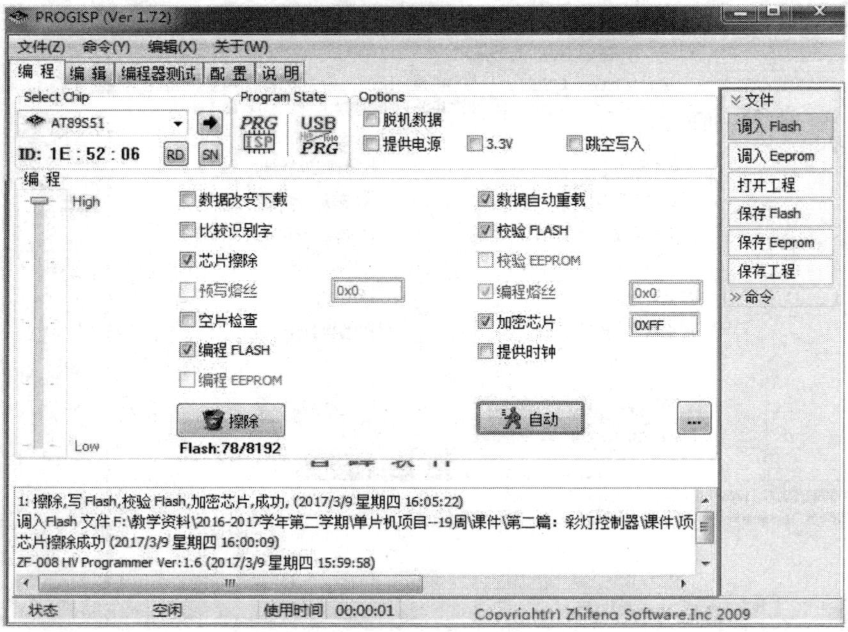

图 1-7 烧录程序界面图

3. 运行测试

接通电路板电源，即可观察到LED灯被点亮。

4. 任务小结

通过此任务的制作，让读者对单片机、单片机最小系统、单片机应用系统的概念有了初步的了解和直观的认识，与此同时，读者还可以了解单片机应用系统的开发过程。

任务2 认知51单片机

1. 什么是单片机

1）单片机的概念

单片微型计算机(Single Chip Microcomputer)，简称单片机，是指集成在一个芯片上的微型计算机，它的内部包含各种功能部件，包括CPU(Central Processing Unit)、存储器(Memory)、基本输入/输出(Input/Output，I/O)接口电路、定时/计数器、中断系统等。由于它的结构与指令功能都是按照工业控制要求设计的，所以又称为微控制器(Micro-Controller Unit，MCU)。

2）单片机应用系统及组成

单片机应用系统是以单片机为核心，配以输入、输出、显示等外围接口电路和软件，能够实现一种或多种功能的实用系统。

单片机应用系统由硬件和软件两部分组成，两者缺一不可。硬件是应用系统的基础，软件是在硬件的基础上，对其资源进行合理调配和使用，控制其按照一定的顺序完成各种时序、运算或动作，从而实现应用系统所要求的任务。所以单片机应用系统设计人员必须从硬件结构和软件设计两个角度来开发设计，将二者有机地结合起来，才能开发出具有特定功能的单片机应用系统。单片机应用系统的组成图如图1-8所示。

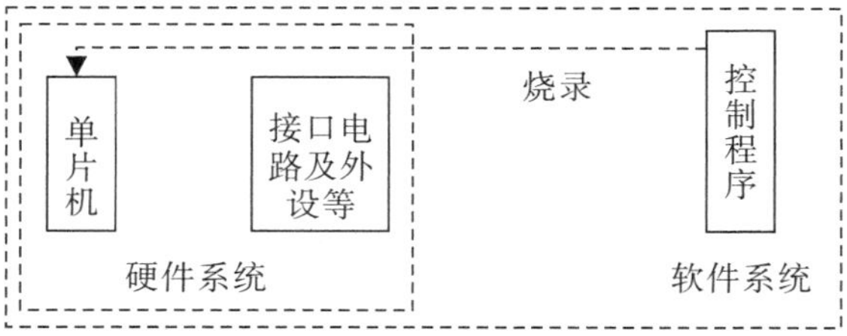

图1-8 单片机应用系统的组成图

3）MCS-51系列单片机

本书以目前使用最为广泛的MCS-51系列8位单片机为研究对象，介绍单片机的内部结构、工作原理及应用系统的设计。

(1) Intel公司的MCS-51系列单片机。Intel公司的8031单片机开创了MCS-51系列单片机的新时代，型号包括8031、8051、8751、80C31、80C51、87C51等。其技术特点如下：

① 基于 MCS－51 核的处理器结构；

② 32 个 I/O 引脚；

③ 2 个定时/计数器；

④ 5 个中断源；

⑤ 128(Byte)内部数据存储器。

(2) Atmel 公司的 MCS－51 系列单片机。Atmel 公司的 MCS－51 系列单片机是目前最受欢迎的单片机，其中应用最广泛的 89 系列单片机的特点如下：

① 内部含 Flash 存储器。在系统的开发过程中可以非常方便地进行程序的修改，大大缩短了系统的开发周期。同时，在系统工程中，能有效地保存一些数据信息，即使外界电源损坏也不影响信息的保存。

② 和 80C51 插座兼容。89 系列单片机的引脚与 80C51 是一样的，所以用 89 系列单片机可以直接代换 80C51。

③ 静态时钟方式。89 系列单片机采用静态时钟方式，可以节省电能，这对降低便携式产品的功耗十分有用。

④ 可以反复进行系统试验。用 89 系列单片机设计的系统，可以反复进行系统试验，每次试验可以编入不同的程序，这样可以保证用户系统设计达到最优。而且还可以按照用户的需要进行修改，使系统不断满足用户的最新要求。

Atmel 公司的 89 系列单片机型号表如表 1－2 所示。

表 1－2　Atmel 公司 89 系列单片机型号表

型号	Flash /KB	ISP	EEPROM /KB	RAM /B	f_{max} /MHz	V_{cc} /V	I/O 引脚	UART/ 16 位 Times	WDT	SPI
AT89C2051	2	——	——	128	24	2.7～6.0	15	1/2	——	——
AT89C4051	4	——	——	128	24	2.7～6.0	15	1/2	——	——
AT89S51	4	Yes	——	128	24	4.0～5.5	32	1/2	Yes	——
AT89S52	8	Yes	——	256	33	4.0～5.5	32	1/3	Yes	——
AT89S8253	16	Yes	2	256	24	2.7～5.5	32	1/3	Yes	Yes

目前，单片机正朝着低功耗、高性能、多品种的方向发展。近年来，32 位单片机已进入实用阶段，但是由于 8 位单片机在性价比上占优势，且 8 位增强型单片机在速度和功能上向 16 位单片机提出了挑战，因此，8 位单片机仍是单片机的主流机型。

2. MCS－51 单片机的内部结构及引脚

1) 8051 单片机的内部结构

8051 是 MCS－51 系列单片机的典型芯片，其他型号除了程序存储器结构不同外，其内部结构完全相同，引脚完全兼容。所以，下面以 8051 为例介绍 MCS－51 系列单片机的内部组成及引脚。8051 单片机的内部结构组成图如图 1－9 所示。

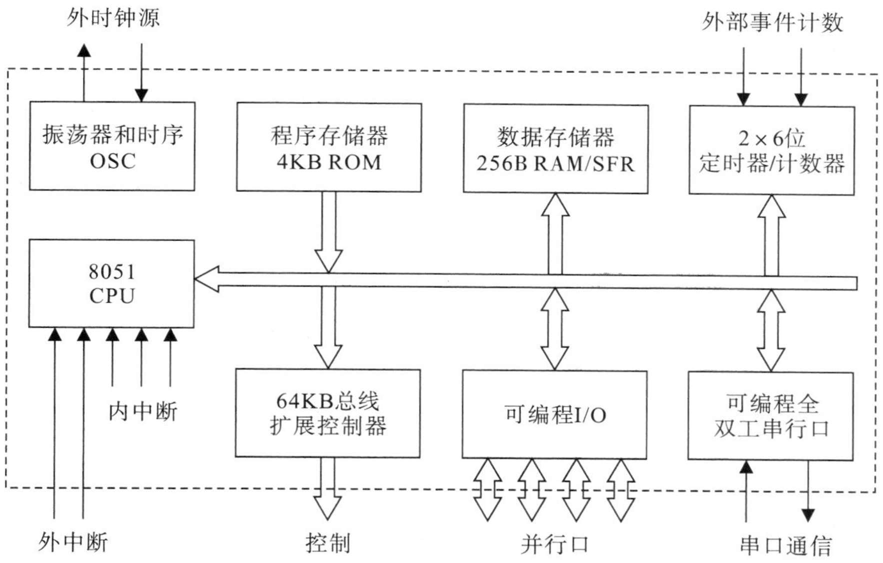

图 1－9　8051 单片机的内部结构组成图

(1) 中央处理器(CPU)。中央处理器是单片机的核心，是 8 位数据宽度的处理器，能处理 8 位二进制数据或代码。CPU 负责控制、指挥和调度整个单元系统的协调工作，完成运算和控制功能。

(2) 内部数据存储器 RAM(Random Access Memory)。8051 内部有 256 个 RAM 单元，其中高 128 个单元被专用寄存器占用，低 128 个单元是用户数据存储单元。高 128 个单元只能用于存放控制指令数据，用户只能访问，不能用于存放用户数据。低 128 个单元可以存放读写的数据、运算的中间结果和用户定义的字型表，可以读写，掉电后数据会丢失。

(3) 内部程序存储器 ROM(Read-Only Memory)。8051 内部共有 4KB 掩模 ROM，用于存放用户程序、原始数据或表格数据。

(4) 并行 I/O 端口。8051 内部有 4 个 8 位并行 I/O 端口，分别是 P0、P1、P2、P3，用于传输外部数据。

(5) 全双工串行口(UART)。8051 内置一个全双工串行通信口，可以实现单片机与其他设备之间的串行数据通信。该串行口既可以作为全双工异步通信收发器，也可以作为同步移位器使用。

(6) 定时/计数器。8051 有两个 16 位的可编程定时/计数器，可以实现定时或计数功能。

(7) 中断系统。8051 有 5 个中断源，分别是：两个外部中断、两个定时/计数器中断和一个串行中断，可以满足不同的控制要求，并且有 2 级优先级别选择。

(8) 时钟电路。8051 内部有时钟电路，只需外接石英晶体和微调电容即可，用于产生单片机运行的脉冲时序。晶振频率通常选择有 6 MHz、12 MHz 或 11.0592 MHz。

2）8051单片机的引脚

MCS－51单片机及其兼容机一般都采用40Pin封装的双列直插封装(DIP)，其引脚排列图如图1－10所示，引脚功能如表1－3所示。

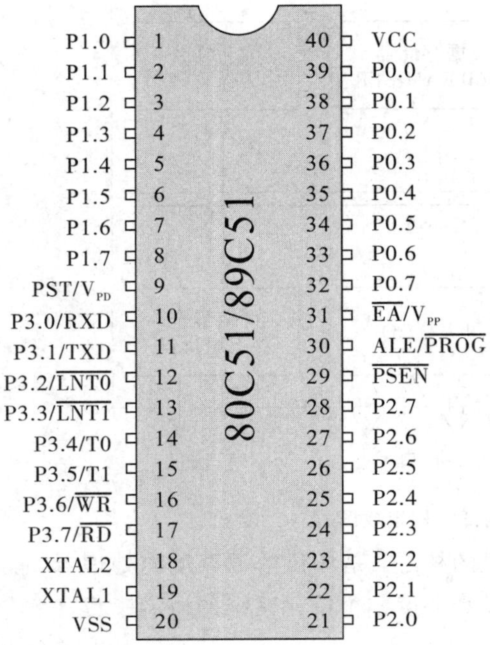

图1－10 MCS－51单片机引脚排列图

表1－3 8051单片机引脚功能

引脚名称	引脚功能
P0.0～P0.7	P0口8位双向端口线
P1.0～P1.7	P1口8位双向端口线
P2.0～P2.7	P2口8位双向端口线
P3.0～P3.7	P3口8位双向端口线
ALE	地址锁存控制信号端
$\overline{\text{PSEN}}$	外部程序存储器读选通信号端
$\overline{\text{EA}}$	访问程序存储控制信号端
RST	复位信号端
XTAL1、XTAL2	外接晶振电路端
VCC	＋5V电源端
VSS	接地端

(1) 控制引脚介绍。

① ALE：系统扩展时，P0口是8位数据线和低8位地址线复用引脚，ALE用于把P0口输出的低8位地址锁存起来，以实现低8位地址和数据的隔离。

② $\overline{\text{PSEN}}$：有效电平是低电平，可以实现对外部ROM单元的读操作。

③ $\overline{\text{EA}}$：当其为低电平时，对ROM的读操作限定在外部程序存储器中；而当其为高电平时，对ROM的读操作从内部程序存储器开始，并可延至外部存储器。

④ RST：当输入的复位信号延续两个机器周期以上的高电平即为有效，用于完成单片机的复位初始化操作。

⑤ XTAL1和XTAL2：外接晶振电路端。当使用芯片内部时钟时，两端口用于外接石英晶体和微调电容；当使用外部时钟时，用于连接外部的时钟脉冲信号。

★小提示：

机器周期的计算公式：$T_{机}=\frac{12}{f_{osc}}$，式中，f_{osc}为晶体的频率。

例如：外接晶振为12 MHz时，MCS－51单片机的机器周期$T_{机}=\frac{1}{12}\mu s$。

(2) 引脚的第二功能。由于工艺及标准化等原因，芯片的引脚数目是有限的，为了满足实际需要，部分信号引脚具有第二功能。最常用的就是P3口8条线所提供的第二功能，如表 1－4 所示。

表 1－4　P3 口各引脚的第二功能表

引脚名称	第二功能名称	功　　能	信号方向
P3.0	RXD	串行数据接收	输入
P3.1	TXD	串行数据发送	输出
P3.2	$\overline{INT0}$	外部中断 0 请求端口	输入
P3.3	$\overline{INT1}$	外部中断 1 请求端口	输入
P3.4	T0	定时器/计数器 0 外部计数输入端口	输入
P3.5	T1	定时器/计数器 1 外部计数输入端口	输入
P3.6	$\overline{WR}$	片外数据存储器写选通	输出
P3.7	$\overline{RD}$	片外数据存储器读选通	输出

★小提示：

对于 MCS－51 单片机其他型号的芯片，其引脚的第一功能是相同的，不同的是第二功能。需要注意的是，P3 口的第二功能都是单片机的重要控制信号，因此，在实际使用时，一般先选用第二功能，剩下的才作输入/输出使用。

3. MCS－51 单片机的最小系统

单片机的工作就是执行用户程序，指挥各部分硬件完成指定任务。如果仅仅只是一块单片机芯片而没有烧录程序，也是无法工作的，可是一块烧录了程序的单片机芯片上电后就可以工作吗？答案是：不能。原因是除了单片机外，单片机能够工作的最小电路还包括晶振电路和复位电路。

1）晶振电路

单片机是一个复杂的同步时序电路，为了保证同步工作方式的实现，电路应在唯一的时钟信号控制下严格地按时序工作。晶振电路就是用于产生单片机工作所需的时钟信号的，其电路图如图 1－11 所示，其中微调电容 C1、C2 的值约为 30 pF，石英晶体振荡器 Y1 的频率一般为 12 MHz、6 MHz 或 11.0592 MHz，其实物图如图 1－12 所示。

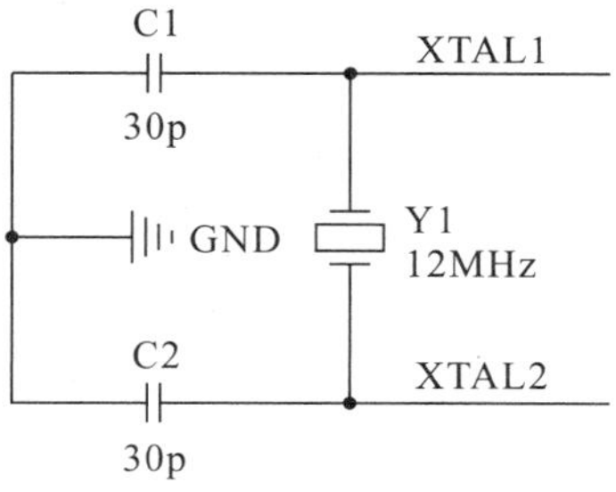

图 1－11　晶振电路图

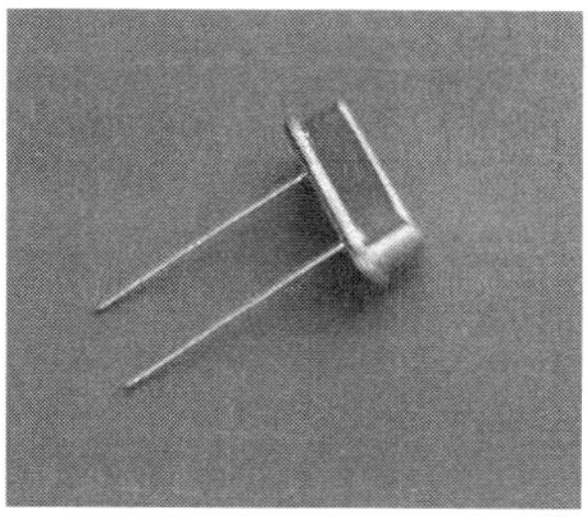

图 1－12　石英晶体振荡器实物图

△知识补充：晶振

晶振是石英晶体振荡器的简称，它的重要参数是频率(Hz)。晶振可以保证给电路提供一个可靠、准确的时钟信号。在具有晶振的振荡电路中，输出的振荡信号的频率一般等于晶振的频率。

2）复位电路

（1）复位的作用。所谓的复位，是指使CPU和系统中的其他功能部件都恢复到一个确定的初始状态，并从这个初始状态开始工作。如果程序出现故障，则需要复位来使单片机重新运行。单片机复位后各寄存器的初始值如表1-5所示。

表1-5　单片机复位后各寄存器的初始值

专用寄存器	复位状态	专用寄存器	复位状态
PC	0000H	ACC	00H
B	00H	PSW	00H
SP	07H	DPTR	0000H
P0～P3	FFH	IP	* * *00000B
TMOD	00H	IE	0* *00000B
TH0	00H	SCON	00H
TL0	00H	SBUF	不确定
TH1	00H	PCON	0* * *0000B
TL1	00H	TCON	00H

（2）复位条件。RST/VPD引脚端输入为高电平，且持续满足复位时间要求则可以实现复位。复位时间的要求是：系统时钟振荡周期建立时间再加上两个机器周期时间一般不小于10 ms。

（3）复位电路。单片机复位电路如图1-13所示。

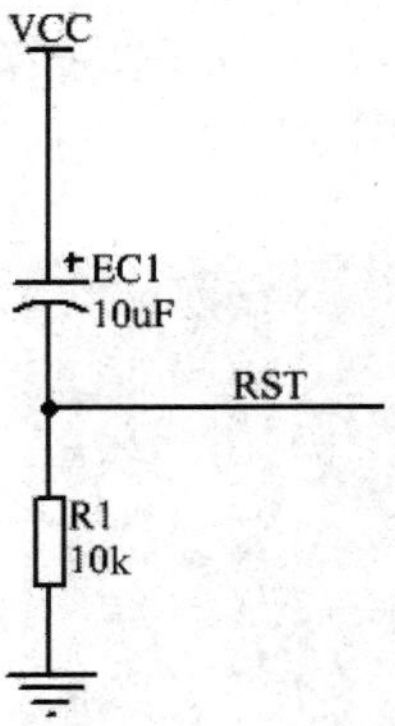

(a)上电复位电路图

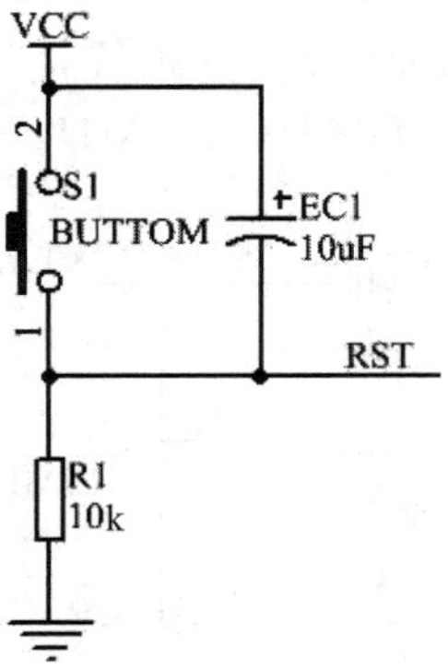

(b)按键复位电路图

图1-13　单片机复位电路图

4. MCS-51单片机的存储器结构

计算机存储器地址空间有两种结构：冯·诺依曼结构和哈佛结构，如图1-14所示。

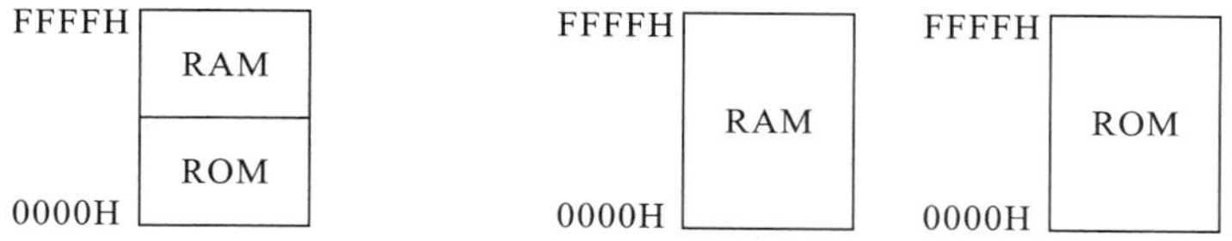

(a) 冯·诺依曼结构　(b) 哈佛结构

图 1-14　计算机存储器地址空间结构图

MCS-51 系列单片机采用的是哈佛结构，即程序存储器和数据存储器分开编址。8051 单片机存储器的配置如图 1-15 所示，共有 4 个物理存储空间(片内、片外 RAM，片内、片外 ROM) 或 3 个逻辑存储空间(片内数据存储空间、片外数据存储空间、片内外统一编址的程序存储空间)。

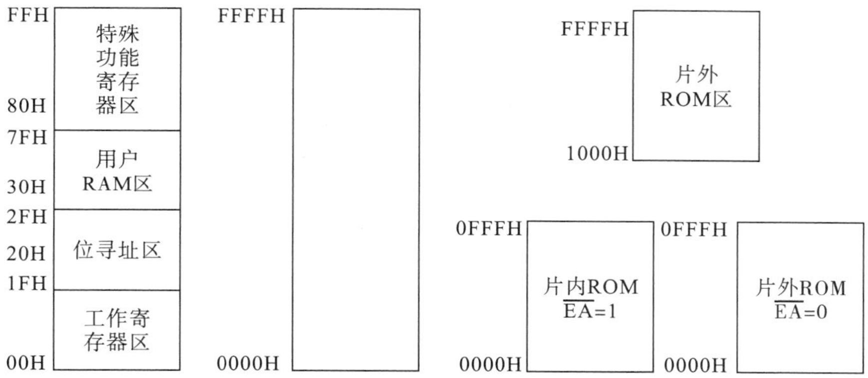

(a) 片内数据存储器　(b) 片外数据存储器　(c) 程序存储器

图 1-15　8051 单片机内部存储器结构图

1) 片内数据存储器

数据存储器用于存放运算中间结果、数据暂存、缓冲、标志位、待调试程序等。8051 内部 RAM 共有 256 个单元，通常把这 256 个单元按其功能分为两部分：低 128 单元(单元地址 00H～7FH)和高 128 单元(单元地址 80H～FFH)。

(1) 内部数据存储器低 128 单元(DATA 区)。内部数据存储器低 128 单元用于存放存储执行过程中的各种变量和临时数据，称为 DATA 区。表 1-6 给出了片内 RAM 低 128 单元的配置情况。

① 工作寄存器区。8051 共有 4 组，每组包含 8 个(以 R0～R7 为编号)共计 32 个寄存器，用来存放操作数及中间结果等，称为通用寄存器或工作寄存器。4 组占据内部 RAM 的 00H～1FH 单元地址。

在任意时刻，CPU 只能使用其中一组寄存器，究竟使用哪一组，是由程序状态字寄存器 PSW 中 RS1 和 RS0 位的状态组合来决定的。

② 位寻址区。内部 RAM 的 20H～2FH 单元，既可以作为一般 RAM 单元使用，进行字节操作，也可以对单元中的每一位进行位操作，因此把该区域称为位寻址区。位寻址区共有 16 个 RAM 单元，共计 128 位，相应的位地址为 00H～7FH。表 1-7 为片内 RAM 位寻址区的位地址，其中 MSB 表示高位，LSB 表示低位。

③ 用户RAM区。在内部RAM低128单元中，除了工作寄存器区(占32个单元)和位寻址区(占16个单元)外，剩下的80个单元的单元地址为30H～7FH，是提供给用户使用的一般RAM区，称为用户数据缓冲区。对于用户数据缓冲区的使用没有任何规定和限制，但在一般应用中常把堆栈开辟在此区中。

表1-6 片内RAM低128单元的配置

序号	区 域	地 址	功 能
1	工作寄存器区	00H～07H	第0组工作寄存器(R0～R7)
		08H～0FH	第1组工作寄存器(R0～R7)
		10H～17H	第2组工作寄存器(R0～R7)
		18H～1FH	第3组工作寄存器(R0～R7)
2	位寻址区	20H～2FH	位寻址区，位地址为00H～7FH
3	用户RAM区	30H～7FH	用户数据缓冲区

表1-7 片内RAM位寻址区的位地址表

单元地址	MSB	位地址						LSB
20H	07	06	05	04	03	02	01	00
21H	0F	0E	0D	0C	0B	0A	09	08
22H	17	16	15	14	13	12	11	10
23H	1F	1E	1D	1C	1B	1A	19	18
24H	27	26	25	24	23	22	21	20
25H	2F	2E	2D	2C	2B	2A	29	28
26H	37	36	35	34	33	32	31	30
27H	3F	3E	3D	3C	3B	3A	39	38
28H	47	46	45	44	43	42	41	40
29H	4F	4E	4D	4C	4B	4A	49	48
2AH	57	56	55	54	53	52	51	50
2BH	5F	5E	5D	5C	5B	5A	59	58
2CH	67	66	65	64	63	62	61	60
2DH	6F	6E	6D	6C	6B	6A	69	68
2EH	77	76	75	74	73	72	71	70
2FH	7F	7E	7D	7C	7B	7A	79	78

(2) 内部数据存储器高128单元(DATA区)。内部RAM的高128单元地址为80H～FFH，是供给专用寄存器SFR(Special Function Register，也称为特殊功能寄存器)使用的。表1-8给出了专用寄存器地址。

从表1-8中不难看出，有21个可寻址的特殊功能寄存器，它们不连续地分布在片内RAM的高128单元中，尽管其中还有很多空闲地址，但是用户是不能使用的。另外，还有一个不可寻址的特殊功能寄存器，即程序计数器PC，它不占据RAM单元，在物理上是独立的。

表 1-8　MCS-51 专用寄存器地址表

SFR	MSB	位地址						LSB	字节地址
P0	87	86	85	84	83	82	81	80	80H
	P0.7	P0.6	P0.5	P0.4	P0.3	P0.2	P0.1	P0.0	
SP									81H
DPL									82H
DPH									83H
PCON	SMOD	/	/	/	/	/	/	/	84H
TCON	8F	8E	8D	8C	8B	8A	89	88	88H
	TF1	TR1	TF0	TR0	IE1	IT1	IE0	IT0	
TMOD	GATE	C/T	M1	M0	GATE	C/T	M1	M0	89H
TL0									8AH
TL1									8BH
TH0									8CH
TH1									8DH
P1	97	96	95	94	93	92	91	90	90H
	P1.7	P1.6	P1.5	P1.4	P1.3	P1.2	P1.1	P1.0	
SCON	9F	9E	9D	9C	9B	9A	99	98	98H
	SM0	SM1	SM2	REN	TB8	RB8	TI	RI	
SBUF									99H
P2	A7	A6	A5	A4	A3	A2	A1	A0	A0H
	P2.7	P2.6	P2.5	P2.4	P2.3	P2.2	P2.1	P2.0	
IE	AF	AE	AD	AC	AB	AA	A9	A8	A8H
	EA	/	/	ES	ET1	EX1	ET0	EX0	
P3	B7	B6	B5	B4	B3	B2	B1	B0	B0H
	P3.7	P3.6	P3.5	P3.4	P3.3	P3.2	P3.1	P3.0	
IP	BF	BE	BD	BC	BB	BA	B9	B8	B8H
	/	/	/	PS	PT1	PX1	PT0	PX0	
PSW	D7	D6	D5	D4	D3	D2	D1	D0	D0H
	CY	AC	F0	RS1	RS0	OV	F1	P	
ACC	E7	E6	E5	E4	E3	E2	E1	E0	E0H
B	F7	F6	F5	F4	F3	F2	F1	F0	F0H

在可寻址的 21 个特殊功能寄存器中，有 11 个寄存器不仅能字节寻址，还能位寻址。

★小提示：

在单片机的C语言程序设计中，可以通过关键字sfr来定义所有的特殊功能寄存器，从而在程序中直接访问它们，例如：

```
sfr  P2＝A0H;              //特殊功能寄存器P2的地址是A0H
```

在程序里就可以直接使用P2这个特殊功能寄存器了，下面的语句是合法的：

```
P2＝0xfe;                  //对P2.0这一位I/O口清零
```

C语言中，还可以通过关键字sbit来定义特殊功能寄存器中的可寻址位。例如：

```
sbit  P2_0＝P2^0;          //定义P2.0这一位I/O口
```

通常情况下，这些特殊功能寄存器已经在头文件reg51.h中定义了，只要在程序中用“＃include ＜reg51.h＞”，就可以直接使用已经定义的特殊功能寄存器。

2）片外数据寄存器

8051单片机最多可以扩充片外数据存储器为64 KB，称为XDATA区。在XDATA空间内进行分页寻址操作时，称为PDATA区。

★小提示：

片外数据存储器可以根据需要进行扩展。如果扩展，则低8位地址A7～A0和8位数据D7～D0由P0口分时传送，高8位地址A15～A8由P2口传送。

3）程序存储器

8051单片机的程序存储器用来存放程序、表格和常数(非遗失性—掉电保存)。标准的8051单片机程序的存储器容量是4 KB。1 KB＝1024个字节，4 KB＝4096个字节。

MCS-51系列单片机片外最多能扩展64 KB程序存储器，片内外的ROM是统一编址的。如果$\overline{EA}$＝1，则8051的程序计数器PC在0000H～0FFFH地址范围内(即片内程序存储区4 KB)；如果$\overline{EA}$＝0，则8051的程序计数器PC在0000H～FFFFH地址范围内(即片内外程序存储区64 KB)。

程序存储器中有一组特殊单元是0000H～0002H。系统复位后，PC＝0000H，表示单片机从0000H单元开始执行。

程序存储器中还有一组特殊单元是0003H～002AH，共40个单元。这40个单元被均匀地分为了5段，作为5个中断源中断程序的入口地址区。

0003H～000AH：外部中断0中断地址区；

000BH～0012H：定时/计数器0中断地址区；

0013H～001AH：外部中断1中断地址区；

001BH～0022H：定时/计数器1中断地址区；

0023H～002AH：串行中断地址区。

★小提示：

在单片机C语言程序设计中，用户无须考虑程序的存放地址，编译程序会在编译过程中按照上述规定，自动安排程序的存放地址。例如：C语言从main()函数开始执行，编译程序会在程序存储器的0000H处存放一条跳转指令，跳转到main()函数存放的地址；中断服务程序也会按照中断类型号，自动由编译程序安排存放在程序存储器相应的地址中。

◆**知识扩展**　常用的专用寄存器功能说明

1. 程序计数器 PC(Program Counter)

PC 是一个 16 位计数器，其内容为下一条将要执行指令的地址，寻址范围为 64 KB。PC 具有自动加 1 功能，控制程序的执行顺序。PC 没有地址，是不可寻址的，因此用户无法对其进行读写操作，但是可以通过转移、调用、返回等指令改变其内容，实现程序的转移。

2. 累加器 ACC(Accumulator)

累加器为 8 位寄存器，是最常用的专用寄存器，它既可以存放操作数，也可以存放运算的中间结果。

3. 程序状态字 PSW(Program Status Word)

程序状态字是一个 8 位的寄存器，用于存放程序运行中的各种状态值，其中有些位的状态是根据程序执行结果，由硬件自动设置的；有些位的状态则由软件方法来设定。PSW 的各位定义如表 1-9 所示。

表 1-9　PSW 各位的位定义表

位地址	D7H	D6H	D5H	D4H	D3H	D2H	D1H	D0H
位名字	CY	AC	F0	RS1	RS0	OV	F1	P

(1) CY(PSW.7)：进位标志位。存放算术运算的进位标志，在加或减运算中，如果操作结构最高位有进位或借位，则 CY 由硬件置“1”，否则被置“0”。

(2) AC(PSW.6)：辅助进位标志位。在加或减运算中，若低 4 位向高 4 位进位或借位，AC 由硬件置“1”，否则被置“0”。

(3) F0(PSW.5)：用户标志位。供用户定义的标志位，需要由软件来置位或复位。

(4) RS1 和 RS0(PSW.4，PSW.3)：工作寄存器组选择位。它们用于选择 CPU 当前使用的工作寄存器组。工作寄存器共有 4 组，工作寄存器组与 RS1.RS0 的对应关系如表 1-10所示，单片机上电或复位后，RS1=0，RS0=0。

表 1-10　工作寄存器组与 RS1、RS0 对应关系表

RS1	RS0	寄存器组
0	0	第 0 组
0	1	第 1 组
1	0	第 2 组
1	1	第 3 组

(4) OV(PSW.2)：溢出标志位。在带符号数加减运算中，OV=1 表示加减运算超出了累加器 A 所能表示的带符号数的有效范围，因此运算结果是错误的；OV=0 表示运算结果正确。

(5) F1(PSW.1)：保留位未使用。

(6) P(PSW.0)：奇偶标志位。P 标志位表明累加器 A 中内容的奇偶性，如果累加器中有奇数个“1”，则 P 置“1”，否则置“0”。

以上简单地介绍了 3 个专用寄存器，其余的专用寄存器将在后面的章节中陆续介绍。

★小提示：

常见C51编译器支持的存储器的类型，如表1-11所示。

表1-11 C51编译器支持的存储器类型表

存储器类型	描述
data	直接访问内部数据存储器，允许最快访问(128B)
bdata	可位寻址内部数据存储器，允许位与字节混合访问(16B)
idata	间接访问内部数据存储器，允许方位整个内部地址空间(256B)
pdata	“分页”外部数据存储器(256B)
xdata	外部数据存储器(64KB)
code	程序存储器(64KB)

任务3 Keil C51单片机开发环境的搭建

Keil C51软件是目前流行的开发MCS-51系列单片机的软件。Keil C51提供了包括C编译器、宏汇编、链接器、库管理和一个功能强大的仿真调试器等在内的完整的开发方案，并通过一个集成开发环境(μVision)将它们组合在一起。掌握这一软件的使用，对于MCS-51系列单片机的开发人员而言是非常必要的。

Keil μVision2集成开发环境是Keil Software Inc/Keil Elektronik GmbH开发的基于80C51内核的微处理器开发平台，内嵌多种符合当前工业标准的开发工具，可以完成工程建立和管理、编译、链接、目标代码生成、软件仿真和硬件仿真等工作，支持汇编语言、PLM语言和C语言的程序设计，界面友好，易学易用。下面介绍Keil μVision2软件的使用步骤。

1. 启动Keil C51软件的集成开发环境

从桌面上直接双击μVision2图标，出现如图1-16所示的编辑界面。

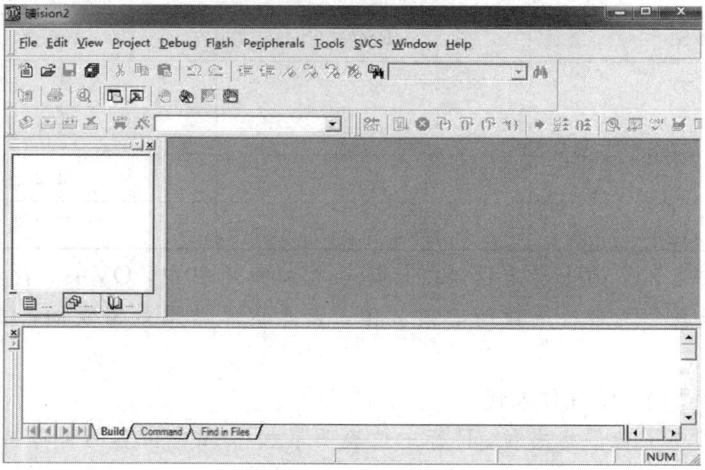

图1-16 进入Keil C51后的编辑界面图

2. 建立工程文件

通常单片机应用系统软件包含多个源程序文件，Keil C51 使用工程这个概念，将这些参数设置和所需要的文件都加在一个工程中，因此，需要建立一个工程文件。

(1) 建立一个新工程，单击"Project"菜单，在弹出的下拉菜单中选择"New Project"选项，如图 1-17 所示。

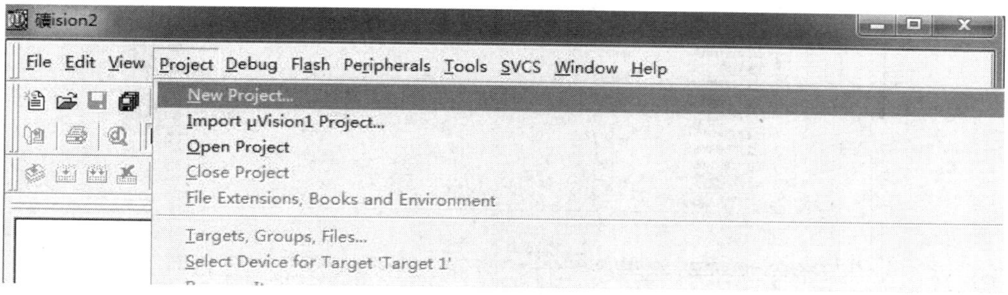

图 1-17　新建一个项目的界面图

(2) 选择工程要保存的路径，然后输入工程文件的名字。例如：保存到桌面的第一章文件夹里，工程名字为例子 1，如图 1-18 所示，然后单击"保存"按钮。

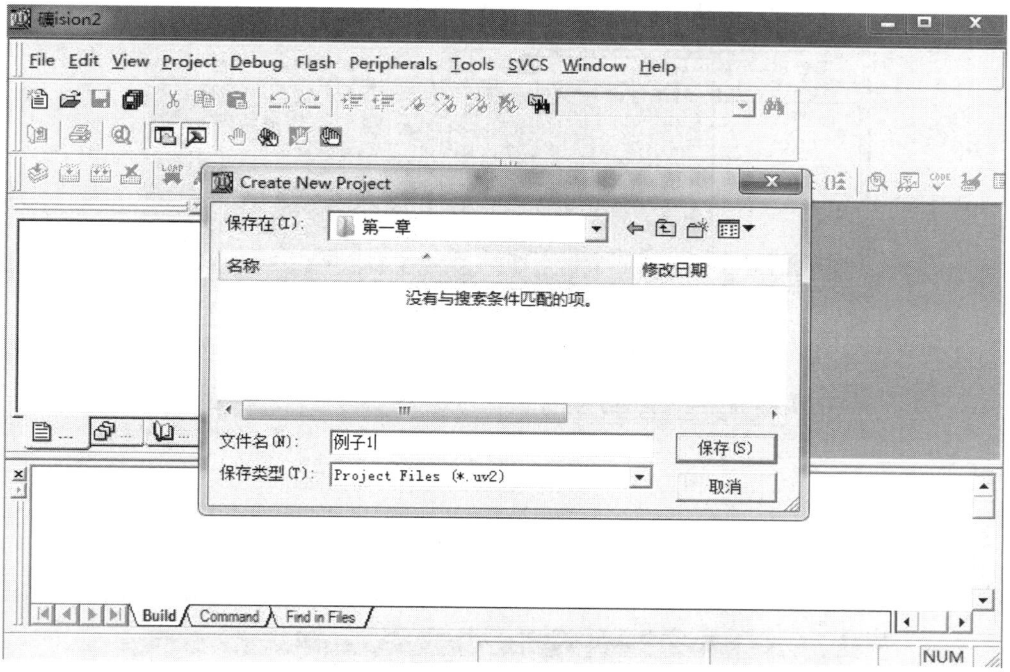

图 1-18　保存一个项目的界面图

(3) 选择单片机的型号。根据自己使用的单片机来选择。Keil C51 几乎支持所有的 51 核单片机，本书以常用的 Atmel 公司的 AT89C51 来说明，如图 1-19 所示。选择 AT89C51后，右边栏是对这款单片机的基本说明，然后单击"确定"按钮。

(4) 完成上一步骤，出现如图 1-20 所示的界面，则表明工程文件已经创建成功。

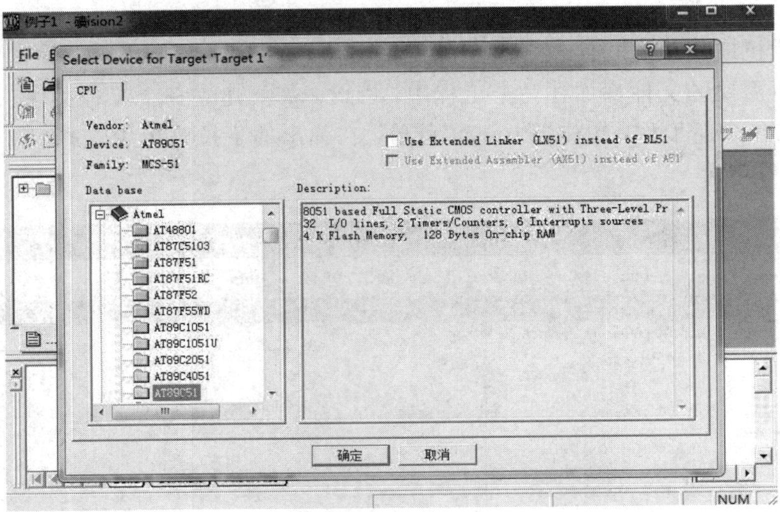

图 1-19　选择单片机型号的界面图

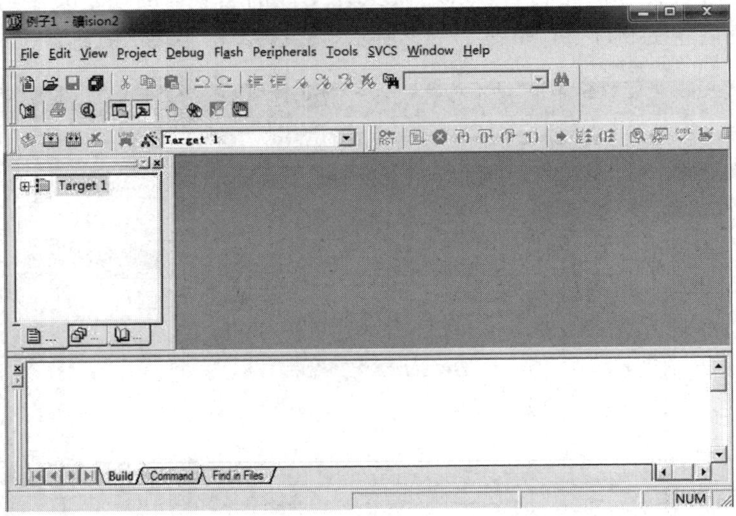

图 1-20　工程文件建立完毕的界面图

3. 建立源程序文件

(1) 新建程序文件。如图 1-21 所示，单击“File”菜单，在下拉菜单中选择“New”选项。

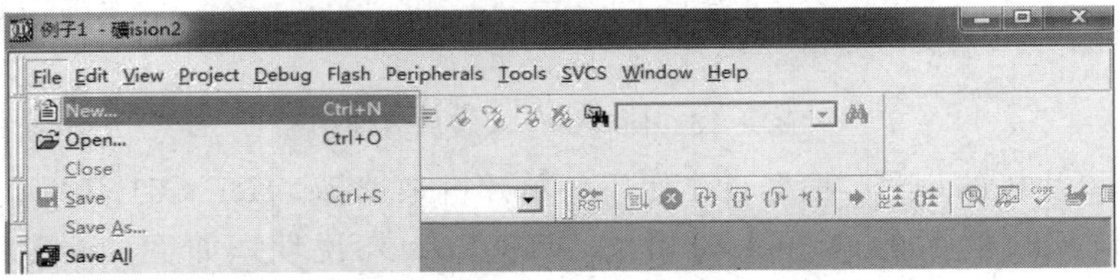

图 1-21　新建一个文件的界面图

新建文件后出现如图 1－22 所示的界面。

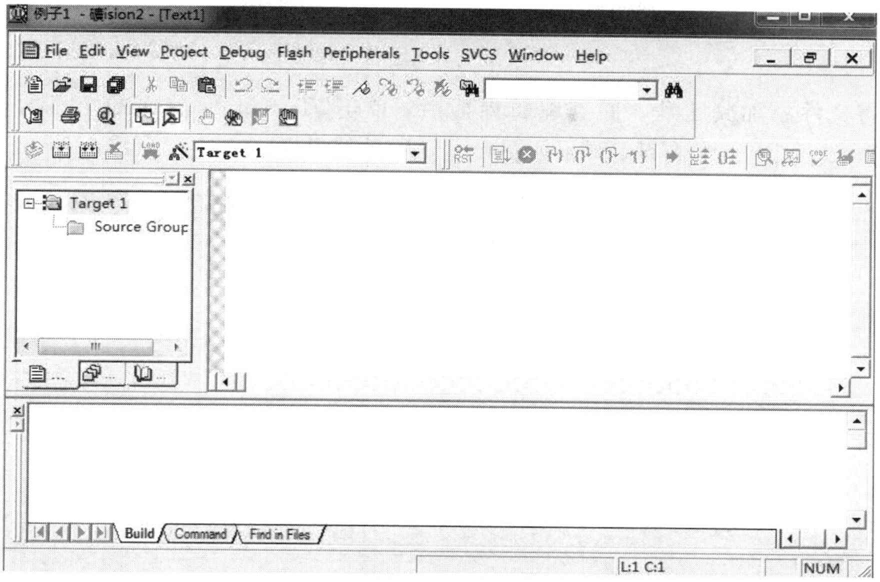

图 1－22　新建文件后的界面图

（2）保存文件。此时光标在编辑窗口里闪烁，这时可以输入用户的应用程序，但建议先保存该空白文件，再输入程序。单击“File”菜单，在下拉菜单中单击“Save As”选项，出现如图 1－23 所示的界面。在“文件名”栏右侧的编辑框中输入文件名同时也必须输入正确的扩展名。例如：这里我们选择与工程名同名的文件名“例子 1”，后缀为 .c，然后单击“保存”按钮。

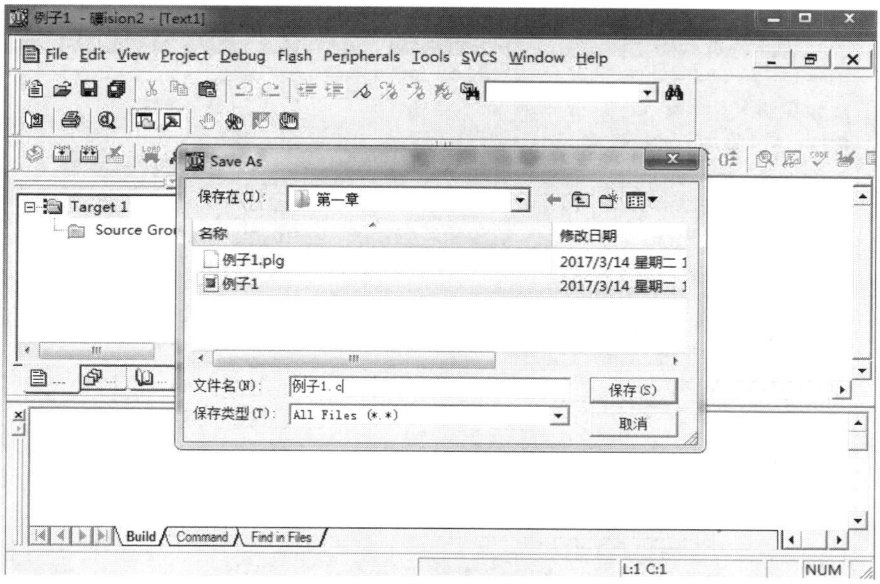

图 1－23　保存新建文件的界面图

★小提示：

如果使用 C 语言编写程序，则扩展名为 .c；如果使用汇编语言编写程序，则扩展名为 .asm。

(3) 将文件添加到工程。回到编辑界面后，单击“Target 1”前面的“＋”号，然后在“Source Group 1”上点击右键，弹出如图 1－24 所示的界面。

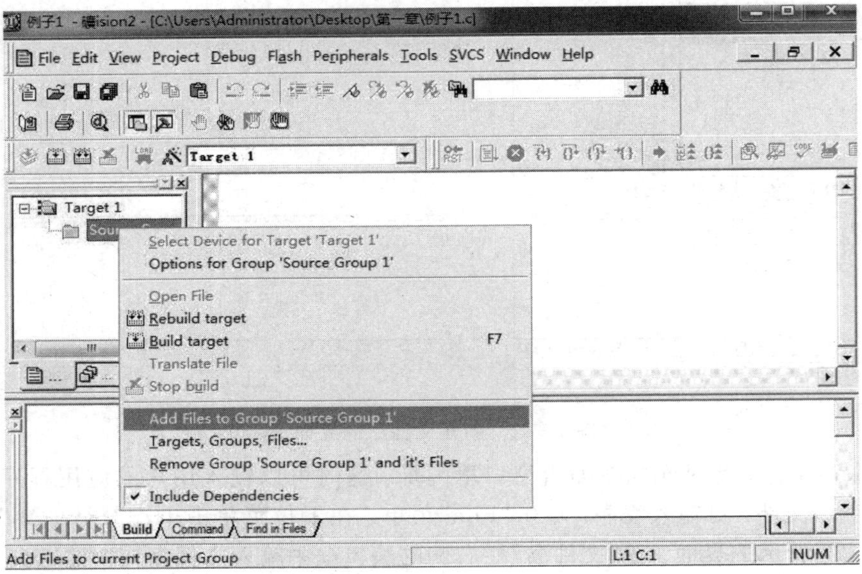

图 1－24　将文件添加到项目中的选项图的界面图

再单击“Add Files to Group 'Source Group 1”选项，出现如图 1－25 所示的对话框。

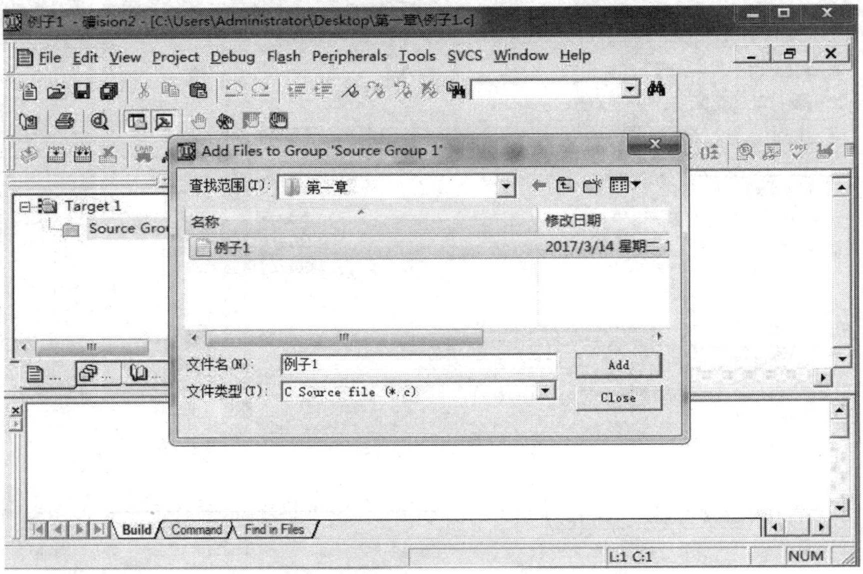

图 1－25　选择添加到工程中的文件的界面图

选择“例子 1. c”文件，单击“Add”按钮及“Close”按钮，出现如图 1-26 所示的界面。

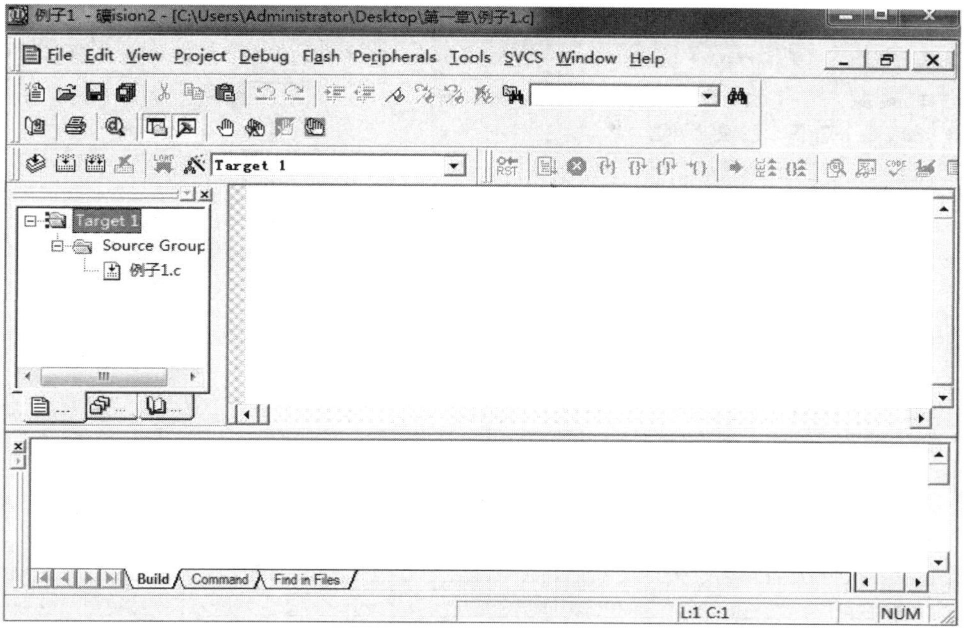

图 1-26　将文件添加到工程中后的界面图

★小提示：

执行这一步时，选择“例子 1. c”文件，然后单击“Add”按钮及“Close”按钮，只需单击一次“Add”按钮，便在“Source Group 1”文件夹中多了一个子项目“例子 1. c”，如果多次单击则会出现警告提示。

(4) 在编辑窗口中编辑程序。请输入如下一段 C 语言源程序：

```
#include<reg51.h>//头文件，定义了 MCS-51 单片机的特殊功能寄存器
#include<stdio.h>

void main( )
{
    SCON=0x52;
    TMOD=0x20;
    TH1=0xf3;
    TR1=1;
    printf("Hello welcome to Keil C51\n");
    while(1);
}
```

在输入上述程序时，可以看到事先保存待编辑文件的好处是：Keil C51 会自动识别关键字，并以不同的颜色提示用户加以注意，这样能减少用户犯错误，提高编程的效率。当程序输入完毕后，显示如图 1-27 所示的界面。

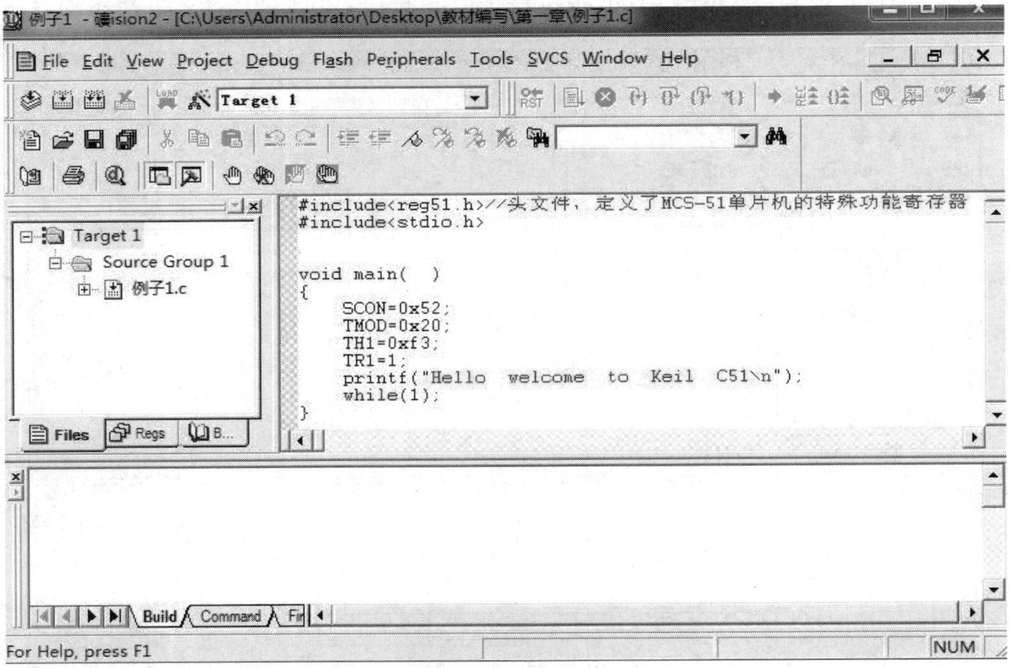

图 1-27　程序输入后的界面图

4. 配置工程属性

将鼠标移到左边窗口的“Target 1”上，单击鼠标右键打开快捷菜单，单击“Options for Target′Target1′”选项(见图 1-28)，弹出如图 1-29 所示的“Options for Target′Target1′”对话框。将 Xtal(晶振频率)改为所使用单片机的频率。例如：本书使用 8051 单片机，晶振频率为 12 MHz，所以将 Xtal 改为 12 MHz。

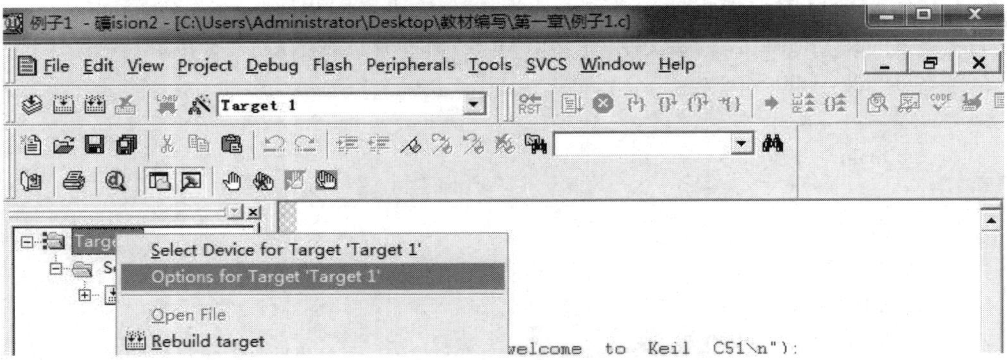

图 1-28　选择“Options for Target ′Target1′”选项的界面图

在图 1-29 中单击“Output”选项卡，弹出如图 1-30 所示的界面，选中“Create Executable”选项前面的单选框，当小方框内出现“√”时，表明已确认该选项，再单击“确定”按钮，就可产生后缀名为 .hex 的可执行文件，该文件可以下载到单片机的存储器中。

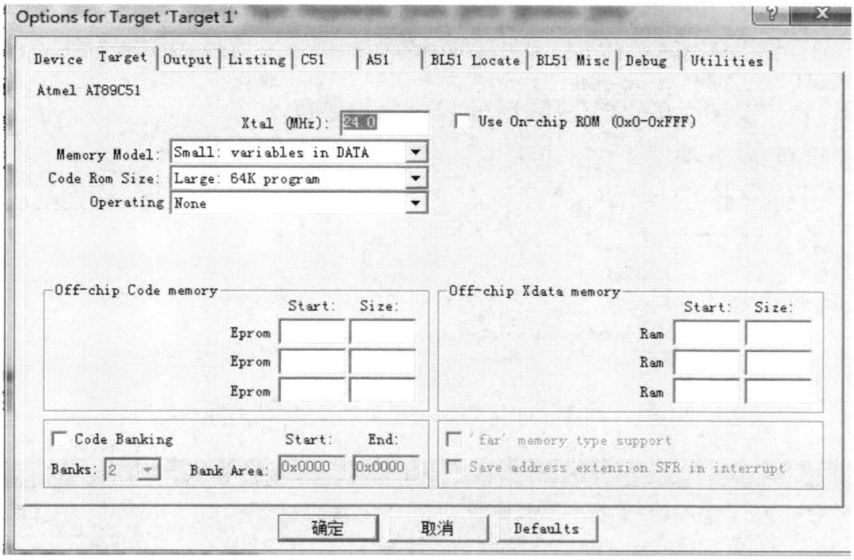

图 1-29 “Options for Target 'Target1'”对话框的界面图

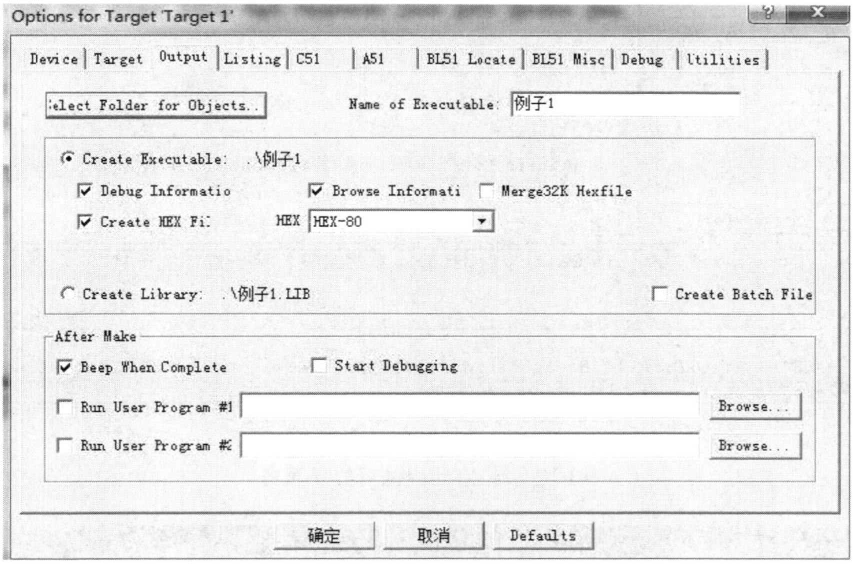

图 1-30 产生可执行文件的界面图

5. 程序调试

在主界面中，单击“Project”菜单，在下拉菜单中单击“Build Targed”选项。编译成功后，再单击“Debug”菜单，在下拉菜单中单击“Start/Stop Debug Session”选项，如图 1-31 所示，就会出现如图 1-32 所示的调试界面。

在图 1-32 所示的界面中，单击“Debug”菜单中的“Go”选项；然后单击“Debug”菜单中的“Stop Running”选项；再单击“View”菜单中的“Serial Window ♯1”选项就可以查看运行结果。具体每一步的操作如图 1-33～图 1-35 所示，最后的结果如图 1-36 所示。

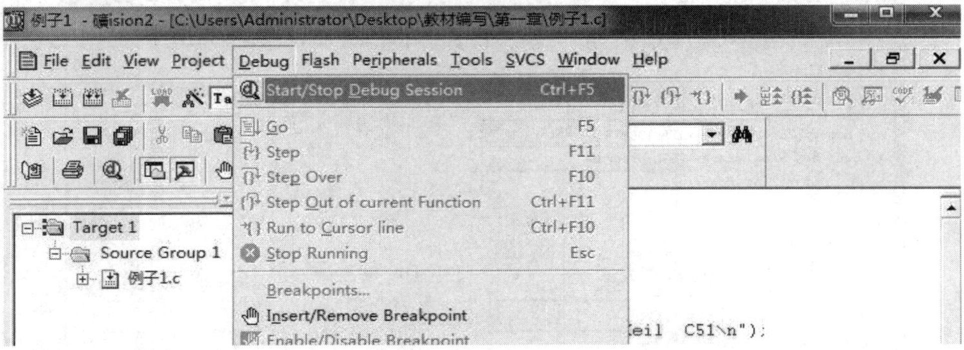

图 1-31 选择“Start/Stop Debug Session”选项的界面图

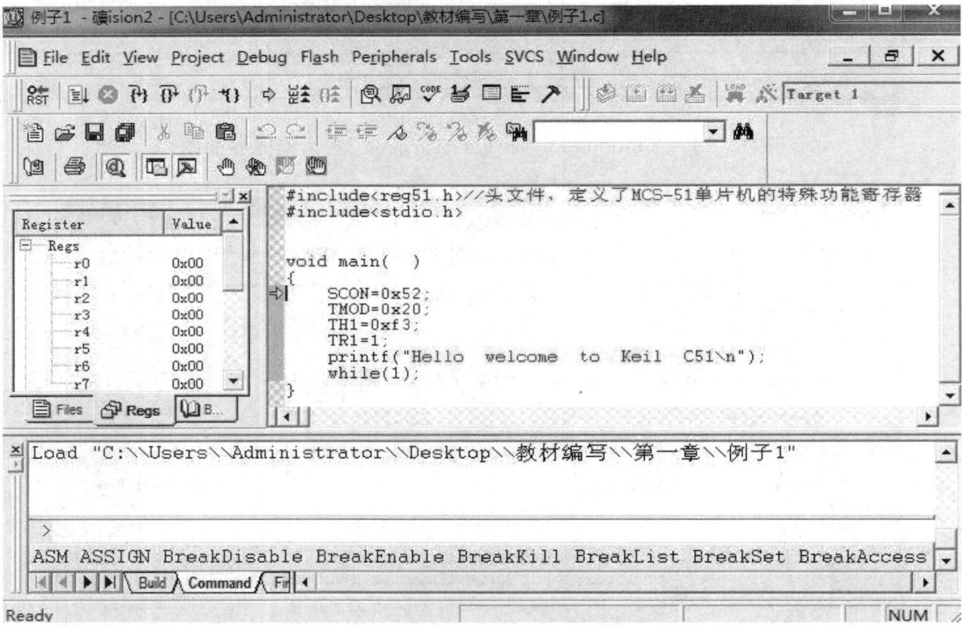

图 1-32 启动调试后的界面图

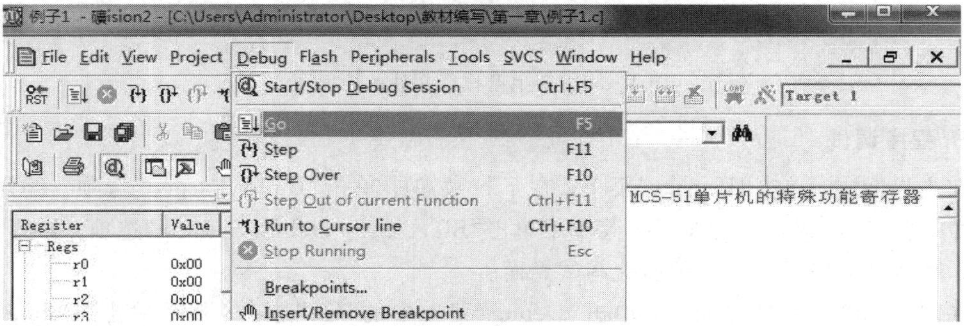

图 1-33 选择“Go”选项的界面图

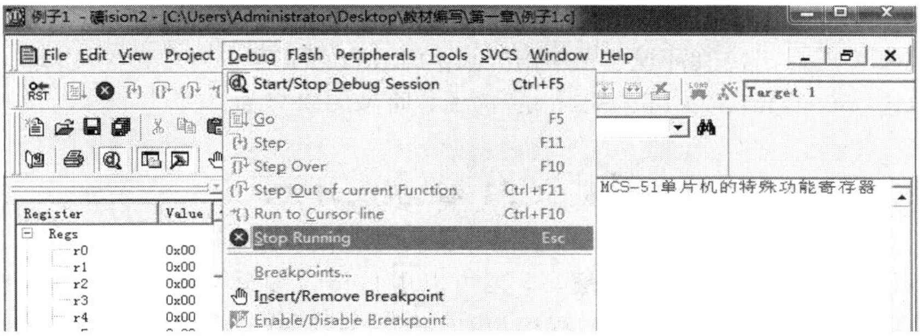

图 1-34　选择"Stop Running"选项的界面图

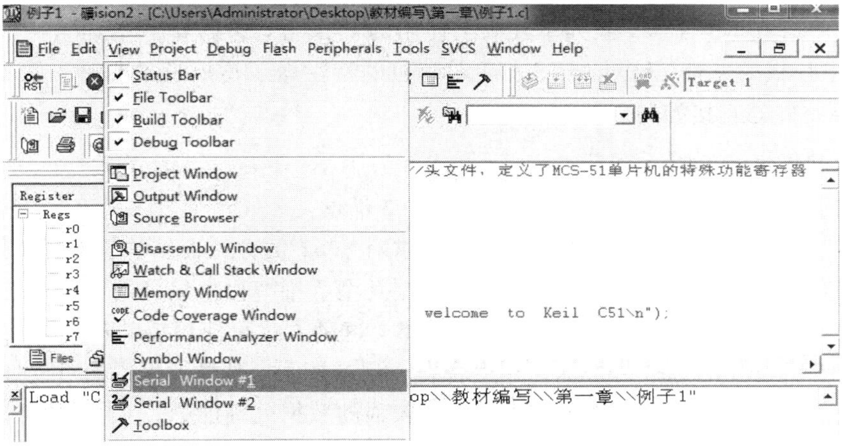

图 1-35　选择"Serial Window ＃1"选项的界面图

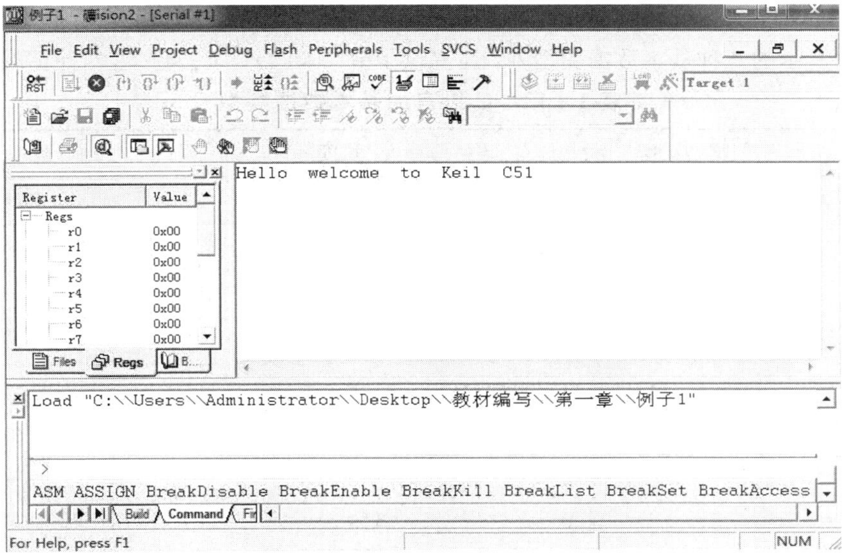

图 1-36　程序运行后的结果界面图

6. 退出仿真环境

仿真结束后需退出仿真环境。先单击“Stop Running”选项，再单击“Debug”菜单，在下拉菜单中单击“Start/Stop Debug Session”选项，回到编辑界面。

任务4 C51程序设计基础

单片机程序既可以用汇编语言编写，也可以用C语言编写，两者都可以在Keil C51软件环境下使用。C语言是一种编译型程序设计语言，它兼顾了多种高级语言的特点，并具备汇编语言的功能。目前，使用C语言进行程序设计已经成为软件开发的一个主流，用C语言开发可以大大缩短开发周期，增强程序的可读性，便于改进和扩展。

C51是一种在MCS-51系列单片机上使用的C语言，它摒弃了C语言中一些不适合MCS-51单片机的特性，针对MCS-51单片机的特性做了适应性的保留，使其更符合对单片机底层硬件的直接控制。

1. C51的优点

C51与ASM-51(汇编语言)相比，具有以下优点：

(1) 不要求了解单片机的指令系统，仅要求对8051的存储器结构有初步了解；

(2) 寄存器分配、不同存储器的寻址及数据类型等细节可由编译器管理；

(3) 程序有规范的结构，可分成不同的函数，这种方式可使程序结构化；

(4) 具有将可变的选择与特殊操作组合在一起的能力，改善了程序的可读性；

(5) 提供的库包含许多标准子程序，具有较强的数据处理能力；

(6) 可方便采用模块化编程技术，使已编好的程序较容易地移植。

2. 数据类型

在C语言中，每个变量在使用之前必须先定义其数据类型。C51除了采用C语言提供的如表1-12所示的几种基本数据类型外，还提供了bit、sfr、sfr16、sbit这四种扩展数据类型。

表1-12 C语言的基本数据类型

数据类型		长度	取值范围
字符型(char)	unsigned char	1个字节	0～255
	(signed)char	1个字节	-128～+127
整型(int)	unsigned int	2个字节	0～65535
	(signed)int	2个字节	-32768～+32767
长整型(long)	unsigned long	4个字节	0～4294967295
	(signed)long	4个字节	-2 147 483 648～+2 147 483 647
浮点型(float)	float	4个字节	10^{-38}～10^{+38}
	double	8个字节	10^{-308}～10^{+308}

(1) sfr：定义特殊功能寄存器地址，其定义的语法规则如下：

sfr 特殊功能寄存器名称=字节地址常数；

例如：

sfr P0 ＝ 0x80；　//定义一个特殊功能寄存器变量 P0

（2）sfr16：定义双字节特殊功能寄存器地址，其定义的语法规则如下：

sfr16 双字节特殊功能寄存器名称＝字节地址常数；

例如：

sfr16　DPTR＝0x82；　//定义 DPTR 低端地址 82H

（3）sbit：定义能够按位寻址的特殊功能寄存器中的位变量，其定义的语法规则如下：

sbit 位变量名＝位地址表达式；

这里的位地址表达式有三种形式：直接地址、特殊功能寄存器名带位号、字节地址带位号，所以这里的定义方式也有三种，分别如下：

① sbit 位变量名＝位地址常数；（位地址常数：特殊功能寄存器内的绝对位地址）

② sbit 位变量名＝特殊功能寄存器名^位号；

③ sbit 位变量名＝特殊功能寄存器字节地址^位号。

例如：特殊功能寄存器 P0 口的名称及各位的分布如下：

特殊功能寄存器名	符号	字节地址	位地址							
P0 口锁存器	P0	80H	P0.7	P0.6	P0.5	P0.4	P0.3	P0.2	P0.1	P0.0
			87H	86H	85H	84H	83H	82H	81H	80H

以特殊功能寄存器 P0 口的 P0.0 位定义为例，三种定义方法如下：

方法 1：sbit　P0_0＝0x80；

方法 2：sbit　P0_0＝P0^0；

方法 3：sbit　P0_0＝0x80^0。

（4）bit：定义片内 RAM 的位变量，其值只有 0 或 1。但注意不能用它定义指针，也不能用它定义数组。例：

bit N3_4；　//定义一个片内 RAM 位变量 N3_4

补充说明：

（1）C51 编译器在头文件“reg51.h”中定义了全部 sfr、sfr16 和 sbit 变量，在程序中如果需要使用这些变量，可以用一条预处理命令＃include ＜reg51.h＞把这个头文件包含到 C51 程序中，无须重新定义即可使用。

（2）使用 sbit 的几点说明：

① 用 sbit 定义的位变量必须能够按位操作，而不能对无位操作功能的位定义位变量。

② 用 sbit 定义的位变量必须放在函数外面作为全局变量，而不能在函数内部定义。

③ 用 sbit 每次只能定义一个位变量。

3. 标识符和关键字

C 语言中的标识符是指软件开发者在程序中自定义的字符序列，用来命名程序中需要辨认的对象，包括符号常量、变量、数组及函数等。

定义标识符的注意事项如下：

(1) 由字母、数字、下划线构成。

(2) 首字符必须是字母或下划线。

(3) 长度不得大于 32 个字符，通常是 8 个字符。

(4) 严格区分大小写字母。

(5) 不得使用 C 语言中的保留标识符来作自定义的变量或函数等的标识符。

下面列出了 C 语言的所有关键字，在使用时应慎用这些关键字，不要将其作为标识符来用：Auto、enum、restrict、unsigned、break、extern、return、void、case、float、short、volatile、char、for、signed、while、const、goto、sizeof、Bool、continue、if、static、default、inline、struct、_Imaginary、do、int、switch、double、long、typedef、else、register、union 等。

4. C51 的基本运算

C51 的基本运算与 C 语言基本类似，主要包括如下几类。

1) 算术运算符

(1) 基本算术运算符。C51 最基本的算术运算符有以下 5 种：

① 加法运算符“+”：加法运算符为双目运算符，即参与运算的量为两个，具有右结合性。

② 减法运算符“-”：减法运算符为双目运算符。

③ 乘法运算符“*”：乘法运算符为双目运算符，具有左结合性。

④ 除法运算符“/”：除法运算符为双目运算符，具有左结合性。当参与运算的量均为整型时，结果也为整数，舍弃小数；当参与运算的量中有一个是实型，则运算结果为双精度实型。

⑤ 求余运算符“%”：求余运算符为双目运算符，具有左结合性。要求参与运算的量均为整型，其结果为两数相除后的余数。

(2) 自增、自减运算符。

① 自增 1 运算符“++”：使变量的值自增 1。

② 自减 1 运算符“--”：使变量的值自减 1。

自增 1 和自减 1 运算符均为单目运算符，都具有右结合性，通常又分为两种情况：

① 前置运算：++i 或--i；

② 后置运算：i++或 i--。

前置运算和后置运算的区别：

· 前置运算是变量的值先加 1 或减 1，然后再以该变量变化后的值参加其他运算。

· 后置运算是变量的值先参加有关运算，然后变量的值再加 1 或减 1。

2) 关系运算符

在程序中经常需要比较两个量的关系，以便决定后续的工作。比较两个量的运算符称为关系运算符。

在 C 语言中常用的关系运算符如下：

>、>=、<、<=、==、! =(大于、大于等于、小于、小于等于、等于、不等于)

关系运算符均为双目运算符，其结合性为左结合。

3) 逻辑运算符

C 语言提供了 3 种逻辑运算符：&&(逻辑与)、||(逻辑或)、!(逻辑非)。

逻辑与运算符(&&)和逻辑或运算符(||)均为双目运算符，具有左结合性；逻辑非运算符(!)为单目运算符，具有右结合性。

逻辑运算的值为“真”和“假”两种，分别用“1”和“0”表示，其求值的规则如下：

(1) 逻辑与运算(&&)：只有当参与运算的两个量都为“真”时，其结果才为“真”，否则为“假”。

(2) 逻辑与运算(||)：当参与运算的两个量有一个为“真”时，其结果都为“真”；只有两个都为“假”时，其结果才为“假”。

(3) 逻辑非运算(!)：参与运算的量为“真”时，其结果都为“假”；参与运算的量为“假”时，其结果都为“真”。

4）位运算符

参与位运算的操作对象只能是整型和字符型数据，不能为实型数据。C51 提供了 6 种位运算符：

(1) &(按位与)：两个字符或整数按位进行逻辑与运算。

(2) |(按位或)：两个字符或整数按位进行逻辑或运算。

(3) ^(按位异或)：两个字符或整数按位进行逻辑异或运算。

(4) ～(按位取反)：字符或整数按位进行逻辑非运算。

(5) <<(左移)：字符或整数按位进行左移运算。

(6) >>(右移)：字符或整数按位进行右移运算。

5）赋值运算符

(1) 基本赋值运算符“=”：其功能是把某个常量、变量或表达式的值赋值给另外一个变量。

(2) 复合赋值运算符：有“+=”、“-=”、“*=”、“/=”、“%=”、“^=”、“～=”、“&=”、“|=”、“<<=”、“>>=”。

例如：i+=2；等价于 i=i+2；　a%=5；等价于 a=a%5；

6）强制类型转换运算符

强制类型转换运算符的一般形式为：(类型说明符)(表达式)

其功能是：把表达式的运算结果强制转换为类型说明符所表示的类型。

5. C51 的基本语句

C51 的所有程序都是由表达式语句构成的。表达式是一个式子，而在表达式后面加上“；”就构成了语句。语句是 C 语言的一大特色，C 语言程序是结构化的程序，设计了多种程序控制语句，而最常用的语句分为 3 类：条件语句，循环语句，break、continue 和 goto 语句，下面简单介绍这 3 类语句。

1）条件语句

(1) if 语句。

· 形式 1。

　　if(表达式)语句；

上述结构表示：如果表达式的值为非“0”(真)，则执行语句 1；否则，跳过语句 1 继续执行。

举例：

```
//*****************************************
//*程序名称：输出两个整数中的较大者.cpp            *
//*主要功能：判断输出两个整数中的较大者              *
//*****************************************
#include <stdio.h>
void main()
{
    int a, b, max;
    printf("请输入两个整数：");
    scanf("%d%d", &a, &b);
    max=a;
    if(max<b)max=b;
    printf("max=%d\n", max);
}
```

· 形式2。

　　if(表达式)语句1；

　　else语句2；

上述结构表示：如果表达式的值为非“0”(真)，则执行语句1；否则，执行语句2。

举例：

```
//*****************************************
//*程序名称：输出两个整数中的较大者.cpp            *
//*主要功能：判断输出两个整数中的较大者              *
//*****************************************
#include <stdio.h>
int main()
{
    int a, b;
    printf("请输入两个整数：");
    scanf("%d%d", &a, &b);
    if(a>b)printf("max=%d\n", a);
    else printf("max=%d\n", b);
    return 0;
    }
```

· 形式3。

　　if(表达式1)语句1；

　　else if(表达式2)语句2；

　　else if(表达式3)语句3；

　　……

　　else语句n；

上述结构从上到下逐个对条件进行判断，一旦发现条件满足，就执行与它相关的语句，并跳过其他剩余的判断；若没有一个条件满足，则执行最后一条else后的语句n。

举例：

```
//**************************************
//*程序名称：数值1-7转换为对应星期的英文.cpp                *
//*主要功能：数值1-7转换为对应星期的英文                    *
//**************************************
#include <stdio.h>
int main()
{
    int a;
    printf("请输入1～7中任意数值：");
    scanf("%d", &a);
    if(a==1)printf("Monday\n");
    else if(a==2)printf("Tuesday\n");
    else if(a==3)printf("Wednesday\n");
    else if(a==4)printf("Thursday\n");
    else if(a==6)printf("Saturday\n");
    else if(a==5)printf("Firday\n");
    else if(a==6)printf("Saturday\n");
    else if(a==7)printf("Sunday\n");
    else printf("error\n");
    return 0;
}
```

（2）switch 语句。switch 语句的一般格式是

```
switch(变量)
{
    case 常量1：语句1；
    case 常量2：语句2；
    case 常量3：语句3；
    ……
    case 常量n：语句n；
    default：语句n+1；
}
```

执行 switch 语句时，将变量逐个与 case 后的常量进行比较，若与其中一个相等，则执行该常量后的语句；若都不相等，则执行 default 后的语句。

举例：自动售货机商品价格的查询

· 任务描述：

自动售货机可以售出薯片（3.0元）、爆米花（2.5元）、巧克力（4.0元）、可乐（3.5元）四种商品，在屏幕上显示菜单。当用户输入编号1～4时，显示相应商品的价格和输入其他编号，显示价格为0。

· 解决方案：

（1）定义整型变量 x 用于存放用户输入编号；

（2）定义双精度实型变量 y 用于存放价钱；

(3) 根据 x 值使用 switch 语句判断用户选择商品价格 y 的值;

(4) 输出商品价格 y。

```
//*************************************************
//*程序名称:自动售货机商品价格查询.cpp               *
//*主要功能:自动售货机商品价格查询                   *
//*************************************************
#include <stdio.h>
int main()
{
    int x, i;
    double y;
    printf("******************************\n");
    printf("1)选择薯片\n2)选择爆米花\n3)选择巧克力\n4)选择可乐\n0)退出\n");
    printf("******************************\n");
    printf("请输入你的选择:");
    scanf("%d", &x);
    switch(x)
    {
        case 1: printf("薯片单价: 3.0 元\n"); break; //y=3.0;
        case 2: y=2.5; printf("爆米花单价: %.1lf 元\n", y); break;
        case 3: y=4.0; printf("巧克力单价: %.1lf 元\n", y); break;
        case 4: y=3.5; printf("可乐单价: %.1lf 元\n", y); break;
        default: y=0.0; printf("不在选择范围内\n"); break;
    }
    printf("谢谢惠顾!");
    return 0;
}
```

2) 循环语句

C51 提供 3 种基本的循环语句:while 语句、do-while 语句、for 语句。

(1) while 语句。while 语句的一般形式为

```
while(条件)
语句;
```

while 循环表示:当条件为"真"时,则执行语句,直到条件为"假"时才结束循环。

举例:寻找密码

· 任务描述:小张的行李箱密码忘记了,密码是四位,每位密码由 0~9 之间的数字构成。请编写模拟小张寻找密码的过程。

· 任务分析:密码是一个四位整数,而四位整数的取值范围是 0000~9999,共计 10000 个,那么我们需要在这 10000 个四位整数中逐个寻找,直到找到与密码符合的四位整数为止。

· 解决方案:

(1) 定义整形变量 password 用于存放密码;

(2) 定义整形变量 value,赋初值 0,用于存放每次比较的四位整数;

(3) 用 value 的值与 password 的值进行比较,若不相等则修改 value 的值(value++)继续进行

比较，直到找到为止；

(4) 输出找到的四位密码；

(5) 返回。

```
//*****************************************
//* 程序名称：寻找密码.cpp                    *
//* 主要功能：寻找密码                        *
//*****************************************
#include <stdio.h>   //预编译
int main()
{
    int password=7691; //password：存放密码
    int value=0; //value：存放比较的四位密码
    while(value<=9999)
    {
      printf("请输入0～9999四位密码：");
      scanf("%d", &value);
      if(value==password)
      {
          printf("密码是：%4d\n", value);
          break;
      }
    }
    return 0;
}
```

(2) do-while 语句。do-while 语句的一般形式为

```
do
{
  语句
}while(条件);
```

do-while 循环表示：先执行语句，再判断条件是否为“真”，当条件为“真”时，则继续执行语句，直到条件为“假”时才结束循环。

(3) for 语句。for 语句的一般形式为

for(<初始化>；<条件表达式>；<增量>)语句；

“初始化”是一条赋值语句，用来给循环控制变量赋初值，只执行一次；

“条件表达式”是一个关系表达式，用来决定什么时候退出循环；

“增量”是定义循环控制变量每循环一次后按什么方式变化，它们之间用“；”隔开。

使用 for 循环语句时应注意以下几点：

① 当循环的语句条数超过(含)2 条，则要用“{”和“}”将参加循环的所有语句都括起来。

② for 循环中的“初始化”、“条件表达式”、“增量”都是选择项，可以省略，但是“；”不能省略。

举例：猜数字游戏

·任务描述：由计算机随机生成100以内的一个整数，用键盘输入你猜的整数(假定1～99内)，与计算机产生的被猜数比较，若相等，显示猜中；若不相等，显示与被猜数的大小关系，最多允许猜5次，如果用户猜的次数大于5次，则提示游戏结束。

·任务分析：要求计算机随机产生一个0～99的整数，设置一个计数器控制猜的次数，最多5次。

·解决方案：

(1) 本例要使用随机函数，这些函数包含在头文件stdlib.h和timen.h中；

(2) 定义整形变量key用于存放随机数；

(3) 定义整形变量temp存放用户猜的数字；

(4) 定义整形变量i作为循环变量；

(5) 调用srand()设置随机数种子；

(6) 调用rand()函数产生1～100之间的随机数；

(7) 使用循环让用户进行猜数字游戏，用计数循环语句for语句控制循环5次。如果不到5次猜对，则执行break语句，提前结束程序；如果用户猜的次数达到5次仍没猜对，则循环正常结束。

```
//****************************************
//*程序名称：猜数字游戏.cpp                *
//*主要功能：猜数字游戏                    *
//****************************************
#include <stdio.h>  //预编译
#include <stdlib.h>
#include <time.h>
int main()
{
    int count, key, temp; //count：猜的次数；key：随机数；temp：用户猜的数字
    srand((unsigned)time(NULL)); //初始化随机数种子，使后面rand()函数产生不同的数
    key=1+rand()%100; //随机生成1～100的一个整数
    printf("系统产生了一个1～100之间的整数，猜猜它是几？\n\n");
    for(count=1; count<=5; count++)
    {
        printf("请输入1个1～100之间的整数：");
        scanf("%d", &temp);
        if(key==temp)
        {
            printf("恭喜你，猜对了！你真棒!!!\n");
            break;
        }
        if(key<temp) printf("你输入的数大了，再猜！\n");
        if(key>temp) printf("你输入的数小了，再猜！\n");
    }
    if(count==6)printf("你的次数已用完!!!");
    return 0;
}
```

3）break、continue 和 goto 语句

（1）break 语句。break 语句通常用在循环语句和 switch 语句中。

当 break 语句用在 switch 语句中时，可以使程序跳出 switch 语句而执行 switch 语句后面的语句。当 break 语句用在循环语句中时，可以使程序终止循环而执行循环后面的语句。

使用 break 语句应注意以下几点：

① break 语句对 if-else 条件语句不起作用。

② break 语句用在多层循环中，一条 break 语句只能向外跳一层。

```
//**************************************
//* 程序名称：判断 m 是否是素数.cpp      *
//* 主要功能：判断 m 是否是素数          *
//**************************************
#include <stdio.h>   //预编译
int main()
{
    int i, m;
    printf("请输入一个整数：");
    scanf("%d", &m);

    for(i=2; i<=m/2; i++)
        if(m%i==0)break;

    if((i>m/2)&&(m!=1))printf("%d 是素数！\n", m);
    else printf("%d 不是素数！\n", m);
    return 0;
}
```

（2）continue 语句。continue 语句用在循环语句中，其作用是：跳过循环体中剩下的语句而强行执行下一次循环。

举例：

```
//**************************************
//* 程序名称：输出 100 到 200 能被 7 整除的数.cpp *
//* 主要功能：输出 100 到 200 能被 7 整除的数     *
//**************************************
#include <stdio.h>   //预编译
int main()
{
    int i;
    for(i=100; i<=200; i++)
    {
        if(i%7!=0)continue;
        printf("%d\t", i);
    }
```

```
        printf("\n");
        return 0;
    }
```

(3) goto语句。goto语句是一种无条件转移语句，其格式是：goto 标号；其功能是跳转到"标号"指定的位置执行。

6. C51的函数

C51的程序往往由多个函数构成，但只有一个主函数main( )，函数是C语言源程序的基本模板，通过对函数模块的调用实现特定的功能。由于采用函数模块式的结构，C语言易于实现结构化程序设计，使得程序的层次结构清晰，便于编写、阅读和调试。

1) 函数的分类

(1) 标准库函数。在C语言编译系统中，将一些独立的功能模块编写成公用函数，并将它们集中存放在系统的函数库中，供程序设计时使用，这种函数称为标准库函数。在C51编译环境中，库函数以头文件的形式给出。

(2) 用户自定义函数。用户根据需要自行编写的函数称为用户自定义函数，它必须先定义之后才能被调用。

2) 函数的定义

函数定义的一般形式为

```
返回值类型  函数名(形式参数列表)
{
    局部变量定义语句;
    函数体语句;
}
```

(1) 返回值类型：用来说明函数返回值的类型，它可以是基本数据类型(int、char、float、double等)和指针型，当函数没有返回值时，用标识符void来说明。

(2) 函数名：函数的名称，必须符合标识符的定义规则。

(3) 形式参数列表(简称形参)：给出函数被调用时传递数据的形式参数，其类型必须加以说明。如果定义的是无参数函数，可以没有形式参数列表，但是圆括号不能省略。

(4) 局部变量定义语句：对函数内部使用的局部变量进行定义。

(5) 函数体语句：完成函数特定功能而使用的语句。

3) 函数的调用

函数调用就是在一个函数体中引用另外一个已经定义的函数，前者称为主调函数，后者称为被调用函数，函数调用的一般格式为

函数名(实际参数列表);

对于有参数类型的函数，若实际参数列表中有多个实际参数，则各个参数之间用"；"隔开。实际参数与形式参数顺序对应，个数应相等，类型应一致。

一个函数中调用另外一个函数需要具备如下条件：

(1) 被调用函数必须是已经定义的函数(库函数或用于已定义的自定义函数)。如果函数定义在调用之后，那么必须在调用之前(一般在程序的开始部分)对函数进行声明。

(2) 如果程序使用了库函数，则要在程序的开始用"#include"预处理命令将调用函数

所需要的信息包含在本文件中。如果不是在本文件中定义的函数，那么在程序开始处要用“extern”进行函数原型的说明。

举例：输入立方体的长、宽、高，求体积及三个面的面积。

```
//********************************************
//* 程序名称：立方体体积和三个面的面积.cpp          *
//* 主要功能：立方体体积和三个面的面积              *
//********************************************
#include <stdio.h>   //预编译
int s1, s2, s3;
int vs(int a, int b, int c)
{
    int v;
    v=a*b*c;
    s1=a*b;
    s2=b*c;
    s3=a*c;
    return v;
}
int main()
{
        int v, l, w, h;
        printf("请输入立方体的长、宽、高的值\n");
        scanf("%d%d%d", &l, &w, &h);
        v=vs(l, w, h);
        printf("\nv=%d, s1=%d, s2=%d, s3=%d\n", v, s1, s2, s3);
        return 0;
}
```

7. C51 的预处理指令

C51 程序中包含的命令＃include、宏定义命令＃define 等都放在函数之外，而且一般放在源程序的前面，称为预处理命令。

所谓的预处理，是指在编译过程中，第一遍扫描(词法扫描和语法分析)之前所做的工作。当对一个源程序文件进行编译时，系统将自动引用预处理程序对源程序中的预处理部分进行处理，处理完毕则自动对源程序进行编译。

1) 宏定义

在 C 语言源程序中，允许用一个标识符来表示一个字符串，称为宏。在编译与处理时，对所有出现在程序中的宏名都用宏定义中的字符串去代换，称为宏代换或宏展开。

宏定义由源程序中的宏定义命令完成；宏代换由预处理程序自动完成。

在 C 语言中，宏分为有参数和无参数两种。

(1) 无参数的宏定义。无参数宏的宏名后不带参数，其定义的一般形式为

　　＃define　标识符　字符串

其中，“#”表示这是一条预处理命令；“define”为宏定义命令；“标识符”为所定义的宏的名字；“字符串”可以是常数、表达式、格式串等。

例如：

```
#define  PI  3.1415
```

其作用是用标识符 PI 来代替常量 3.1415，在编写源程序时，所有的 3.1415 都可由 PI 代替。

对于无参数宏定义的几点说明：

① 宏定义是用宏名来表示一个字符串。在宏展开时，以该字符串取代宏名，这只是一种简单的替换。

② 宏定义不是说明或语句，在行末必须加分号。如果加上分号，则连同分号一起被置换。

③ 宏定义必须写在函数外，其作用的范围为从宏定义命令开始到源程序结束。如果要终止其作用，使用#undef 命令。

④ 宏名在源程序中若用引号括起来，则预处理程序不对其做宏代换。

⑤ 习惯上，宏名用大写字母表示，以便与变量区别。

(2) 带参数的宏定义。带参数宏定义的一般形式为

#define　宏名(形参列表)　字符串

带参数宏调用的一般形式为

宏名(实参列表)

例如：

```
#define  C(x)(y)  (2*x+2*y)   //宏定义
c= C(4)(5);                   //宏调用
```

对于带参数宏定义的几点说明：

① 在带参数宏定义中，宏名和形参列表之间不能有空格出现。

② 在带参数宏定义中，形参不分配内存单元，因此不必定义类型。而宏调用中的实参有具体的值，要用它们去替换形参，因此必须做类型说明。而在带参数宏中，只是符号代换，不是值的传递。

③ 宏定义中的形参是标识符，而宏调用中的实参可以是表达式。

④ 在宏定义中，字符串内的形参通常要用括号括起来，以免出错。

⑤ 带参数宏可以用来定义多条语句，宏调用时，把这些语句代换到源程序内。

2) 文件包含

文件包含命令行的一般形式为

#include"文件名"

文件包含命令的功能是把指定的文件插入该命令行位置，取代该命令行，从而把指定的文件和当前的源程序文件连成一个文件。

在程序设计中，文件包含是很有用的。一个大的程序可以分为多个模块，有多个程序员分别编程，有些公用的符号常量或宏定义等可以单独组成一个文件，在其他文件的开头用文件包含命令包含该文件即可使用，这样就可以避免在每个文件开头都去输那些公用量，从而节省时间，减少出错。

对文件包含命令还需要说明以下几点：

(1) 可以用尖括号“< >”将文件名括起来。例如：

```
#include  <math.h>
```

使用尖括号和双引号的区别是：使用尖括号，表示在包含文件目录中查找，而不是在源文件目录中查找；使用双引号，表示首先在当前的源文件目录中查找，如果找不到，则到包含目录中查找。

(2) 一条 include 命令只能指定一个被包含文件。若有多个文件要包含，需要用多条 include 命令。

(3) 文件包含允许嵌套，即在一个被包含文件中可以包含另外一个文件。

3) 条件编译

预处理程序提供了条件编译功能，可以按照不同的条件编译不同的程序部分，产生不同的目标代码文件，这对于程序的移植和调试是非常有用的。

条件编译有 3 种形式，下面分别介绍：

· 形式 1。

```
#ifdef  标识符
    程序段 1
#else
    程序段 2
#endif
```

其功能是：如果标识符已被 #define 命令定义过，则编译程序段 1；否则，编译程序段 2。如果没有程序段 2，则格式中的 #else 可以没有，其格式为

```
#ifdef  标识符
    程序段 1
#endif
```

· 形式 2。

```
#ifndef  标识符
    程序段 1
#else
    程序段 2
#endif
```

其功能与形式 1 恰恰相反，如果标识符没有被 #define 命令定义过，则编译程序段 1；否则，编译程序段 2。

· 形式 3。

```
#if  常量表达式
    程序段 1
#else
    程序段 2
#endif
```

其功能是：如果常量表达式的值为“真”，则编译程序段 1；否则，编译程序段 2。

任务5 单片机应用系统的开发方法

1. 开发过程

对于一个实际的课题和项目，从任务要求的提出到系统选型、确定、研制直至投入运行需要经过一系列的过程。通常，开发一个单片机应用系统需要经过以下几个过程：① 需求调查分析；② 可行性分析；③ 系统方案设计；④ 系统研制；⑤ 系统调试；⑥ 系统方案局部修改、再调试；⑦ 生成最终的产品(产品定型)。

此外，在开发产品时，还需要考虑产品的外观设计、包装、运输、促销、售后服务等商品化问题。单片机应用系统的开发过程流程如图1-37所示。

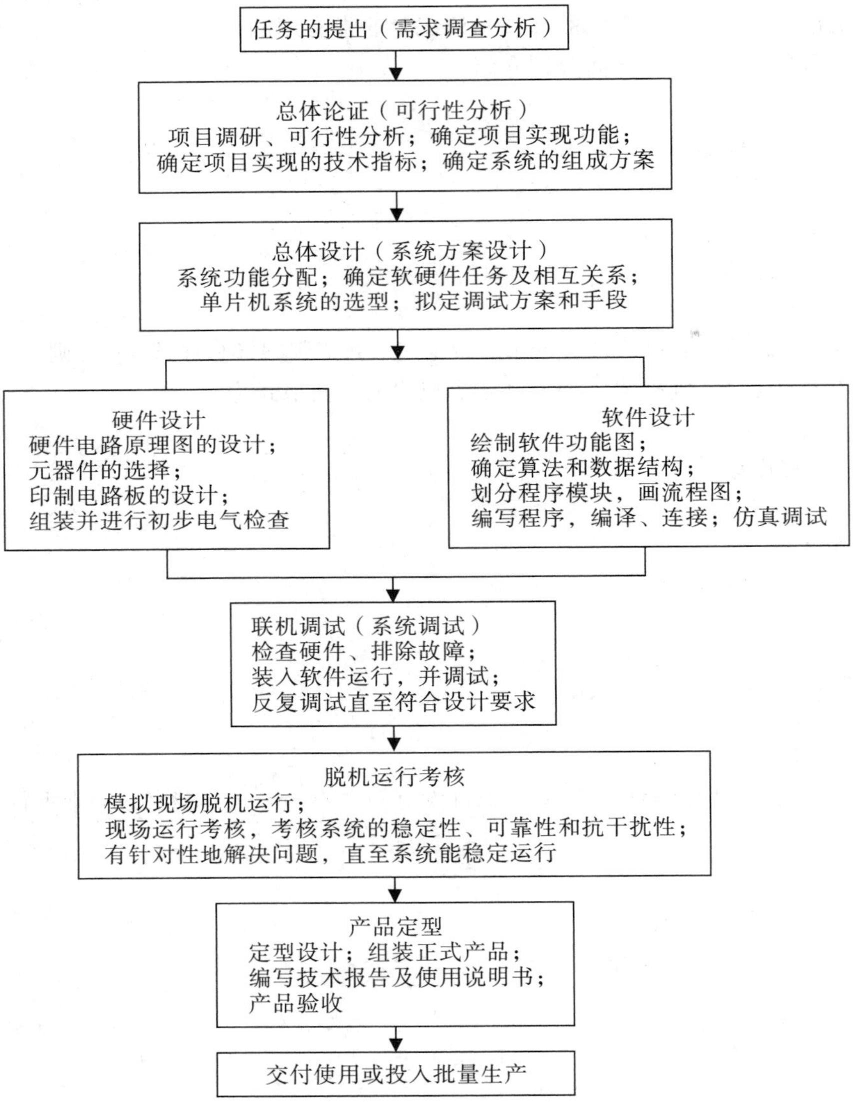

图1-37 单片机应用系统的开发过程流程图

1）需求调查分析

做好详细的系统需求调查是对研制新系统(产品)准确定位的关键。当研制一个新的单片机应用系统时，首先要调查市场或用户的需求，了解用户对未来新系统的希望和要求，通过对各种需求信息的综合分析，得出市场或用户是否需要新系统的结论。其次，还应对国内外同类系统的状况进行调查，调查的主要内容包括：

(1) 原有系统的结构、功能及存在的问题。

(2) 国内外同类系统的最新发展情况，以及与新系统有关的各种技术资料。

(3) 同行业中哪些用户已经采用了新的系统，它们的结构、功能、使用情况及所产生的经济效益如何。

经过需求调查，整理出需求报告，作为系统可行性分析的主要依据，由此可见，需求报告的准确性将决定可行性分析的结果。

2）可行性分析

可行性分析将对新系统开发研制的必要性及可实现性给出明确的结论，根据这一结论决定系统开发研制工作是否需要进行下去。

可行性分析通常从以下几个方面进行论证：

(1) 市场或用户需求。

(2) 经济效益和社会效益。

(3) 技术支持与开发环境。

(4) 现在的竞争力与未来的生命力。

3）系统方案设计

系统方案设计是实现系统的基础，这是一项十分细致的工作。方案设计的主要依据是市场或用户的需求、应用环境状况、关键技术支持、同类系统经验借鉴及开发设计人员的设计经验等。其主要内容包括：

(1) 系统结构设计；

(2) 系统功能设计；

(3) 系统实现方法。

4）系统研制

系统研制这一阶段的工作是将前面的系统方案付诸实施，将硬件框图转化为具体的电路，软件流程用程序加以实现。设计硬件电路时，单片机的选用对电路结构及复杂度有较大的影响，因此，选择一款合适的单片机将能最大限度地降低其外围连接电路，从而简化整个系统的硬件。

5）系统调试

系统调试这个阶段是检验所设计系统的正确性和可靠性，从中发现组装问题或设计错误。

6）系统方案局部修改、再调试

对于系统调试中发现的问题或错误，以及出现的不可靠因素要提出有效的解决办法，然后对原方案进行局部修改，再调试，直到设计出一个能正确可靠运行的系统为止。

7）产品定型

作为正式系统(或产品)，不仅要提供一个能正确可靠运行的系统(或产品)，而且还要

提供关于此系统(或产品)的全部文档。这些文档包括:

(1) 系统设计方案;

(2) 硬件电路原理图;

(3) 软件程序清单;

(4) 软/硬件功能说明;

(5) 软/硬件装配说明书;

(6) 系统操作手册。

2. 开发方法

1) 通过硬件仿真器开发单片机应用系统

仿真调试器可以在线调试仿真51单片机,降低开发成本。其仿真调试的过程是:在PC中进行程序设计与开发,通过仿真器与用户系统连接,在仿真器中运行程序,在用户系统中观察运行结果,查看是否符合设计要求。如果有不符合的地方再回到计算机中进行修改,然后重复上面的过程,直到符合设计要求,再将程序用编程器烧入单片机中,用单片机替代仿真器,让用户系统脱离计算机及仿真器独立运行。

2) 通过软件模拟开发单片机应用系统

利用仿真软件模拟硬件进行系统开发已经成为单片机开发的主流方法,因为这种开发方法不需要花费硬件成本,而且效率极高。当前MCS-51单片机常用的仿真开发软件是Proteus软件。下面介绍Proteus ISIS软件及其使用。

Proteus ISIS是英国Labcenter公司开发的电路分析与实物仿真软件。它运行于Windows操作系统上,可以仿真、分析(SPICE)各种模拟器件和集成电路,该软件的特点是:

(1) 实现了单片机仿真和SPICE电路仿真相结合,具有模拟电路仿真、数字电路仿真、单片机及其外围电路组成的系统的仿真、RS232动态仿真、I2C调试器、SPI调试器、键盘和LCD系统仿真的功能;有各种虚拟仪器,如示波器、逻辑分析仪、信号发生器等。

(2) 支持主流单片机系统的仿真。目前支持的单片机类型有:68000系列、8051系列、AVR系列、PIC12系列、PIC16系列、PIC18系列、Z80系列、HC11系列以及各种外围芯片。

(3) 提供软件调试功能。在硬件仿真系统中具有全速、单步、设置断点等调试功能,可以观察各个变量、寄存器等的当前状态,因此在该软件仿真系统中,也必须具有这些功能,同时支持第三方的软件编译和调试环境,如Keil C51 μVision2等软件。

(4) 具有强大的原理图绘制功能。总之,该软件是一款集单片机和SPICE分析于一身的仿真软件,功能极其强大。

下面主要介绍Proteus ISIS软件的工作环境和一些基本操作。

(1) Proteus 7 Professional界面介绍。双击桌面上的ISIS 7 Professional图标或者单击屏幕左下方的“开始”→“程序”→“Proteus 7 Professional”→“ISIS 7 Professional”菜单,出现如图1-38所示界面,表明进入Proteus ISIS集成环境。

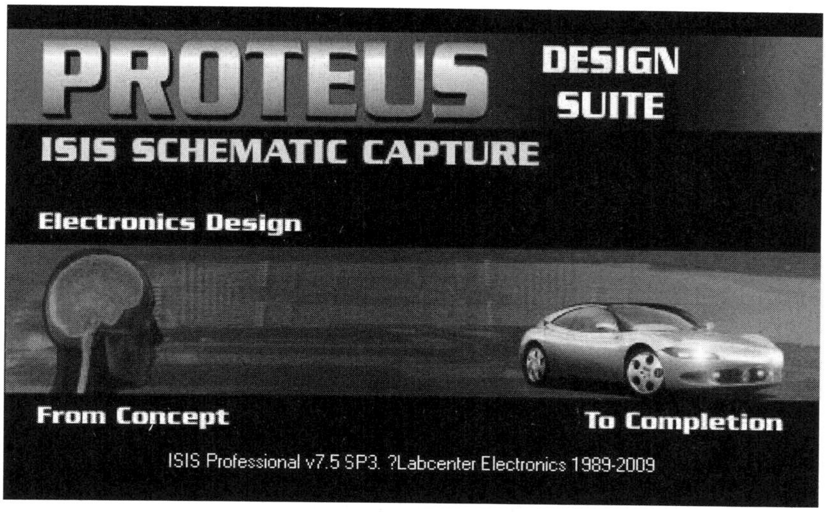

图 1－38　ISIS 7 Professional 进入界面图

Proteus ISIS 的工作界面是一种标准的 Windows 界面，如图 1－39 所示，包括：标题栏、主菜单栏、标准工具栏、绘图工具栏、状态栏、对象选择按钮、预览对象方位控制按钮、仿真进程控制按钮、预览窗口、元件列表、图形编辑窗口。

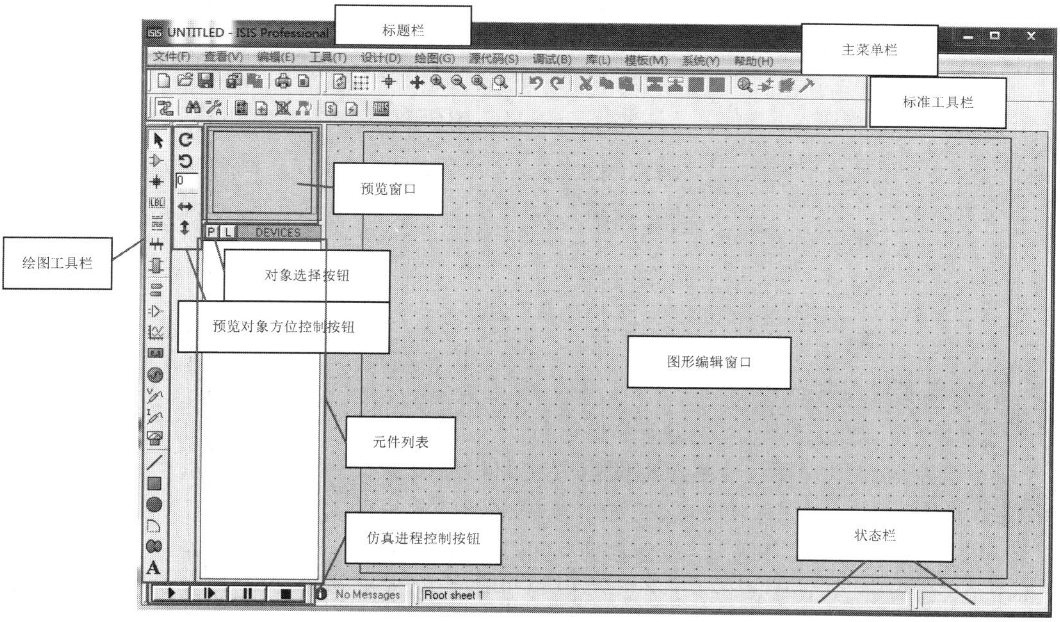

图 1－39　Proteus ISIS 的工作界面图

(2) 菜单命令的简述。下面主要介绍绘图工具栏和仿真进程控制按钮的图标及其主要功能。

① 绘图工具栏。

· 主要模型：

图标符号	功能
	即时编辑元件参数
	选择元件
	放置连接点
	放置标签
	放置文本
	绘制总线
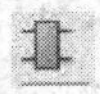	放置子电路

· 配件：

图标符号	功能	图标符号	功能
	终端接口		器件引脚
	仿真图表		录音机
	信号发生器		电压探针
	电流探针		虚拟仪表

· 2D图形：

图标符号	功能	图标符号	功能
	画直线	 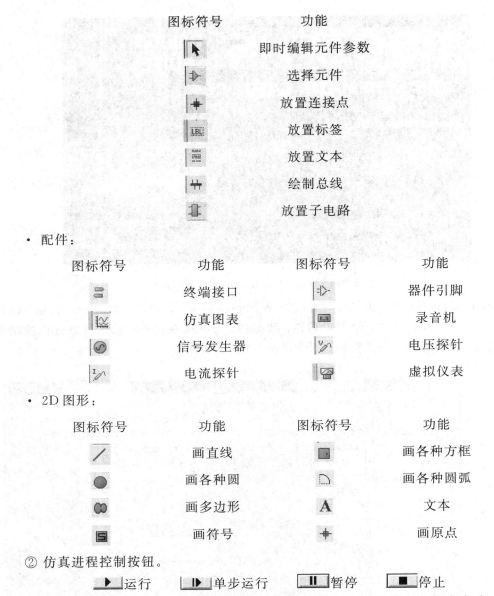	画各种方框
	画各种圆		画各种圆弧
	画多边形		文本
	画符号		画原点

② 仿真进程控制按钮。

运行 单步运行 暂停 停止

(3) 绘制电路原理图。绘制原理图需要在图形编辑窗口中的蓝色方框内完成，如果原理图较大超过了蓝色方框，可以通过如下步骤来调整图纸的大小：在主菜单栏中，选择“系统”菜单，在其下拉菜单中选择“设置图纸大小”选项(见图1-40)。此时弹出如图1-41所示的窗口，默认情况下是A4纸大小，可以根据所需图纸的要求来选择图纸大小，也可以自定义图纸大小，选择好后点击“确定”按钮即可。

下面以16颗LED花样流水灯仿真电路图(见图1-42)为例，来介绍Proteus中电路原理图的绘制过程。

① 将所需要的器件加入预览窗口。单击“对象选择按钮”，弹出“Pick Devices”页面，如图1-43所示，在“关键字”文本框中输入“at89c51”，系统在对象库中进行搜索查找，并将查找到的结果显示在“结果”列表中，如图1-44所示，再在“结果”列表中选中

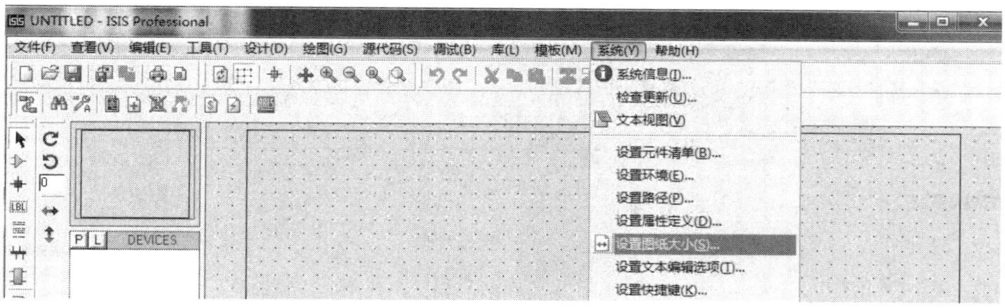

图 1-40 设置图纸大小的界面图

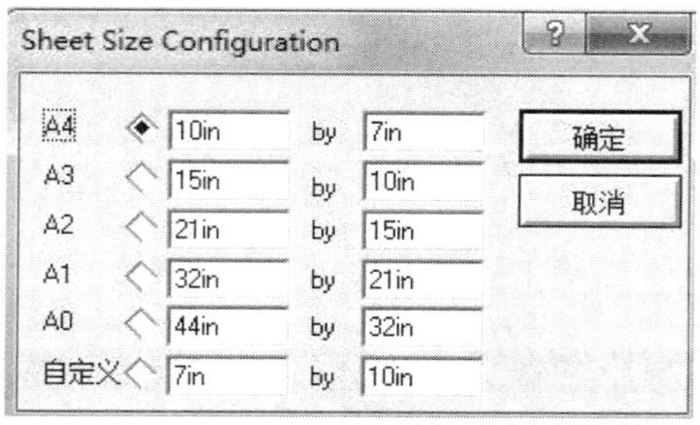

图 1-41 选择图纸大小的界面图

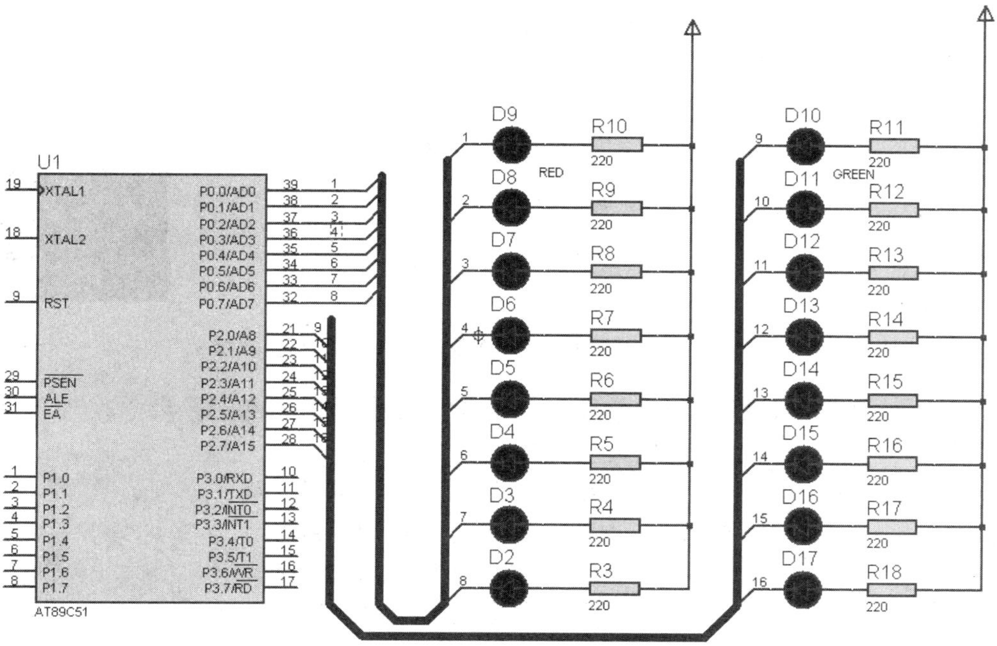

图 1-42 16 颗花样流水灯仿真电路图

“AT89C51”选项，并点击“确定”按钮；接着在“关键字”文本框中输入“led”，如图 1-45 所示，再在“结果”列表中选中“LED-RED”选项，并点击“确定”按钮；同理，在“结果”列表中选中“LED-GREEN”选项，并点击“确定”按钮；最后在“关键字”文本框中输入“RES”，如

图1-46所示，再在“结果”列表中选中“RES”选项并点击“确定”按钮。

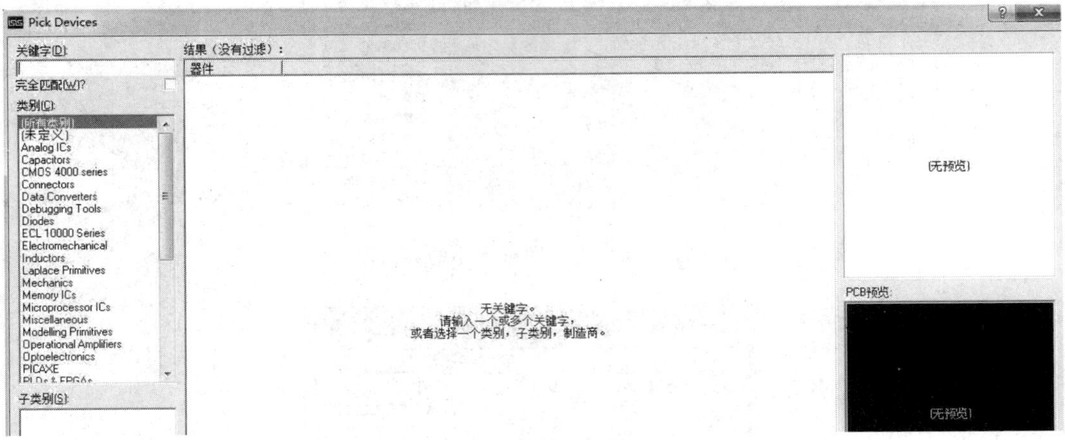

图1-43 “Pick Devices”页面

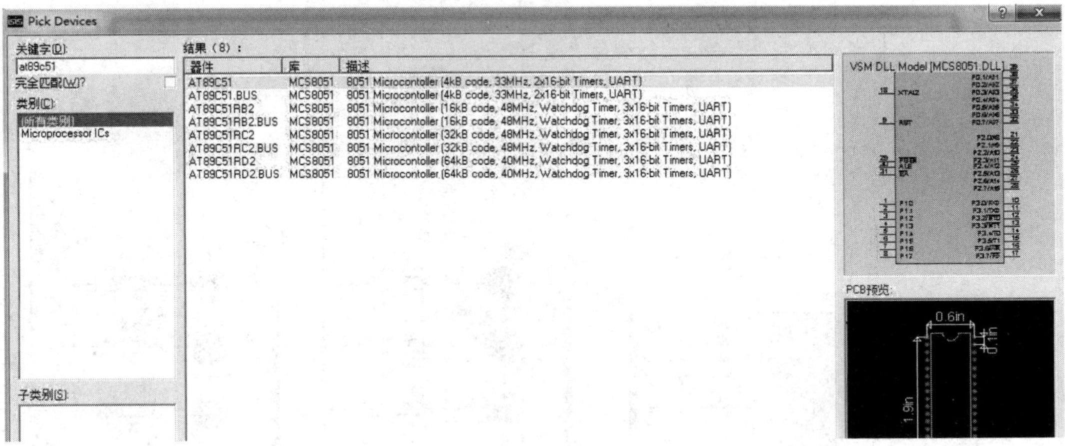

图1-44 在关键字文本框中输入at89c51后的查找结果

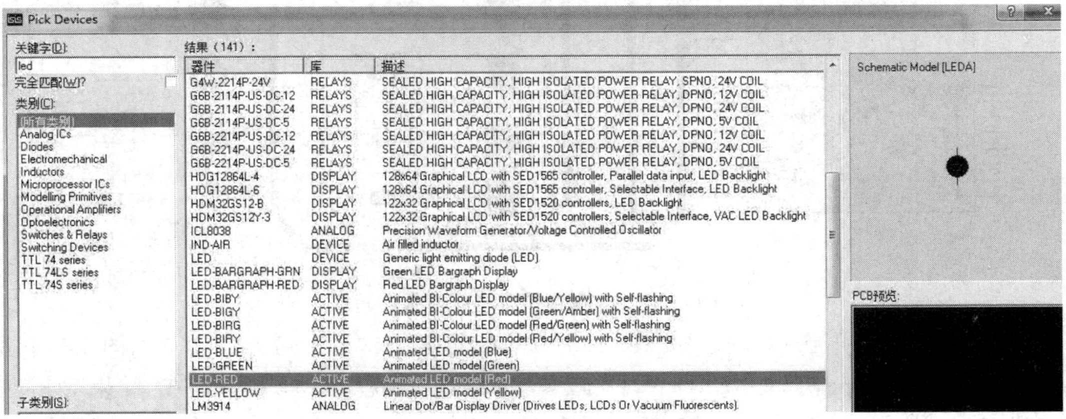

图1-45 在关键字文本框中输入led后的查找结果

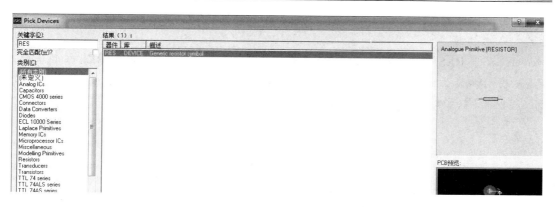

图 1-46　在关键字文本框中输入 RES 后的查找结果

经过以上操作，在元件列表部分就可以看到 AT89C51、LED-RED、LED-GREEN、RES 这四个元器件对象，如图 1-47 所示。

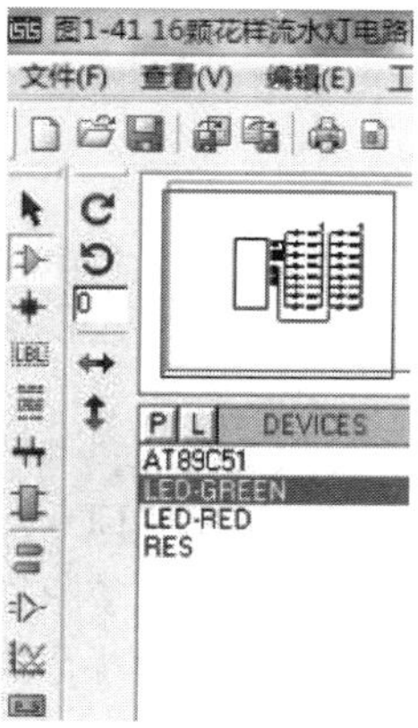

图 1-47　元件列表窗口

② 放置元器件至图形编辑窗口中。在元器件列表窗口中选中 AT89C51，将鼠标置于图形编辑窗口中，确定对象放置的位置后单击鼠标左键，则完成对象的放置。同理，将 LED-RED、LED-GREEN 和 RES 放置到图像编辑窗口中，如图 1-48 所示。

★小提示：

画此部分电路时注意以下几点：

(1) 如果需要移动对象的位置，则将鼠标移动到该对象上，单击鼠标右键，此时该对象的颜色变为红

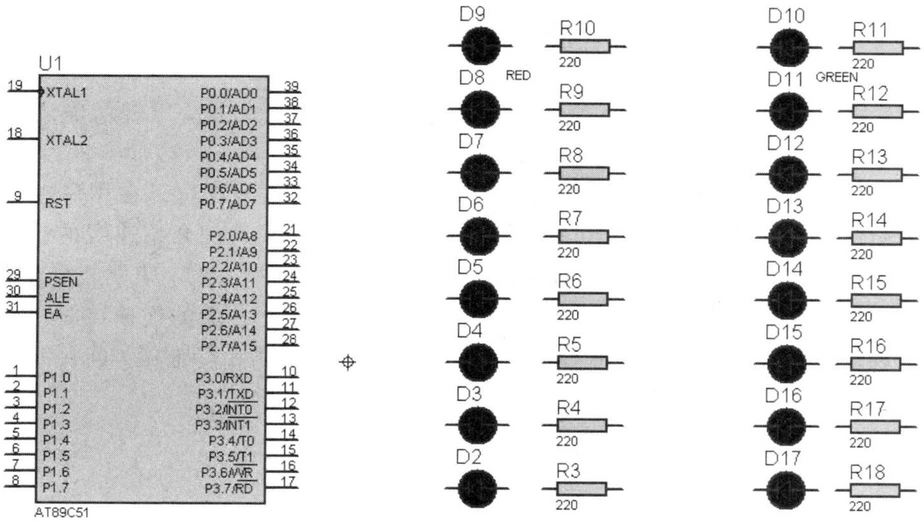

图 1-48　放置元器件到图形编辑窗口中

色，则表明该对象已被选中，按下鼠标左键，移动鼠标将对象移至新位置后松开鼠标，则完成对象的移动。

(2) 由于RES默认的阻值是10k，需要将其阻值参数改为220，修改RES参数值的步骤是：将鼠标移至需要修改的RES对象上，双击鼠标左键，弹出如图1-49所示的窗口，修改其中的“Resistance”这一栏，将其改为220。

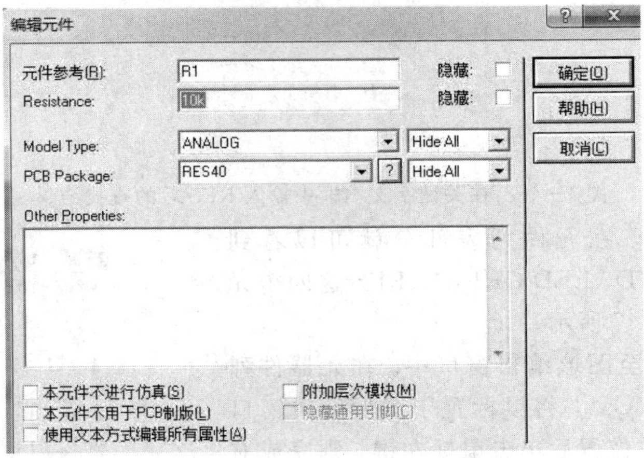

图1-49　修改RES阻值参数的界面图

(3) 由于这里的LED灯分为两种，左侧是LED-RED，右侧是LED-GREEN，而且这里每个LED接的RES的阻值相同，所以在画的时候，可以利用块复制功能画图，这样可以大大提高画图的效率。具体的操作步骤是先选中一组LED-RED和RES，再单击鼠标右键选择“块复制”，然后再移动光标将复制的块放置到需要放置的位置，单击鼠标左键确定。

③ 放置电源至图形编辑窗口中。在绘图工具栏中单击鼠标左键选择终端接口，再单击鼠标左键选择“POWER”，将光标移至放置的位置，再单击鼠标左键以示确认。

④ 放置总线至图形编辑窗口中。单击绘图工具栏中的总线按钮，使之处于选中状态。将鼠标置于图形编辑窗口，单击鼠标左键，确定总线的起始位置，移动鼠标，屏幕出现蓝色粗直线，找到总线的终止位置，单击鼠标左键，再单击鼠标右键，以表示确认并结束画总线的操作，如图1-50所示。

⑤ 元器件连线及元器件与总线连线。Proteus的智能化表现在可以在用户想要画线时进行自动检测。下面以连接电阻R9的左端和D8 RED的右端为例介绍连线的步骤，当鼠标的指针靠近R9左端的连接点时，鼠标的指针就会出现一个“□”号，表明找到了R9的连接点，单击鼠标左键，移动鼠标，将鼠标的指针靠近D9 RED右端的连接点时，鼠标的指针就会出现一个“□”号，表明找到了LED的连接点，同时单击鼠标左键，连接线变成深绿色，表示连接成功，如图1-51所示。

▲知识补充：

在Proteus中总线与连线的斜线如何画？

画总线时为了和一般的导线区分，通常采用斜线表示分支线。画斜线的方法是：在拐点的位置按住“Ctrl”键即可任意调整倾斜的角度，一般呈45°。

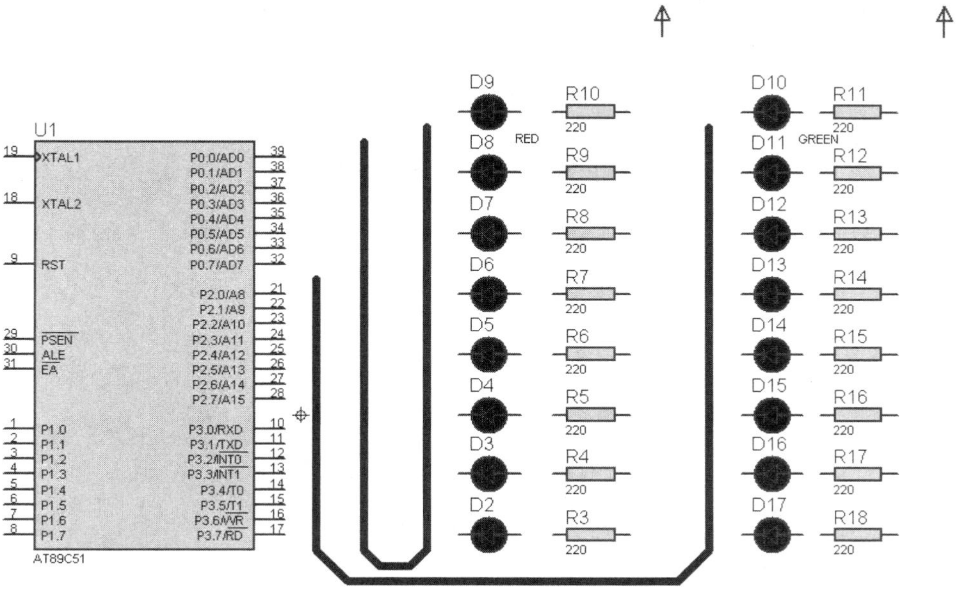

图 1-50　放置总线到图形编辑窗口的界面图

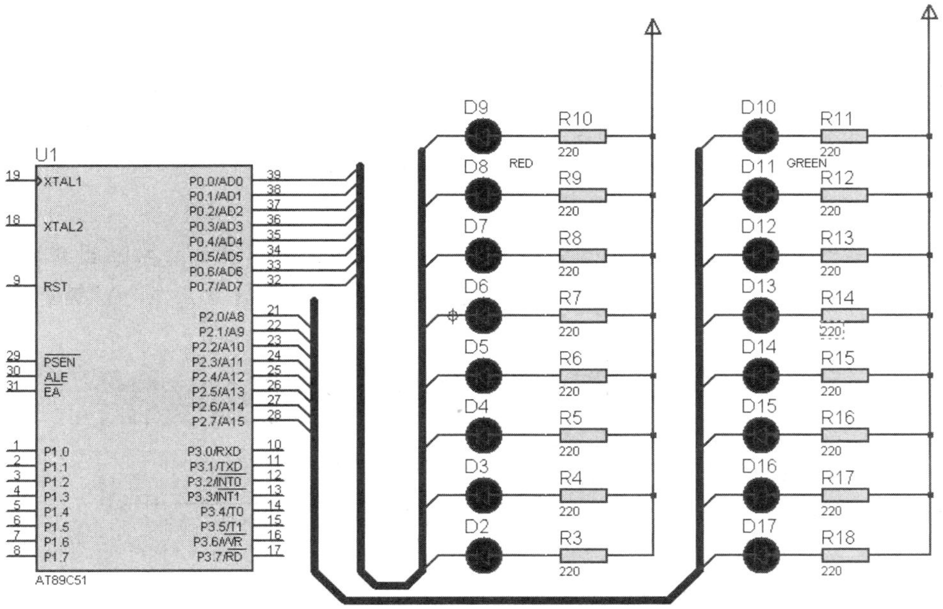

图 1-51　元器件之间连线的界面图

⑥ 给与总线连接的导线贴标签。单击绘图工具栏中的标签按钮，使之处于选中状态，将鼠标置于图形编辑窗口欲标标签的导线上，鼠标的指针就会出现一个“×”号，表明找到了可以标注的导线。单击鼠标左键，弹出编辑导线标签窗口，如图 1-52 所示。在“Style”文本框中输入标签名字，单击“确定”按钮，结束对该导线标签的标注。注意：在标注导线标签的过程中，相互接通的导线必须标注相同的标签名。

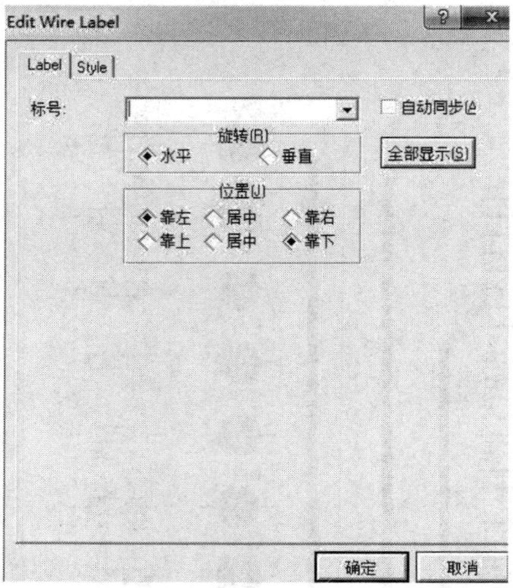

图1-52 编辑导线标签窗口

至此，便完成了整个电路图的绘制。

◆**知识扩展：** Proteus中标签快速标记方法

很多时候采用标签都会有一定的连续性，那么如何快速地标记呢？下面以共阳极数码管控制电路为例介绍Proteus中标签快速标记方法。

这里共阳极数码管的段选端用AT89C51的P2控制，连接关系如下：

A——P2.0　　B——P2.1　　C——P2.2　　D——P2.3

E——P2.4　　F——P2.5　　G——P2.6

画图的步骤如下：

(1) 把第一个引脚引出很短的引线，再在下个引脚处双击，就会自动画出相同的引线。

(2) 点击绘图工具栏左侧的“LBL”标签选项，然后再按下键盘上的“A”键，则弹出如图1-53所示的对话框。

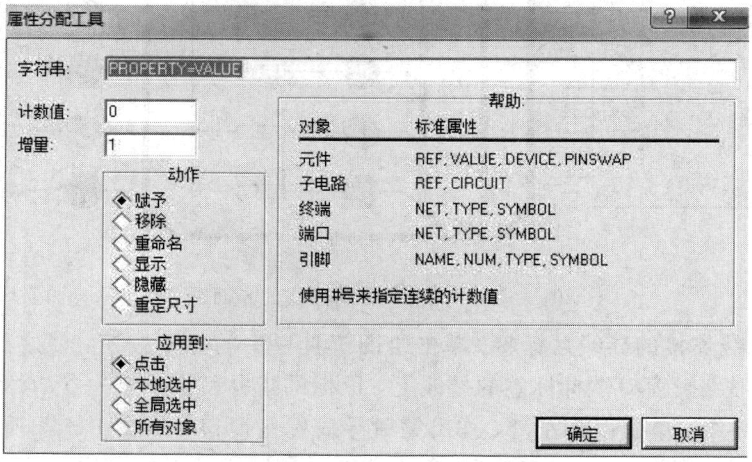

图1-53 “属性分配工具”对话框

(3) 将字符串文本框内的内容改写为：NET＝××＃，其中‘＃’表示变化的内容，计数值文本框内的值代表初始值，增量文本框内的值代表增量值。例如：这里在字符串文本框内输入“P2＃”，计数值文本框内输入0，增量文本框内输入1，如图1－54所示。

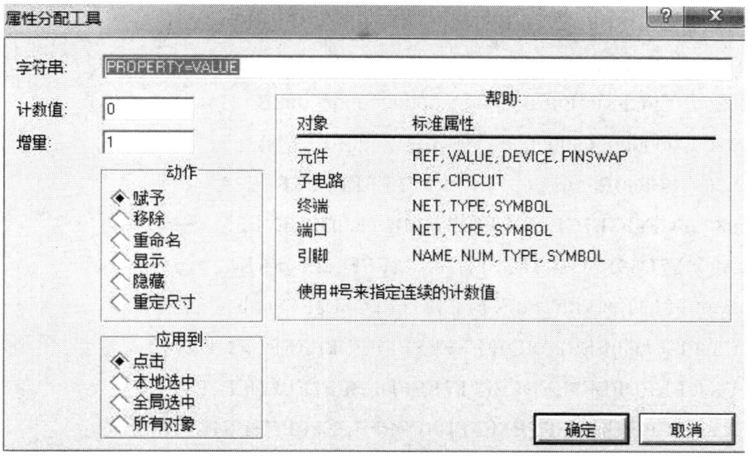

图1－54　修改参数值的界面图

(4) 将鼠标移到要添加标签的引脚处，等鼠标变成小手状，并且旁边出现绿色方框时单击左键，则标签添加成功，如图1－55所示。

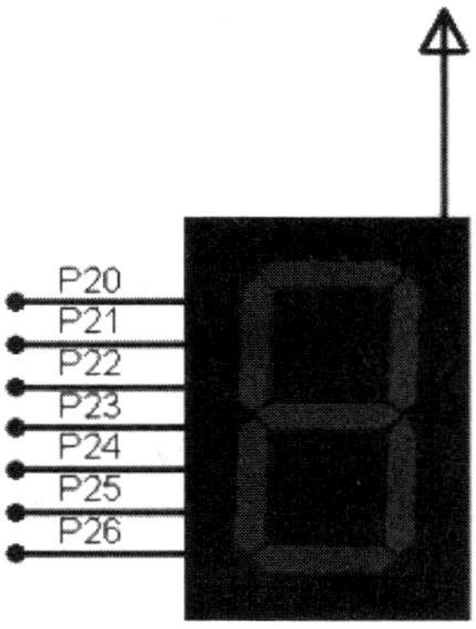

图1－55　标签添加成功后的界面图

(4) Proteus ISIS软件的仿真。Proteus ISIS软件的仿真操作步骤如下：

① 打开仿真电路原理图。

② 单击选中单片机，弹出“Edit Componet”对话框，设置“Clock Frequency”为12 MHz。

③ 在“Program File”栏中单击图标，选择“花样流水灯.HEX”文件。

④ 在Proteus ISIS编辑窗口中单击或在“Debug”菜单中选择“Execute”，开始仿真运行。

花样流灯水灯.HEX文件内容如下：

```
:10000300FCF9F3E7CF9F3F7FFFFFFFFFFFFFFFFFFA
:10001300E7DBBD7EBDDBE7FFE7C3810081C3E7FF0D
:10002300AA5518FFF00F00FFF8F1E3C78F1F3F7FBA
:100033007F3F1F8FC7E3F1F8FF0000FFFF0FF0FFC3
:10004300FEFDFBF7EFDFBF7FFFFFFFFFFFFFFFFFBC
:10005300FFFFFFFFFFFFFFFF7FBFDFEFF7FBFDFEAC
:10006300FEFCF8F0E0C0800000000000000000008B
:10007300000000000000000080C0E0F0F8FCFE7B
:1000830000FF00FF00FF00FFFFFFFFFFFFFFFFFE7A
:10009300FCF9F3E7CF9F3FFFE7DBBD7EBDDBE7FF67
:1000A300E7C3810081C3E7FFAA5518FFF00F00FFE4
:1000B300F8F1E3C78F1F3F7F7F3F1F8FC7E3F1F83F
:1000C300FF0000FFFF0FF0FFFFFFFFFFFFFFFFFF3A
:1000D300FEFDFBF7EFDFBF7F7FBFDFEFF7FBFDFE2B
:1000E300FFFFFFFFFFFFFFFFFFFFFFFFFFFFFFFF1D
:1000F300FEFCF8F0E0C080000080C0E0F0F8FCFEF9
:10010300FFFFFFFFFFFFFFFF00FF00FF00FF00FFF8
:10013000EF1FAA0670011E4A600BE4FDEDC3947820
:0501400050EE0D80F7F8
:010145002297
:10011300E4FCEC90000393F580EC90008B93F5A046
:0D0123007F647E001201300CBC88E780E391
:03000000020146B4
:0C014600787FE4F6D8FD758107020113F4
:00000001FF
```

习　题

一、单项选择题

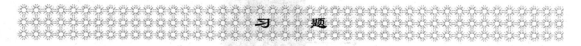

1. MCS－51 系列单片机的程序计数器 PC 用来(　　)。

A. 存放指令　　　　B. 存放正在执行的指令的地址

C. 存放下一条指令地址　　　　D. 存放上一条指令地址

2. 采用 8051 的单片机应用系统，如果不需要扩展外部程序存储器时，$\overline{EA}$引脚(　　)。

A. 必须接地　　　　B. 必须接＋5 V 电源

C. 可以悬空　　　　D. 以上三种情况视需要而定

3. 外部扩展存储器时，(　　)作为分时复用数据线和 8 位地址线。

A. P0　　　　B. P1

C. P2　　D. P3

4. 8051 单片机上电复位后，PC 的内容是(　　)。

A. 0000H　　B. 0002H

C. 000BH　　D. 0080H

5. Intel 8051 单片机 CPU 是(　　)位的。

A. 32　　B. 64

C. 16　　D. 8

6. 程序是以(　　)形式存放在程序存储器中的。

A. C 语言源程序　　B. 汇编程序

C. 二进制代码　　D. BCD 码

7. MCS－51 系列单片机存储器分配的特点是(　　)。

A. ROM 和 RAM 分开编址　　B. ROM 和 RAM 统一编址

C. 内部 ROM 和外部 ROM 分开编址　　D. 内部 ROM 和外部 RAM 分开编址

8. 在 Keil C51 软件中，使用 C 语言编写单片机开发程序，首先要建立新文件，该文件的扩展名是(　　)。

A. .C　　B. .hex

C. .bin　　D. .asm

9. 以下哪些是单片机扩展的数据类型(　　)。

A. bdata　　B. .bit

C. .code　　D. .data

10. 以下哪个语句与其他 3 个语句的意义不同(　　)。

A. sbit　CY＝0xD7;　　B. sfr　PSW＝0Xd0; sbit　CY＝PSW^7;

C. sbit　CY＝0xD0^7;　　D. sbit　CY＝0xD0;

11. C51 包含的头文件有(　　)。

A. reg51. h　　B. math. h

C. absacc. h　　D. intrins. h

12. 关于 switch... case 语句，下列说法不正确的是(　　)。

A. 各个 case 及 default 出现的次序不影响执行的结果，各种情况的地位相同

B. break 语句可以省略

C. 每个 case 的常量表达式必须互不相同，以免造成混乱

D. break 语句不可少，否则不会退出，而会继续执行后面的 case 语句

二、填空题

1. 单片机应用系统由________和________组成。

2. 单片机最小系统包括________、________、________和________。

3. MCS－51 系列单片机的存储器主要有 4 个物理存储空间，分别是______、______、

________和________。

4. MCS－51单片机的XTAL1和XTAL2引脚是________引脚。

5. MCS－51单片机的应用程序一般存放在________中。

6. 低128个单元，按其用途划分为________、________和________三个区域。

7. 8051单片机的复位条件是________；复位方法一般采用________和________两种；复位后P0～P3的值为________。

8. C51扩展的数据类型有________、________、________、________。

三、问答题

1. 什么是单片机？它的内部结构是什么？什么是单片机应用系统？

2. 请画出MCS－51单片机最小系统电路示意图，并标注各个元器件的参数。

3. MCS－51单片机的复位方式有几种？复位的作用是什么？请画出复位电路图。

4. MCS－51单片机的片内RAM的组成是什么？各有什么功能？

5. MCS－51单片机有几个特殊功能寄存器？它们分布在什么地址范围？

第二篇

基础项目学习篇

本篇设计了三个项目，项目1：彩灯控制器的设计与制作；项目2：带闹钟的数字钟的设计与制作；项目3：LED点阵广告牌的设计与制作。

三个项目的设计思路是：

(1) 硬件电路方面：以51单片机最小系统为基础，再扩展其它外围电路。单就项目中运用的显示器件来讲，从项目1的发光二极管，到项目2的数码管，再到项目3的点阵显示屏，外围电路的设计复杂度逐步增加，同时三个项目都以51单片机最小系统为基础，通过三个项目的学习和训练可以加深对51单片机最小系统的理解。

(2) 软件程序方面：每个项目的设计都围绕51单片机内部的一个核心模块。项目1的设计目标是熟练掌握51单片机I/O口的输入/输出的控制方法；项目2设计的目标是熟练运用51单片机的定时/计数器及理解中断的相关概念；项目3设计的目标是理解51单片机串口的相关概念及熟练使用51单片机的串口实现数据串转并。因此通过此部分三个项目的学习和训练，可以熟练使用51单片机内部的四个核心模块：I/O口、定时/计数器、串口和中断。

项目2　彩灯控制器的设计与制作

1. 项目目标

(1) 理解掌握单片机复位电路、时钟发生电路和单片机最小系统的工作原理。

(2) 熟练掌握51单片机输入输出控制方法。

(3) 理解给出的C语言源程序的结构和各语句所起的作用。

(4) 理解中断的概念及使用。

(5) 掌握中断子函数的编写格式。

(6) 理解中断子函数与主函数之间的关系，以及中断子函数与普通函数的区别。

2. 项目要求

通过基础知识的学习，掌握彩灯控制器的设计与制作。

任务1　51单片机I/O(输入/输出)接口

1. 认识51单片机I/O(输入/输出)接口

如图2-1所示，对单片机的控制其实就是对I/O接口的控制，无论单片机对外界进行何种控制，亦或接受外部的控制，都是通过I/O接口进行的，所以并行I/O接口是实现单片机与外部进行并行数据交换的通道。

图2-1　51单片机I/O接口的功能示意图

51系列单片机有4个I/O接口，每个接口都是8位准双向口，共占32根引脚。每个接口都包括一个锁存器(即专用寄存器P0～P3)、一个输出驱动器和输入缓冲器。通常把4个接口笼统地表示为P0～P3。

在无片外扩展存储器的系统中，这4个接口的每一位都可以作为准双向通用I/O接口使用。在具有片外扩展存储器的系统中，P2口作为高8位地址线，P0口分时作为低8位地址线和双向数据总线。

2. 51单片机I/O(输入/输出)接口的结构及特点

1) P0口的结构组成

P0.n由1个锁存器、2个三态缓冲器、1个输出控制电路和1个输出驱动电路组成，如图2-2所示。

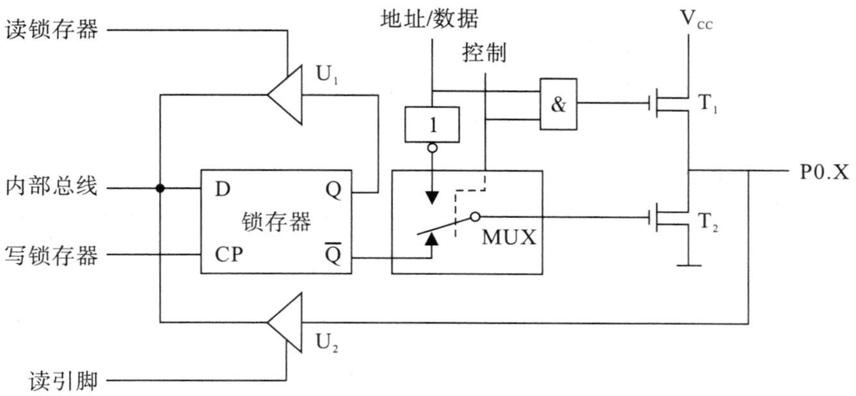

图 2-2　P0 口引脚的内部结构图

(1) P0 口作为通用 I/O 接口使用时，必须外接上拉电阻，上拉电阻的阻值一般为 4.7 Ω～10 kΩ，可以实现数据的输入/输出。

(2) P0 口作为地址/数据线使用时，分时作为低 8 位地址线和双向数据总线。此时注意，地址/数据端无条件输入/输出，是严格意义上的双向口，地址/数据方式下无须外接上拉电阻。

▲知识补充：上拉电阻

上拉就是将不确定的信号通过一个电阻钳位在高电平，电阻同时起到限流作用。上拉电阻就是将电源高电平引出的电阻接到输出。

2) P1 口的结构组成

P1.n 由 1 个锁存器、1 个场效应管驱动器、2 个三态缓冲器组成，如图 2-3 所示。P1 口具有通用 I/O 口功能，即有输出、读引脚、读锁存器三种工作方式。

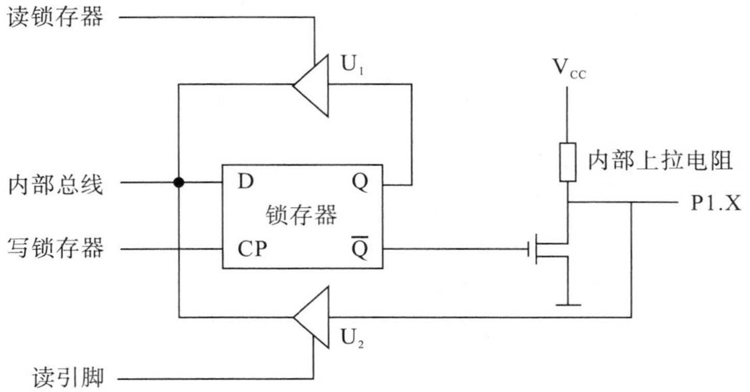

图 2-3　P1 口引脚的内部结构图

(1) P1 口作为通用输出口使用时，可以实现 0 或 1 的输出。

(2) P1 口作为输入口使用时，有两种工作方式：读端口(读锁存器)与读引脚。读端口实际上并不是从外部直接读入数据，而是把端口锁存器的内容读入内部总线，经过某种运算或变换后写回端口锁存器，比如取反、置位、清零等指令。读引脚方式才是真正地把外部数据读入内部总线。但这里要注意：P1口作为输入口需要先向端口写1，因此P1口称为准双向口。

3）P2口的结构组成

P2.n由1个锁存器、2个三态缓冲器、1个输出控制单元、1个输出驱动单元组成，如图2-4所示。P2口可以实现通用I/O口，即有输出、读引脚、读锁存器三种工作方式和地址输出端口两种功能。

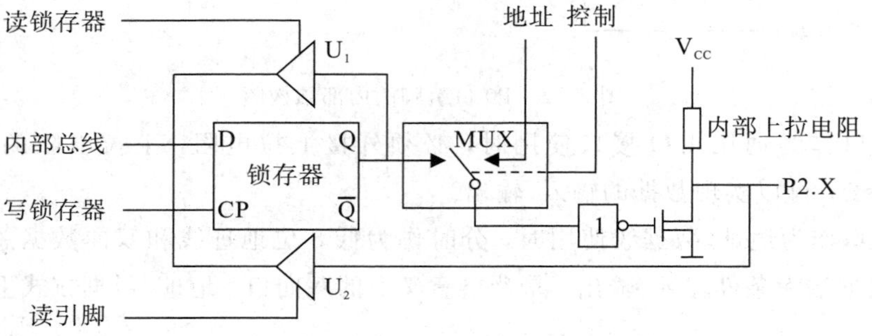

图2-4　P2口引脚的内部结构图

（1）P2口作为通用I/O端口使用时，与P1口相同。

（2）P2口作为地址输出端口使用时，P2口作为高8位地址线。

4）P3口的结构组成

P3.n由1个锁存器、2个三态缓冲器、1个第二功能控制单元、1个输出驱动单元组成，如图2-5所示。P3口具有通用I/O口端口功能，即有输出、读引脚、读锁存器三种工作方式和第二功能。

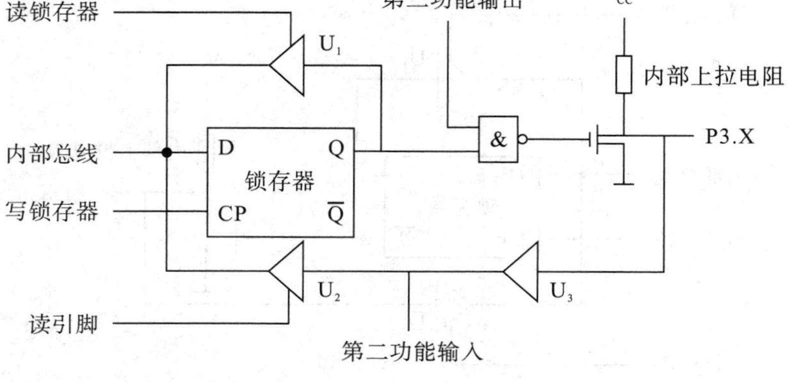

图2-5　P3口引脚的内部结构图

（1）P3口作为通用I/O端口使用时，与P1口相同。

（2）P3口的第二功能如表2-1所示。

表 2－1　P3 口的第二功能定义表

引脚名称	第二功能名称	功　　能	信号方向
P3.0	RXD	串行数据接收	输入
P3.1	TXD	串行数据发送	输出
P3.2	$\overline{INT0}$	外部中断 0 请求端口	输入
P3.3	$\overline{INT1}$	外部中断 1 请求端口	输入
P3.4	T0	定时器/计数器 0 外部计数输入端口	输入
P3.5	T1	定时器/计数器 0 外部计数输入端口	输入
P3.6	$\overline{WR}$	片外数据存储器写选通	输出
P3.7	$\overline{RD}$	片外数据存储器读选通	输出

任务 2　按键和点灯

1. 任务目标设计

(1) 加深理解单片机复位电路的工作原理。

(2) 掌握时钟发生电路的基本工作原理。

(3) 理解单片机最小系统的工作方式。

(4) 熟练掌握 51 单片机 I/O 口的输入和输出控制方法。

(5) 理解给出的 C 语言源程序的结构和各语句所起的作用。

(6) 在达到以上 5 点目标的基础上，根据“任务扩展”中提出的问题，以组或个人为单位，在规定时间里完成任务。

2. 任务要求

本任务通过单片机的 P1 口完成对其端口的输入与输出控制。按键作为端口输入信号源，LED 灯作为端口输出信号的状态指示。如图 2－6 所示，图中按键 S1 为独立按键，红

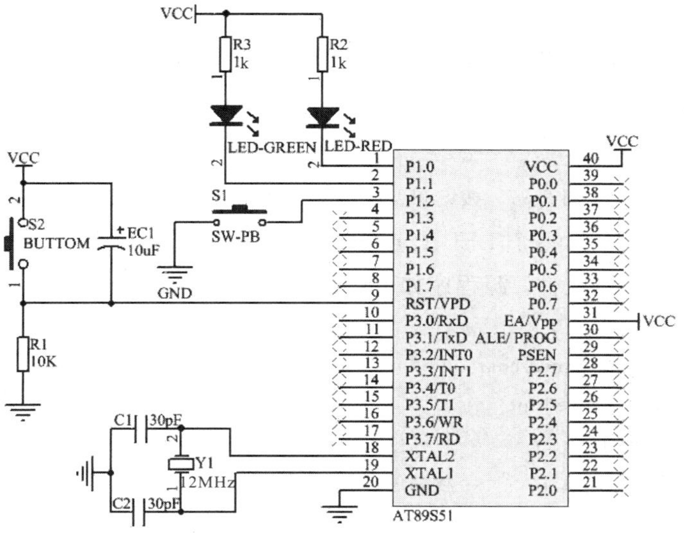

图 2－6　按键和点灯任务电路原理图

色 LED 灯 D1、绿色 LED 灯 D2 分别连接 51 单片机的 P1.0、P1.1 引脚。本任务通过编写相应的程序，实现开机后 D1 和 D2 亮 1.5s 左右，然后红灯亮、绿灯灭，当 S1 按键按下时，红灯灭、绿灯亮；释放 S1 按键，红灯重新亮，绿灯重新灭。

3. 系统构成和程序分析

1）系统硬件系统介绍

在图 2-6 所示的按键和点灯任务电路原理图中，包含了单片机最小系统电路、一个按键电路和两个 LED 发光二极管电路。

(1) 单片机最小系统电路。通过第一篇的学习，我们已经知道 51 单片机最小系统包括单片机、时钟发生电路、复位电路、电源电路，这里不再累述。

(2) LED 发光二极管电路。如图 2-6 所示，电阻 R1 和 R2 分别与发光二极管 D1 和 D2 串联，为限流电阻，其作用是限制电路中的电流，一般其值为 10～20 mA 即可点亮 LED 发光二极管。若不串联限流电阻，电路在外电源的作用下，直接供给 LED 发光二极管，会造成电流过大而烧毁 LED 发光二极管。而限流电阻的选取，一般应考虑电阻值和功率两个参数，而这两个参数的选取要根据电路的电压和回路中的电流来决定。

(3) 按键电路。这里采用独立按键 S1 与地相连。

2）系统程序分析

(1) 程序流程图。按键和点灯任务的 C 语言程序流程图如图 2-7 所示。

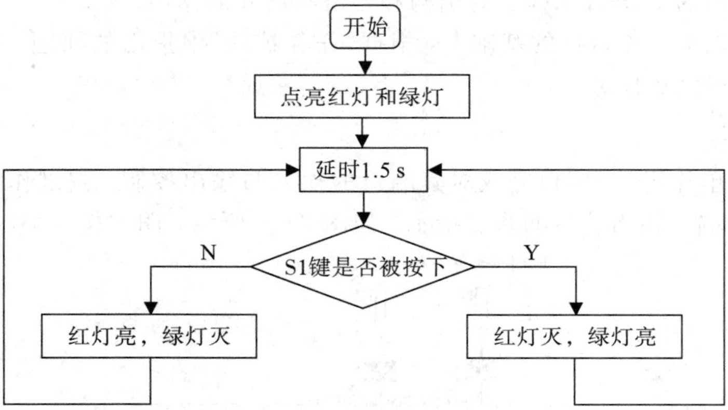

图 2-7　按键和点灯任务的 C 语言程序流程图

(2) C 语言源程序。对一个 LED 灯点亮.C 源程序进行编译和链接后，生成一个 LED 灯点亮.hex 二进制代码文件，源程序如下：

```
#include <reg51.h>
#define uchar unsigned char
#define uint unsigned int
sbit RedLed=P1^0 ;            //红色 LED 灯 D1 的控制输出端
sbit GreenLed=P1^1 ;          //绿色 LED 灯 D2 的控制输出端
sbit SelectKey=P1^2 ;         //独立按键 S1 的控制输入端
void delay(uchar);
```

```
/********************主函数**********************/
void main(void)
{ RedLed=0;              //点亮红色 LED 灯 D1
  GreenLed=0;            //点亮绿色 LED 灯 D2
  delay(255);delay(255);delay(255);delay(255);delay(255);delay(255); //延时
  while(1)
  {
        if(SelectKey==0)  //按键 S1 被按下
        {
            RedLed=1;     //红灯灭
            GreenLed=0;   //绿灯亮
        }
        else  //按键 S1 未按下
        {
            RedLed=0;     //红灯亮
            GreenLed=1;   //绿灯灭
        }
  }
}
/************主函数结束************/
void  delay(uchar  x)          //延时，系统主频为 11.0592 MHz
{
    uchar k;
    while(x--)                 //延时大约 x ms
    for(k=0; k<125; k++){}
}
```

（3）程序的分析。

reg51.h 头文件：该文件定义了特殊功能寄存器和位寄存器的地址，本程序中因为要使用 P1 这个符号，而 P1 是在 reg51.h 头文件中定义的，所以通过文件包含指令 #include <reg51.h>将此文件包含到本程序中来，即通知 C51 编译器，程序中所写的 P1 是指 51 单片机的 P1 端口，而不是其他的变量。

uchar、uint 和 sbit：分别用 uchar、uint 代替 unsigned char 和 unsigned int，可以简化程序。

sbit 是 Keil C51 的关键字，其作用是用来定义一个可位寻址的变量，比如：程序中用位变量 RedLed、GreenLed、SelectKey 分别表示 P10、P11 和 P12 引脚。

main 主函数：void main(void)是 C51 程序的入口函数，每个 C51 程序有且仅有一个主函数，函数后面的函数体一定要用“{ }”括起来。

延时函数声明：void delay(uchar)函数完成给定时间的延时任务。需要注意的是，程序中 delay 函数的定义放在主函数之后，必须要在主函数前进行声明。

（4）仿真电路设计。按键和点灯任务的仿真电路图如图 2-8 所示。

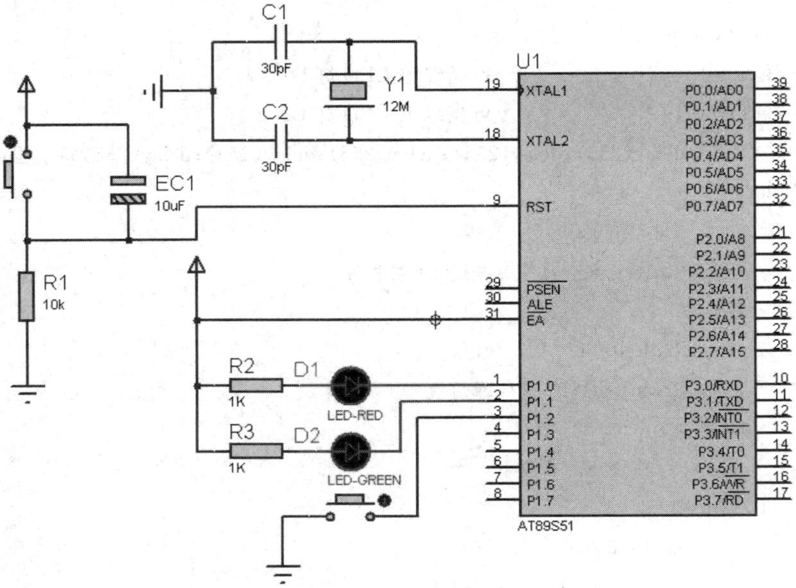

图 2-8　按键和点灯任务的仿真电路图

4. 任务扩展

理解按键和点灯任务的软、硬件原理，然后以个人为单位，设计程序完成以下功能：开机后，红灯先亮 3 s，绿灯不亮；然后绿灯亮 3 s，同时红灯熄灭，如此反复，当 S1 键被按下时，红绿两灯全灭；释放后重复红、绿两灯依次点亮的过程。完成如下任务：

(1) 硬件电路板的制作、调试；

(2) 程序的编写和仿真；

(3) 软硬件的联调。

任务3　按键和流水灯

1. 任务目标设计

(1) 加深对单片机最小系统工作原理的理解。

(2) 熟练掌握 51 单片机 I/O 口的输入和输出控制方法。

(3) 理解给出的 C 语言源程序的结构和各语句所起的作用。

(4) 在达到以上 3 点目标的基础上，根据“任务扩展”中提出的问题，以组或个人为单位，在规定时间里完成任务。

2. 任务要求

如图 2-9 所示，图中按键 S1、S2 为独立按键，分别连接单片机的 P3.2 和 P3.3 口，8 个 LED 灯分别连接单片机的 P2 口。这里设计了两类花样，第一类是 8 个 LED 灯从上到下依次逐个点亮，再从下到上依次逐个熄灭；第二类是 8 个 LED 灯从中间开始两颗灯依次点亮，即 D4、D5 亮，然后 D3、D6 亮(D4、D5 不熄灭)，然后 D2、D7 亮(D3、D4、D5、D6 不熄灭)，然后 D1、D8 亮(D2、D3、D4、D5、D6、D7 不熄灭)；然后再从两端开始两颗灯依次熄灭，即 D1、D8 灭，然后 D2、D7 灭，然后 D3、D6 灭，然后 D4、D5 灭。当按下 S1 键显示第一类花样，按下 S2 键则显示第二类花样。

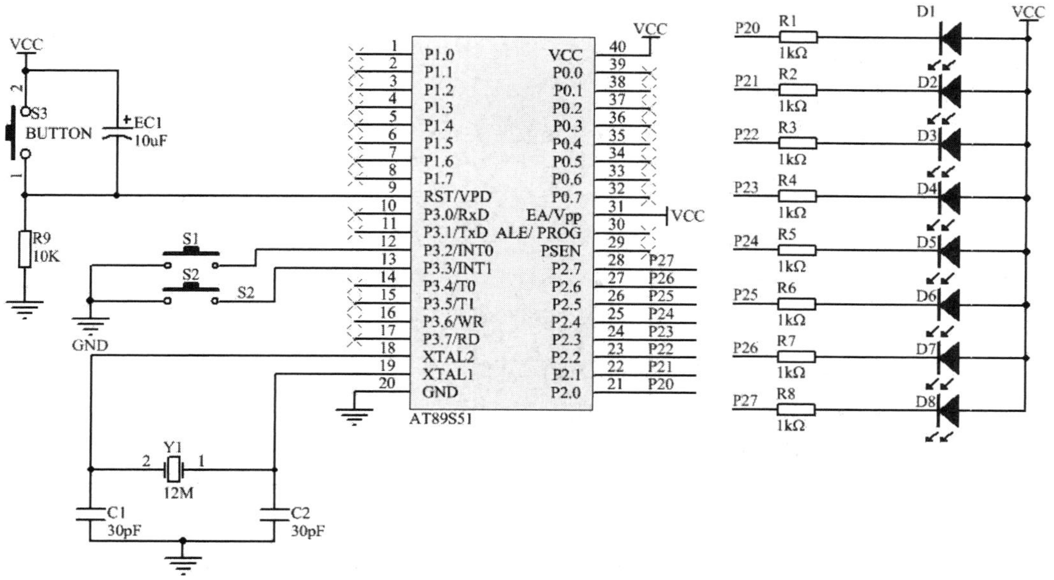

图 2-9　按键和流水灯任务电路原理图

3. 系统程序分析

(1) 程序流程图。按键和流水灯任务的 C 语言程序流程图如图 2-10 所示。

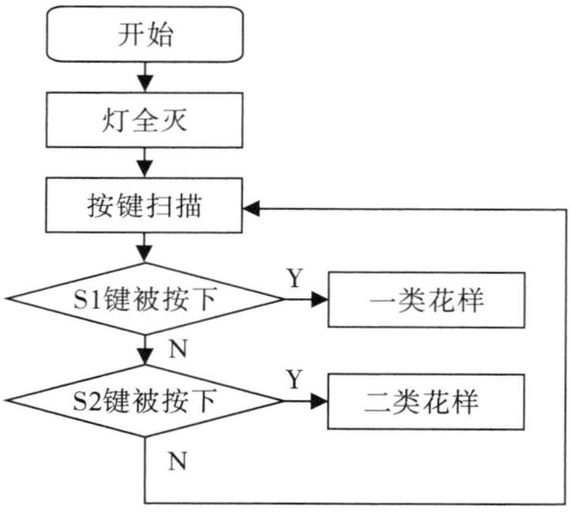

图 2-10　按键和流水灯任务的 C 语言程序流程图

(2) C 语言源程序。按键和流水灯任务的 C 语言源程序如下：

```
#include  <reg51.h>
#define  uchar  unsigned  char
```

```
#define  uint  unsigned  int
#define LED P2
sbit  SelectKey1=P3^2 ;   //独立按键S1的控制输入端
sbit  SelectKey2=P3^3 ;   //独立按键S2的控制输入端
//函数声明
void  delay(uchar)
void Huayang1(void)
void Huayang2(void)
/****************主函数************************/
void  main(void)
{
    LED=0xff;
    while(1)
    {
        if(SelectKey1==0){Huayang1();}
        else if(SelectKey2==0){Huayang2();}
        else LED=0xff;
    }
}
/*****************主函数结束*******************/
void  delay(uchar  x)  //延时，系统主频为11.0592 MHz
{
    uchar k;
        while(x--)  //延时大约x ms
            for(k=0; k<125; k++){}
}
void Huayang1(void)
{
    LED=0xfe;
    delay(500);
    LED=0xfc;
    delay(500);
    LED=0xf8;
    delay(500);
    LED=0xf0;
    delay(500);
    LED=0xe0;
    delay(500);
    LED=0xc0;
    delay(500);
```

```
    LED=0x80;
    delay(500);
    LED=0x00;
    delay(500);
    LED=0x80;
    delay(500);
    LED=0xc0;
    delay(500);
    LED=0xe0;
    delay(500);
    LED=0xf0;
    delay(500);
    LED=0xf8;
    delay(500);
    LED=0xfc;
    delay(500);
    LED=0xfe;
    delay(500);
    LED=0xff;
    delay(500);
}
void Huayang2(void)
{
    LED=0xe7;
    delay(500);
    LED=0xc3;
    delay(500);
    LED=0x81;
    delay(500);
    LED=0x00;
    delay(500);
    LED=0x81;
    delay(500);
    LED=0xc3;
    delay(500);
    LED=0xe7;
    delay(500);
    LED=0xff;
    delay(500);
}
```

(3)程序的分析。根据任务要求，本任务需要实现的流水灯花样有两类，所以在进行程序设计时，定义了两个函数 void Huayang1(void)和 void Huayang2(void)分别来实现两类花样流水灯。由于这两个子函数的定义都放在主函数的后面，所以在主函数的前面需要分别对两个函数进行声明。

下面分析一下花样的编码是如何得到的？例如：第二类花样要求是 8 个 LED 灯从中间开始两颗灯依次点亮，即 D4、D5 亮，然后 D3、D6 亮(D4、D5 不熄灭)，然后 D2、D7 亮(D3、D4、D5、D6 不熄灭)，然后 D1、D8 亮(D2、D3、D4、D5、D6、D7 不熄灭)；然后再从两端开始两颗灯依次熄灭，即 D1、D8 灭，然后 D2、D7 灭，然后 D3、D6 灭，然后 D4、D5 灭。那么怎么来编码实现这些花样要求呢？

首先：必须明确单片机的 4 个 I/O 都是 8 位，这 8 位从高到低的排布如下：

$P_{X.7}$	$P_{X.6}$	$P_{X.5}$	$P_{X.4}$	$P_{X.3}$	$P_{X.2}$	$P_{X.1}$	$P_{X.0}$

说明：x=0、1、2、3，即任意一组 I/O 口 $P_{X.7}$ 都是最高位，$P_{X.0}$ 是最低位。

再次：根据电路图可知，此电路是低电平 LED 灯点亮，高电平 LED 灯熄灭。再根据花样要求进行编码，例如：D4、D5 亮，那么可知 P2.4 和 P2.3 两位 I/O 口接的 LED 灯亮，其余 I/O 口接的 LED 灯都是熄灭的，所以得到的编码是 1110 0111，再转换为十六进行制 0XE7，所以在 void Huayang2(void)函数中，第一句语句为 LED=0xe7，实现的功能就是 D4、D5 亮。其他花样的编码也是类似这样得到的。

(4) 仿真电路设计。按键和流水灯任务的仿真电路图如图 2-11 所示。

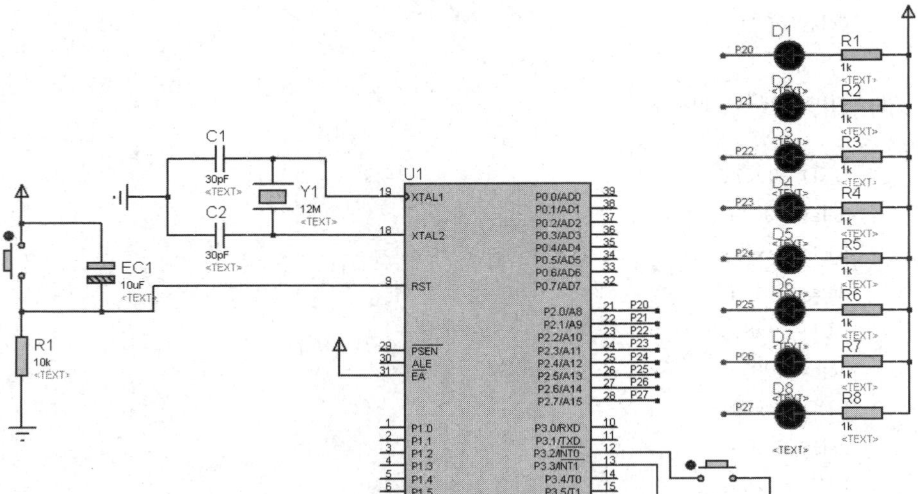

图 2-11 按键和流水灯任务仿真电路图

4. 任务扩展

理解按键和流水灯任务的软、硬件原理，然后以个人为单位，在“按键和流水灯任务工作表”中随机抽取两个子任务，完成如下任务：

(1) 花样的编码用数组的方式存放；

(2) 硬件电路板的制作、调试；

(3) 程序的编写和仿真;

(4) 软硬件的联调。

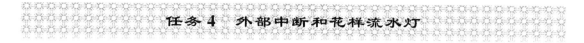

任务4　外部中断和花样流水灯

1. 任务目标设计

(1) 理解中断的相关概念。

(2) 熟练掌握51单片机外部中断的使用。

(3) 理解给出的C语言源程序的结构和各语句所起的作用。

(4) 掌握中断子函数的编写格式。

(5) 理解中断子函数与主函数之间的关系及中断子函数与普通子函数的区别。

(6) 在达到以上5点目标的基础上，根据"任务扩展"中提出的问题，以组或个人为单位，在规定时间里完成任务。

2. 任务要求

如图2-9所示，图中按键S1、S2为独立按键，分别连接单片机的P3.2和P3.3口，24个LED灯分别连接单片机的P0、P1、P2口。自行设计流水灯花样和LED灯排布的样式，同时要求实现按下S2按键花样流动暂停，按下S3键花样流动继续。

3. 知识补充——外部中断

(1) 中断的概念。如图2-12所示，当CPU在执行程序时，由单片机内部或外部的原因引起的随机事件要求CPU暂时停止正在执行的程序，而转向执行一个用于处理该随机事件的程序，处理完后又返回被中止的程序断点处继续执行，这一过程称为中断。

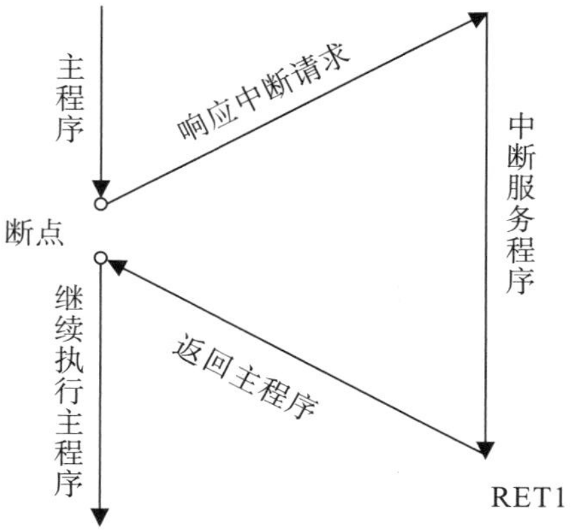

图2-12　中断处理过程示意图

(2) 51单片机中断源。51单片机有5个中断源，所谓的中断源是指引起51单片机产生中断的事件。它们分别是:

① INT0(P3.2)。可由IT0(TCON.0)选择其为低电平有效还是下降沿有效。当CPU检测到P3.2引脚上出现有效的中断信号时，中断标志IE0(TCON.1)置1，向CPU申请中断。

② INT1(P3.3)。可由 IT1(TCON.2)选择其为低电平有效还是下降沿有效。当 CPU 检测到 P3.3 引脚上出现有效的中断信号时，中断标志 IE1(TCON.3)置 1，向 CPU 申请中断。

以上两个中断源称为外部中断，因为它们都是由外部输入的。

③ 定时/计数器 T0。TF0(TCON.5)，片内定时/计数器 T0 溢出中断请求标志。当定时/计数器 T0 发生溢出时，置位 TF0，并向 CPU 申请中断。

④ 定时/计数器 T1。TF1(TCON.7)，片内定时/计数器 T1 溢出中断请求标志。当定时/计数器 T1 发生溢出时，置位 TF1，并向 CPU 申请中断。

⑤ 串行通信。RI(SCON.0)或 TI(SCON.1)，串行口中断请求标志。当串行口接收完一帧串行数据时置位 RI，或当串行口发送完一帧串行数据时置位 TI，向 CPU 申请中断。

(3) 中断结构。8051 单片机中断结构框图如图 2-13 所示。

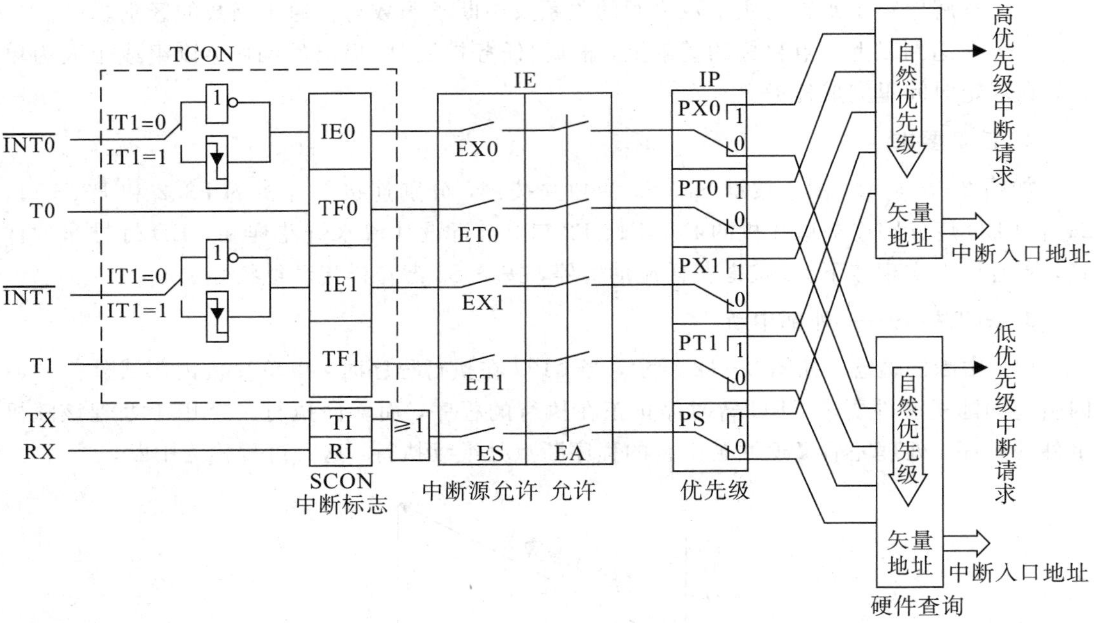

图 2-13　8051 单片机中断结构框图

① 中断请求标志。中断请求标志与两个控制寄存器相关，描述如下。

· TCON(定时器控制寄存器)的中断标志。定时器控制寄存器 TCON 的中断标志如图 2-14 所示。

位	7	6	5	4	3	2	1	0
字节地址：88H	TF1	TR1	TF0	TR0	IE1	IT1	IE0	IT0

图 2-14　定时器控制寄存器 TCON 的中断标志

IT0(TCON.0)：外部中断 0 触发方式控制位。

IE0(TCON.1)：外部中断 0 中断请求标志位。

IT1(TCON.2)：外部中断 1 触发方式控制位。

IE1(TCON.3)：外部中断 1 中断请求标志位。

TF0(TCON.5)：定时/计数器 T0 溢出中断请求标志位。

TF1(TCON.7)：定时/计数器 T1 溢出中断请求标志位。

• SCON(串行口控制寄存器)的中断标志。串行口控制寄存器 SCON 的中断标志如图 2-15 所示。

位	7	6	5	4	3	2	1	0
字节地址：98H	—	—	—	—	—	—	TI	RI

图 2-15　串行口控制寄存器 SCON 的中断标志

RI(SCON.0)：串行口接收中断标志位。当串行口接收数据时，每接收完一个串行帧，由硬件置 RI 为 1，CPU 相应中断，但硬件不能自动清除 RI，所以 RI 必须由软件来清零。

TI(SCON.1)：串行口发送中断标志位。当 CPU 将一个发送数据写入串行口发送缓冲器时，就启动了发送过程。每发送完一个串行帧，由硬件置 TI 为 1，CPU 相应中断，但硬件不能自动清除 TI，所以 TI 必须由软件来清零。

② 中断允许控制。中断允许控制寄存器 IE 的中断标志如图 2-16 所示。

位	7	6	5	4	3	2	1	0
字节地址：A8H	EA	—	—	ES	ET1	EX1	ET0	EX0

图 2-16　中断允许控制寄存器 IE 的中断标志

CPU 对中断系统所有中断及某个中断源的开放和屏蔽是由中断允许控制寄存器 IE 控制的。

EX0(IE.0)：外部中断 0 允许位。

ET0(IE.1)：定时/计数器 0 中断允许位。

EX1(IE.2)：外部中断 1 允许位。

ET1(IE.3)：定时/计数器 1 中断允许位。

ES(IE.4)：串行口中断允许位。

EA(IE.7)：CPU 中断允许(总允许)位。

以上各位为 1 时，允许相应的中断；为 0 时，禁止相应的中断。特别要注意：EA 为中断总开关，如果要开放某个中断，一定要开总开关。

③ 中断优先级控制。中断优先级控制寄存器 IP 的中断标志如图 2-17 所示。

位	7	6	5	4	3	2	1	0
字节地址：B8H	—	—	PT2	PS	PT1	PX1	PT0	PX0

图 2-17　中断优先级控制寄存器 IP 的中断标志

8051 单片机有两个中断优先级，可以实现两级中断服务嵌套。每个中断源的中断优先级可以由中断优先级控制寄存器 IP 中相应位的状态来决定。

PX0(IP.0)：外部中断 0 优先级设定位。

PT0(IP.1)：定时/计数器 0 优先级设定位。

PX1(IP.2)：外部中断 1 优先级设定位。

PT1(IP.3)：定时/计数器 1 优先级设定位。

PS(IP.4)：串行口中断优先级设定位。

PT2(IP.5)：定时/计数器 2 优先级设定位。(8052 扩展，8051 无)

以上各位为 1 时，是高优先级，为 0 时为低优先级。

8051 单片机的中断系统硬件默认自然优先级排列及中断程序入口地址如表 2－2 所示。

表 2－2　8051 单片机中断系统硬件默认自然优先级排列及中断程序入口地址表

中断源	中断标志	中断服务程序入口	优先级顺序
外部中断 0	IE0	0003H	高
定时/计数器 0	TF0	000BH	↓
外部中断 1	IE1	0013H	↓
定时/计数器 1	TF1	001BH	↓
串行口	RI 或 TI	0023H	低

(4) 8051 单片机的中断优先级的三条原则。

① CPU 同时接收到几个中断时，首先响应优先级最高的中断请求。

② 正在进行的中断过程不能被新的同级或低优先级的中断请求中断。

③ 正在进行的中断过程能被新的高优先级的中断请求中断。

(5) 8051 中断处理过程。中断处理过程如图 2－18 所示，单片机工作时，在每个机器周期都去查询各个中断标志位，如果某位是“1”，就说明有中断请求；接下来需要判断中断请求是否满足响应条件：如果满足响应条件，CPU 将进行相应的中断处理；中断处理完毕，返回中断，继续执行指令。

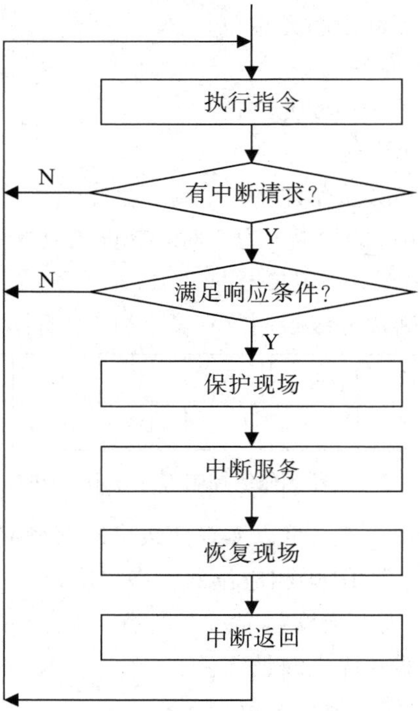

图 2－18　中断处理过程图

(6) 8051 中断服务函数的编制。

① 中断服务程序编制的格式。中断响应过程就是自动调用并执行中断函数的过程。C51 编译器支持在 C 语言源程序中直接以函数形式编写中断服务程序。常用的中断函数语法定义如下：

void　函数名( ) interrupt n

其中，n 为中断类型号，C51 编译器允许 0～31 个中断，所以 n 的取值范围为 0～31。表 2-3给出了 8051 控制器提供的 5 个中断源对应的中断类型号。

表 2-3　8051 控制器 5 个中断源对应的中断类型号表

中断源	中断类型号 n
外部中断 0	0
定时/计数器 0	1
外部中断 1	2
定时/计数器 1	3
串行口	4

② 外部中断举例。本例子实现的是按键计数显示。如图 2-19 所示，按键 S1 连接单片机的 P3.2 口，两个共阴极数码管段选端分别连接单片机的 P0 和 P2 口，利用 P3.2 口的第二功能，实现每按下一次按键就触发一次外部中断，用数码管显示按键次数，最大计数至 99，当计数到 100 时，又重新开始计数。

· 硬件电路设计。本例的电路原理图如图 2-19 所示。

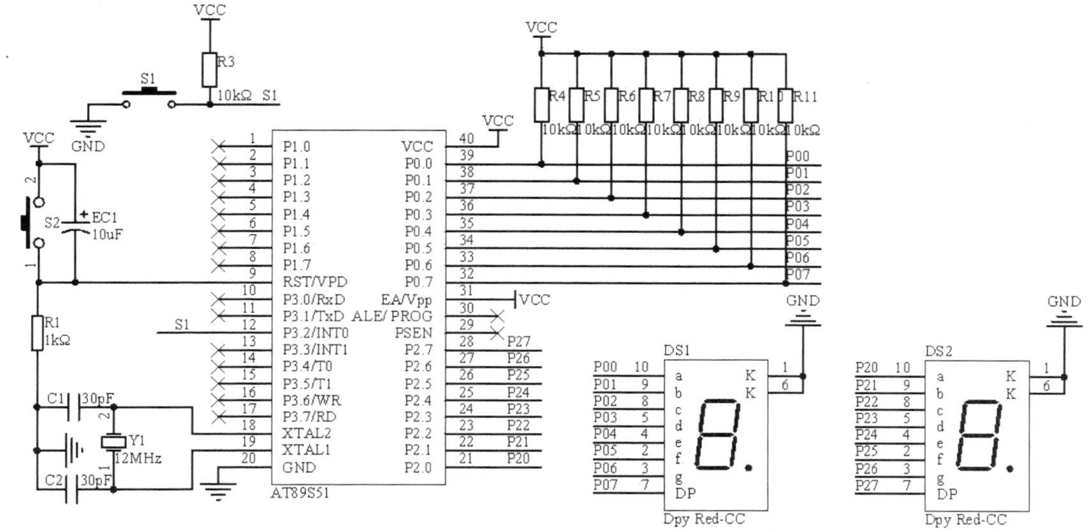

图 2-19　按键计数显示电路原理图

· 软件程序设计。本例的参考程序如下：

```
#include<reg51.h>
#define uint unsigned int
#define uchar unsigned char
sbit key=P3^2;
uchar count;
uchar code table[]={
        0x3f, 0x06, 0x5b, 0x4f,
        0x66, 0x6d, 0x7d, 0x07,
        0x7f, 0x6f, 0x77, 0x7c,
        0x39, 0x5e, 0x79, 0x71};
void delay(uint z)
{
    uint x, y;
    for(x=z; x>0; x--)
        for(y=110; y>0; y--);
}
void main()
{
    IT0=1;
    EX0=1;
    EA=1;
    count=0;
    P0=table[count/10];
    P2=table[count%10];
    while(1);
}
void int0()interrupt 0
{
    count++;
    if(count==100)count=0;
    P0=table[count/10];
    P2=table[count%10];
}
```

· 仿真电路设计。本例的仿真电路图如图 2-20 所示。

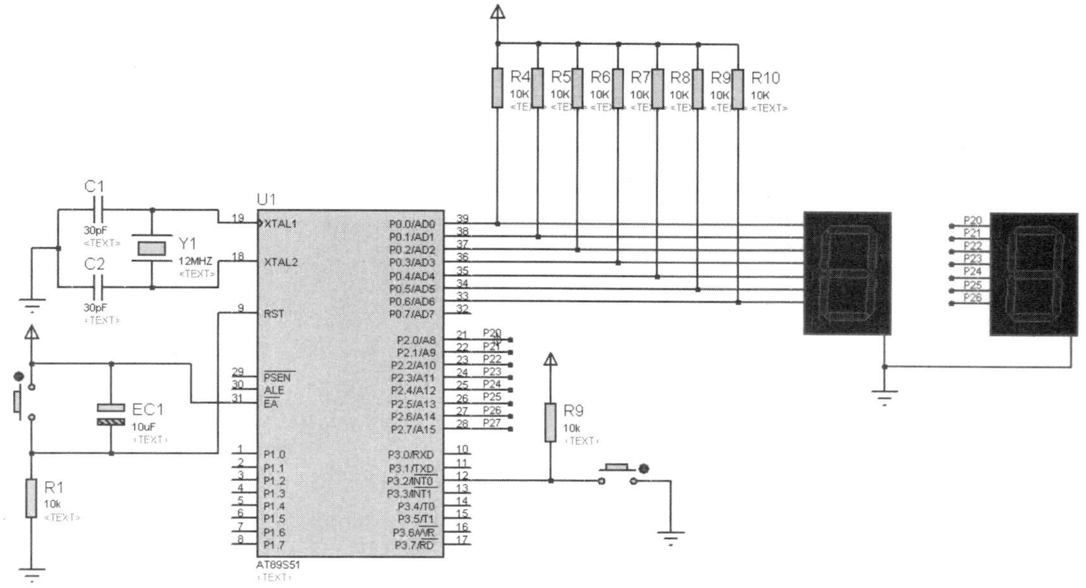

图 2－20　按键计数显示仿真电路图

4. 任务举例

下面将任务 3 中的两类花样进行合并，即在此例子中实现的花样是：8 个 LED 灯从上到下依次逐个点亮，再从下到上依次逐个熄灭；然后 8 个 LED 灯从中间开始两颗灯依次点亮，即 D4、D5 亮，然后 D3、D6 亮(D4、D5 不熄灭)，然后 D2、D7 亮(D3、D4、D5、D6 不熄灭)，然后 D1、D8 亮(D2、D3、D4、D5、D6、D7 不熄灭)；然后再从两端开始两颗灯依次熄灭，即 D1、D8 灭，然后 D2、D7 灭，然后 D3、D6 灭，然后 D4、D5 灭。再在此基础上，加入两个 S2、S3 为独立按键，分别连接单片机的 P3.2 和 P3.3 口，实现按下 S2 按键花样流动暂停，按下 S3 键花样流动继续的功能。

(1) 硬件电路设计。本例的硬件电路同图 2－9 所示。

(2) 程序设计。本例的参考程序如下：

```
#include  <reg51.h>
#define  uchar  unsigned  char
#define  uint  unsigned  int
#define LED P2
sbit  SelectKey1=P3^2 ;   //独立按键 S1 的控制输入端
sbit  SelectKey2=P3^1 ;   //独立按键 S2 的控制输入端
bit sign;
uchar i;
uchar code table[]={
0xfe, 0xfc, 0xf8, 0xf0, 0xe0, 0xc0, 0x80, 0x00, 0x80, 0xc0, 0xe0, 0xf0, 0xf8, 0xfc, 0xfe,
```

```
0xff, 0xe7, 0xc3, 0x81, 0x00, 0x81, 0xc3, 0xe7, 0xff
};
void  delay(uchar);
void Huayang(void);
/******主函数**************************************/
void  main(void)
{
    IT0=1;
    IT1=1;
    EX0=1;
    EX1=1;
    EA=1;
    sign=0;
    LED=0xff;
    while(1)
    {
        if(sign==0)
        Huayang();
    }
}
/*****************主函数结束*********************/
void  delay(uchar  x)  //延时，系统主频为11.0592 MHz
{
    uchar k;
    while(sign==1);
    while(x--)        //延时大约 x ms
        for(k=0; k<125; k++){}
}
void Huayang(void)
{
    for(i=0; i<24; i++)
    {
        LED=table[i];
        delay(500);
    }
}
void int0()interrupt 0
{
```

```
        sign=1;
    }
    void int1()interrupt 2
    {
        sign=0;
    }
```

(3) 仿真电路设计。本例的仿真电路同图 2-11 所示。

5. 任务扩展

理解按键和流水灯任务的软、硬件原理，然后以个人为单位，实现如下功能要求：24 个 LED 灯分别连接单片机的 P0、P1、P2 口。自行设计流水灯花样和 LED 灯排布的样式，同时要求实现按下 S2 按键花样流动暂停，按下 S3 键花样流动继续。

此任务需要完成如下工作：

(1) 仿真电路的绘制和电路原理图的绘制；

(2) 硬件电路板的制作、调试；

(3) 程序的编写和仿真；

(4) 软硬件的联调。

习　题

一、单项选择题

1. MCS-51 系列单片机的 4 个并行 I/O 端口作为通用 I/O 端口使用，在输出数据时，必须外接上拉电阻的是(　　)。

A. P0 口　　B. P1 口

C. P2 口　　D. P3 口

2. 不具有第二功能的端口是(　　)。

A. P0 口　　B. P1 口

C. P2 口　　D. P3 口

3. 8051 单片机的中断优先级有三条原则，下列说法错误的是(　　)。

A. CPU 同时接收到几个中断时，首先响应优先级别最高的中断请求

B. 正在进行的中断过程不能被新的同级或低优先级的中断请求中断

C. 正在进行的中断过程在中断服务程序结束前不能被中断

D. 正在进行的低优先级的中断过程，能被高优先级的中断请求中断

4. 中断响应的条件是(　　)。

A. 中断源有中断请求　　B. 此中断源的中断允许位为 1

C. CPU 开中断(即 EA=1)　　D. 同时满足以上条件时，CPU 才能响应中断

5. 以下寄存器与中断无关的是(　　)。

A. IP　　B. IE

C. TMOD　　D. TCON

6. 8051有(　　)个中断源。

A. 2　　B. 3

C. 4　　D. 5

7. 8051能进行(　　)级中断嵌套。

A. 2　　B. 3

C. 4　　D. 5

8. 要打开外部中断0需要进行的设置有(　　)。

A. EA＝1　　B. EX1＝1

C. EX0＝1　　D. EX0＝0

二、填空题

1. 在MCS－51系列单片机的4个并行输入/输出端口中，常用于第二功能的是________。

2. 8051的几个端口中只有____________口作为通用I/O端口，其他几个端口都具有________功能。

3. P3口的第二功能中，与串行通信相关的引脚是________和________；与中断相关的是________和________；与扩展存储器有关的是________和________。

4. 中断是指在突发事件来时先中止________的工作，转而去处理突发事件。待处理完成后，再返回到________的工作处，继续进行随后的工作。

5. 外部中断0可由IT0(TCON.0)选择其为低电平有效还是________有效。当CPU检测到P3.2引脚出现有效的中断信号时，中断标志IE0(TCON.1)置________，向CPU申请中断。

6. CPU对中断系统所有的中断及某个中断源的开放和屏蔽是由中断允许寄存器________控制的。中断允许寄存器中：

EX0(IE.0)，是________允许位。

EX1(IE.1)，是________允许位。

EA (IE.7)，是________允许位。

7. 8051单片机有________个中断优先级，可以实现________级中断服务嵌套。每个中断源的中断优先级都是由中断优先级寄存器________中的相应位的状态来决定的。在中断优先级寄存器中：

PX0(IP.0)，是________优先级设定位。

PX1(IP.1)，是________优先级设定位。

上面各位为________时为高优先级，为________时为低优先级。

8. 中断相应过程就是自动调用并执行________的过程。C51 编译器支持在 C 语言源程序中直接以函数编写中断服务程序。常用的中断函数定义的语法格式如下：

void 函数名()　interrupt　n

其中，n 为______，C51 编译器允许 0～31 个中断。标准的 8051 中，n 的取值范围是______。

三、问答题

1. 8051 单片机的 P0～P3 口在结构上有何不同？在使用上有何特点？

2. MCS－51 外部中断源有电平触发和边沿触发两种方式，这两种方式所产生的中断过程有何不同？怎样设定？

3. CPU 相应中断请求后，不能自动清除哪些中断请求标志？

4. MCS－51 单片机有几个中断源，各中断标志是如何产生的？又如何复位的？CPU 响应各中断时，其中断入口地址是多少？

四、编程题

用中断控制的交通灯控制系统，编写一个交通灯控制程序。

要求：正常情况下东西通行 60 s，黄灯转换 3 s；然后南北向通行 120 s，黄灯转换 3 s，如此反复循环。如果有紧急情况，交警干预，按下 S1 时，强制南北向通行，而东西向停止通行；按下 S2 时，强制东西向通行，而南北向停止通行。

实现方式：交警的干预使用中断方式进行。

仿真要求：在 Proteus 环境下建立电路图，在 Keil C 环境下输入程序。

(1) 设计仿真原理图；

(2) 建立程序流程图，并编写程序；

(3) 调试和仿真。

项目 3　带闹钟的数字钟的设计与制作

数字钟是一种用数字电路技术计时并显示的钟表，与机械钟相比更直观、寿命更长，目前使用广泛。数字钟的设计方法有许多种，可用中小规模集成电路组成电子钟，也可以利用专用的电子钟芯片配以显示电路及其所需要的外围电路组成电子钟。本项目的内容是设计与制作基于单片机的数字钟，系统具备时钟显示、时间调整、定点报时等基本功能或其他扩充功能。

1. 项目目标

(1) 掌握单片机定时/计数器的原理。

(2) 掌握利用单片机定时/计数器实现定时。

(3) 掌握按键实现对单片机的控制。

(4) 掌握单片机对数码管显示的控制。

(5) 掌握单片机对蜂鸣器的控制。

(6) 在达到以上 5 点目标的基础上，根据“项目扩展任务”中提出的问题，以组或个人为单位，在规定时间内完成扩展项目任务。

2. 项目要求

基于单片机设计并制作一个带闹钟的数字钟，用数码管显示时间，有启动、停止和时间调整、闹钟等功能，具体功能描述如下：

(1) 系统以秒为计时单位，通过四位数码管实现时间的倒计时显示，即显示的时间范围为 0～9999 秒。

(2) 系统具有启动/暂停计时功能，通过按键来实现。

(3) 系统可通过按键实现时间调整，即分/秒的加减。

(4) 当系统到达设定时间时，蜂鸣器发出“嘟嘟”的响声。

3. 项目系统方案设计

(1) 总体结构设计。根据带闹钟的数字钟的功能要求进行系统的总体设计。该系统由 51 单片机最小系统模块(包含 51 单片机、复位电路、时钟电路)、按键控制模块、蜂鸣器模块、数码管显示模块等组成，其系统结构总体设计框图如图 2-21 所示。

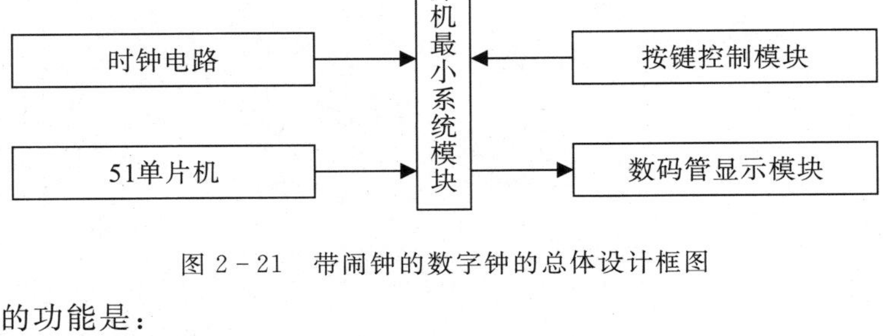

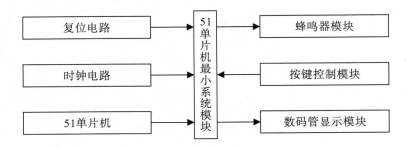

图 2-21　带闹钟的数字钟的总体设计框图

每个模块的功能是：

① 51 单片机最小系统模块：包含复位电路、时钟电路、51 单片机，为整个系统的核心部分，是启动整个系统工作的重要部件。

② 按键控制模块：实现对时间的调整输入。

③ 蜂鸣器模块：扬声器作为输出部分实现倒计时时间到的提示。

④ 数码管显示模块：实现时间的显示。

(2) 系统中应用的关键技术。基于单片机的带闹钟的数字钟在设计时需要解决以下 4 个方面的问题：

① 利用单片机中定时/计数器实现秒/分的计时。

② 利用数码管实现时间的显示。

③ 利用按键实现对时间的调整。

④ 利用蜂鸣器实现声音的提示。

任务 1　数码管显示

1. 数码管

数码管是由多个发光二极管封装在一起的器件，七段数码管实际上是由七个发光管组成 8 字形构成的，加上小数点就是 8 个。所有发光二极管的阴极或阳极在内部并联后引出，作为公共电极，用 COM 表示，二极管的另一端分别用字母 a，b，c，d，e，f，g，dp 来表示。

在图 2－22 中，LED 的 10 只外部引脚分别是 2 只公共端引脚，名字是 COM。8 只段选端引脚，分别是 a、b、c、d、e、f、g、dp，内部发光段排列成数字“8”的形状，通过不同的发光段组合，能显示不同的数字和字符。

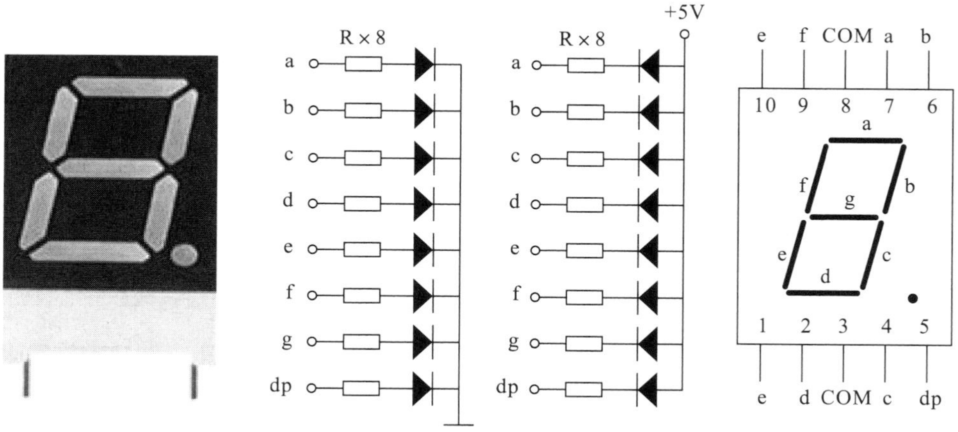

(a) 外部结构　(b) 共阴极　(c) 共阳极　(d) 管脚配置

图 2－22　LED 数码管显示器

LED 数码管的内部是发光二极管，有共阴极和共阳极两种接法。图 2－22 的图(c)中，发光二极管的阴极引出来，作为段选控制端，所有发光二极管的阳极端连接在一起，作为公共端，接高电平，这是共阳极接法；图 2－22 的图(b)中，发光二极管的阳极引出来，作为段控制端，所有发光二极管的阴极端连接在一起，作为公共端，接低电平，这是共阴极接法。

2. 数码管字型编码

图2-23中，数码管的9只管脚从左到右依次是a、b、c、d、e、f、g、h、com，在Proteus ISIS软件中此数码管的管脚处的红蓝色块表示电平，蓝色表示低电平，红色表示高电平。图2-23中右边的数码管公共端接低电平，是共阴接法，阳极作为段控制端，只要阳极端接高电平，对应的段点亮。

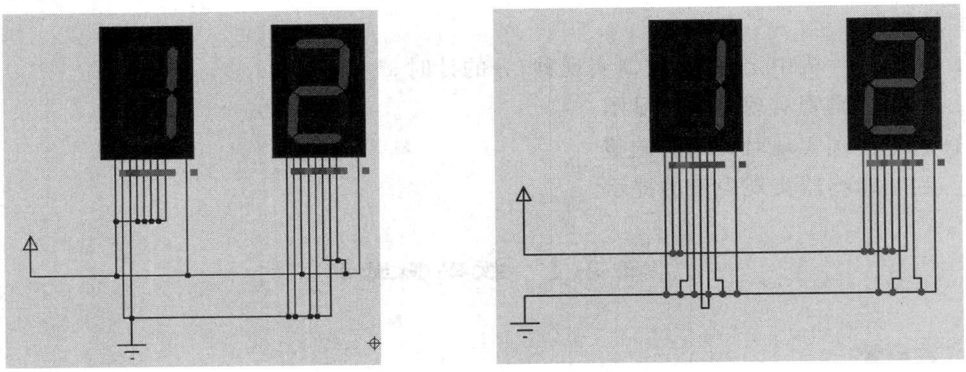

(a) 共阴极段选　　　　(b) 共阳极段选

图2-23　LED数码管显示段选仿真示意图

数码管显示数字1，需要BC两段点亮，其他段熄灭，BC两段的段控制端接高电平，其他段控制端接低电平。LED数码管的段控制端从DP段开始，依次是0000 0110，写成十六进制是0x06H；这样，共阴接法显示数字1，段控制端受控制的数字是0x06H，就是共阴接法的数码管上显示1的段选编码。以此推出共阴接法的数码管上显示其他字符的段选编码。数码管上显示不同字符的段选编码见表2-4。

表2-4　数码管上显示字型的段选编码表

显示字符	共阴极段选码	共阳极段选码	显示字符	共阴极段选码	共阳极段选码
0	3FH	C0H	b	7CH	83H
1	06H	F9H	C	39H	C6H
2	5BH	A4H	d	5EH	A1H
3	4FH	B0H	E	79H	86H
4	66H	99H	F	71H	8EH
5	6DH	92H	P	73H	8CH
6	7DH	82H	H	76H	89H
7	07H	F8H	L	38H	C7H
8	7FH	80H	y	6EH	91H
9	6FH	90H	8.	FFH	00H
A	77H	88H	“灭”	00H	FFH

3. 限流电阻计算

单片机外接数码管，数码管的内部结构是LED发光二极管，电路必须使用电阻进行限流。串联电阻，可以避免损坏单片机的输出引脚，同时防止 LED 发光二极管过热损害，也能限制 LED 发光二极管的功耗。

一般单片机驱动引脚能够承受的电流输入为 10～15 mA，串联的限流电阻计算如下：

$$R=\frac{5\text{V}-V_{\text{d}}}{I_{\text{d}}}$$

其中，I_{d} 为限制电流，取值 10mA，V_{d} 为 LED 发光二极管的正向电压，取值 2 V，从而得到限流电阻值如下：

$$R=\frac{5\ \text{V}-2\ \text{V}}{10\ \text{mA}}=300\ (\Omega)$$

在实际设计中，为了有效保护单片机引脚，一般 LED 发光二极管驱动采用的限流电阻比 300 Ω 大，常用的典型值为 470Ω。

4. 单片机控制 1 位数码管上显示 2

(1) 硬件电路设计。LED 数码管的段选控制端和单片机 P0 端口相连，这里选用的数码管是共阳极的，数码管的公共端接高电平。因为 P0 口的内部结构特征，作输出时需要外接上拉电阻，如此得到系统硬件电路，硬件电路设计参考图 2 - 24。

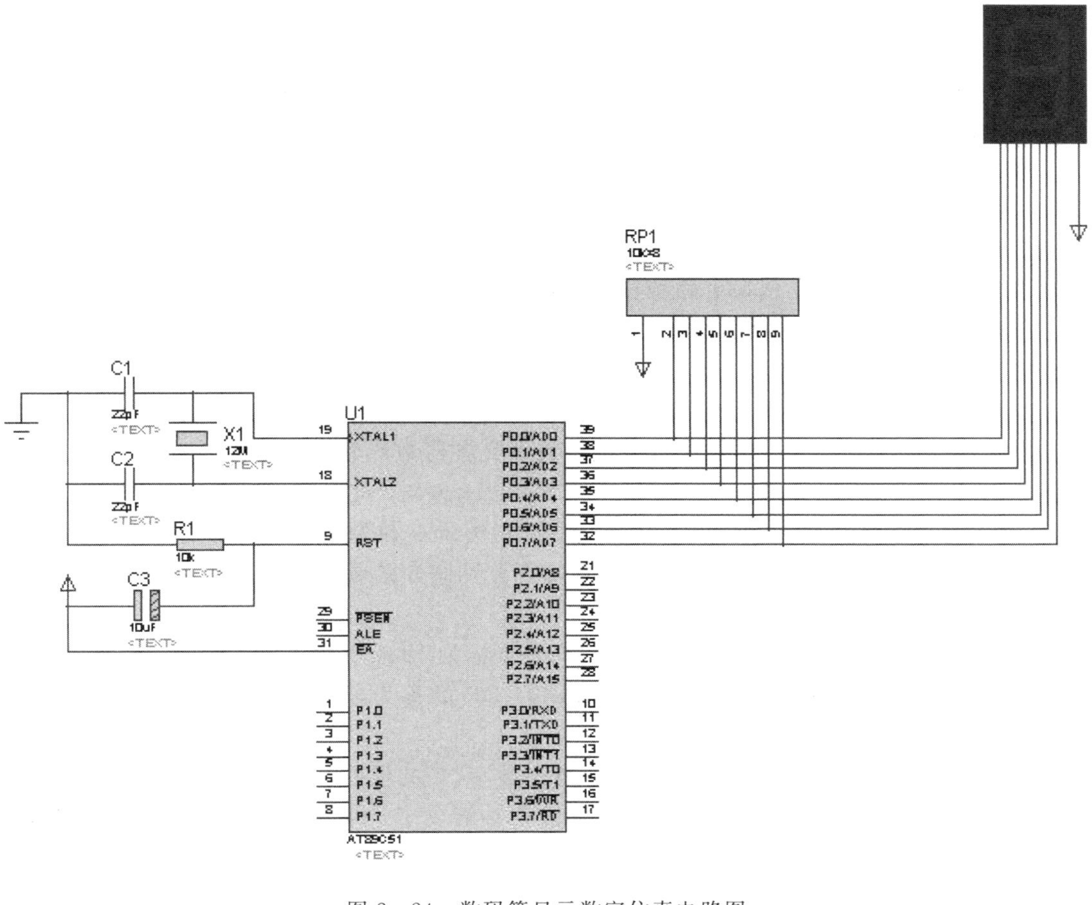

图 2 - 24 数码管显示数字仿真电路图

（2）软件程序设计。硬件连好了，如何让数码管上显示2呢？从表2-1中查出数字2的共阳极的字型编码是0xa4，当P0口输出数据0xa4时，单片机P0口的P0.7、…、P0.1、P0.0引脚输出1010 0100，数码管的COM端接高电平，则LED数码管上有5段点亮，见图2-24中的a、b、d、e、g，所以数码管上显示数字2。

单片机控制在LED数码管显示数字2，参考程序如下：

```
#include <reg51.h>
void  main()//单片机控制LED数码管显示2
{  unsigned char code led[]={0xc0, 0xf9, 0xa4, 0xb0, 0x99, 0x92, 0x82, 0xf8, 0x80, 0x90};
   //共阳数码管的字符编码0，1，2，3，4，5，6，7，8，9
   unsigned char i;
   while(1)
   {
       i=2;
       P0=led[i];
   }
}
```

5. 单片机控制4位数码管动态显示数字1234

在单片机的应用系统中，数码管显示器的显示常采用两种方法：静态显示和动态扫描显示。

（1）静态显示。静态显示是把多个数码管的每一个段选引脚独立连接单片机端口，把数码管的公共端根据数码管的内部结构接到“VCC”或“GND”端。

静态显示需要每一个显示器都占用一个单独的具有锁存功能的I/O端口，用于笔划段字形代码，单片机只需把要显示的字形代码发送到接口电路，就不用再管它了，直到要显示新的数据时，再发送新的字形码。因此，会使当显示位数较多时，单片机中I/O口的开销很大，需要提供的I/O接口电路也较复杂，但编程简单，显示稳定。

（2）动态显示。在实际的单片机系统中，往往需要多位显示。动态显示是一种最常见的多位显示方法，应用非常广泛。

动态显示硬件连接是将所有数码管的对应段选端全部连接在一起，每个数码管的公共端分别接不同的I/O口。软件驱动是按位轮流点亮各位数码管，即在某一时段，只让其中一位数码管的“位选端”有效，并送出相应的字型显示编码。此时，其他位的数码管因“位选端”无效而都处于熄灭状态；下一时段按顺序选通另外一位数码管，并送出相应的字型显示编码，以此规律循环下去，即可使各位数码管分别间断地显示出相应的字符。这一过程称为动态扫描显示。

（3）4位数码管动态显示1234。图2-25中，标为1234引脚的称为位选，控制选择某一个数码管，确定显示的位置；标为ABCDEFG DP的称为段选，控制选择数码管中哪几段点亮，以确定显示的字型。

图2-25中，单片机从P2口向数码管输出数字“4”的段码，此时所有的数码管都接收到“4”的段码，哪个数码管显示“4”由数码管的公共端决定，即位选码决定。此时第4个数码管的公共端为低电平，其他数码管的公共端为高电平，因此只有第4个数码管显示“4”，其他数码管不显示任何数字。

图2-25中数码管上显示数字“1234”，实际是先输出位选信号选中第1个数码管，输

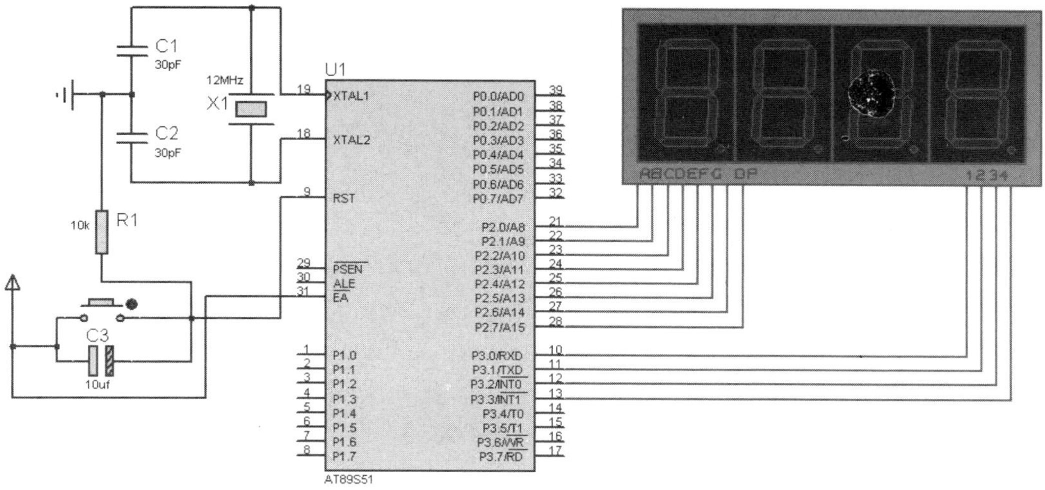

图 2-25　4 位数码管动态显示电路

出 1 的段码；延时一段时间后选中第二个数码管，输出 2 的段码；延时一段时间后又输出位选码选中第 3 个数码管，输出 3 的段码；延时一段时间后又输出位选码选中第 4 个数码管，输出 4 的段码……，反复这个过程，就可以显示出“1234”，加上交替的速度非常快，由于视觉暂留，人眼看到的就是连续的“1234”。

① 硬件电路设计。数码管是共阴管，即内部发光二极管的阴极端作为位选引脚，4 位位选端接至单片机引脚 P3 口的低 4 位。4 位数码管的段选端连接至单片机的 P2 端口。

② 数码管动态显示流程。数码管动态显示数字的程序流程图如图 2-26 所示。

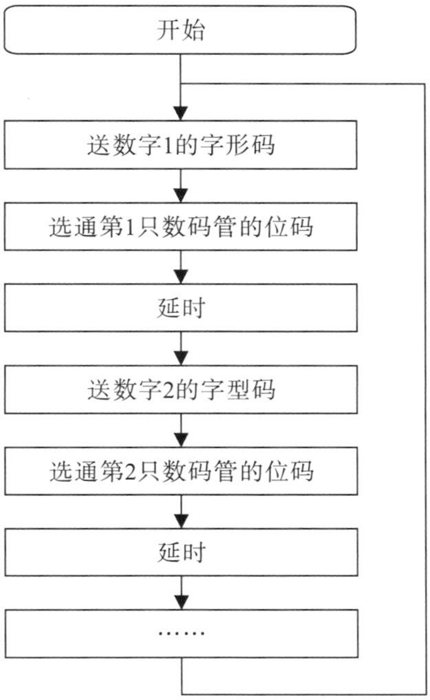

图 2-26　数码管动态显示数字的程序流程图

③ 4位数码管动态显示参考程序如下：

```
#include <reg51.h>
void delay(unsigned char i)
unsigned char ch[4]={0x06, 0x5b, 0x4f, 0x66}; //共阴数码管1、2、3、4的字型码
void main()
{
    while(1)
    {
        P3=0x0fe;    //位选，选通第1个数码管
        P2=ch[0];    //段选，数码管的字型码
        delay(2);    //延时
        P3=0xfd;     //位选，选通第2个数码管
        P2=ch[1];
        delay(2);
        P3=0xfb;     //位选，选通第3个数码管
        P2=ch[2];    //段选，数码管的字型码3
        delay(2);    //延时
        P3=0xf7;     //位选，选通第4个数码管
        P2=ch[3];
        delay(2);
    }
}
void delay(unsigned char i)
{
    int j, k;
    for(j=0; j<=i; j++)
    for(k=0; k<=130; k++);
}
```

6. 任务扩展

实现四位数码管循环显示0～9999。

提示：注意区分4位数码管是共阴管还是共阳管。

任务2 蜂鸣器发音

1. 蜂鸣器

蜂鸣器是一种简易的发声设备。它虽然灵敏度不高，但是制作工艺简单，成本低廉，常用在计算机、电子玩具和定时器等设备中。

(1) 蜂鸣器的结构和发声原理。

压电式蜂鸣器：通过给压电材料供电来发出声音。压电材料可以随电压和频率的不同产生机械变形，从而产生不同频率的声音。

压电式蜂鸣器主要由多谐振荡器、压电蜂鸣片、阻抗匹配器及共鸣箱、外壳等组成。有的压电式蜂鸣器外壳上还装有发光二极管。多谐振荡器由晶体管或集成电路构成。当接通电源后(1.5～15 V 直流工作电压)，多谐振荡器起振，输出 1.5～2.5 kHz 的音频信号，阻抗匹配器推动压电蜂鸣片发声。压电蜂鸣片由锆钛酸铅或铌镁酸铅压电陶瓷材料制成。在陶瓷片的两面镀上银电极，经极化和老化处理后，再与黄铜片或不锈钢片粘在一起。

电磁式蜂鸣器：电磁式蜂鸣器由振荡器、电磁线圈、磁铁、振动膜片及外壳等组成。接通电源后，振荡器产生的音频信号电流通过电磁线圈，使电磁线圈产生磁场。振动膜片在电磁线圈和磁铁的相互作用下，周期性地振动发声。

(2) 蜂鸣器的分类。蜂鸣器分为有源蜂鸣器和无源蜂鸣器两种，这个“源”不是电源而是指振荡源。

有源蜂鸣器：内部集成有振荡源，通过直流就可以连续发声，控制简单。

无源蜂鸣器：内部没有振荡源，直流信号无法让其发声，需要接收音频输出才可发声。可以用单片机 I/O 口定时翻转电平模拟方波，驱动无源蜂鸣器发声。其控制比有源蜂鸣器复杂，但是价格便宜，声音频率可控制，可以发出不同音调的声音。

从外观上看，两种蜂鸣器很相像，但还是有区别的，如图 2-27 所示。

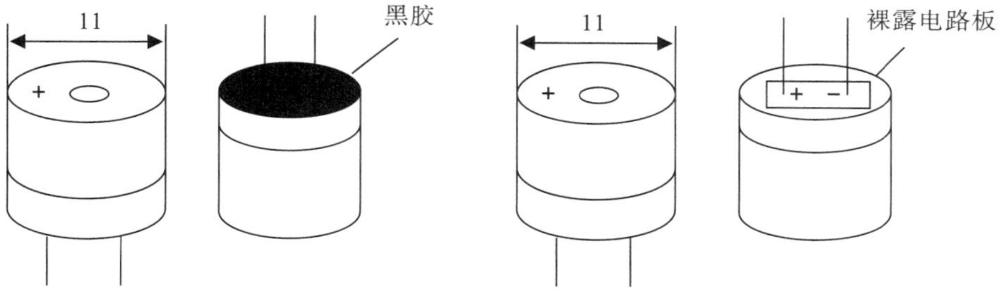

(a) 有源蜂鸣器　　(b) 无源蜂鸣器

图 2-27　蜂鸣器外观图

无源蜂鸣器底部的电路板通常是裸露的，高度为 8 mm，电阻较小，只有 8 Ω(或16 Ω)。有源蜂鸣器的电路板通常是被黑胶覆盖封闭的，高度为 9 mm，电阻大，通常几百欧。

2. 有源蜂鸣器发音及举例

编程实现声音报警，报警时发出“嘟嘟”的响声。

(1) 硬件设计。蜂鸣器一端接高电平，另一端接三极管的集电极，三极管发射极接地，三极管的基极接单片机端口 P2.7。当三极管的基极为高电平饱和导通时，蜂鸣器就会发声了，电路如图 2-28 所示。

(2) 软件设计(自行练习)。

▲小知识：

为什么单片机不直接接控制蜂鸣器呢？因为长声蜂鸣器 5V(SOT 塑封封装)的参数为：直流有源蜂鸣器电压为 3.5～5.5 V，电流小于 25 mA，频率为 2300±500 Hz；而 51 单片机高电平输出能力很弱，输出电流弱，驱动电流一般不超过 20 mA，所以用三极管扩流驱动。

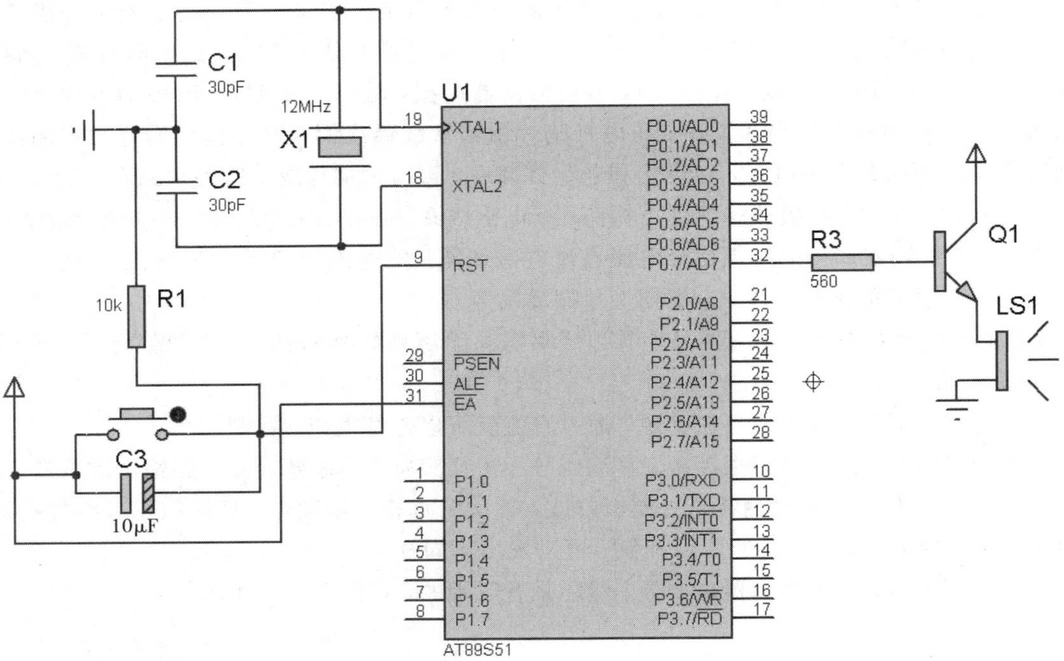

图 2-28　蜂鸣器报警电路图

任务3　键盘的应用

键盘是单片机获取外部信息的重要渠道，按键按照结构分为触点式，如机械式、导电橡胶式；无触点式，如电气式、磁感应式。前者造价低，后者寿命长。

设计键盘输入接口首先要了解键盘结构。

图 2-29 是实验板常用的机械式按键，按键是 4 脚封装，内部 2 脚相连，图(a)是按键的背面图。用万用表测试 4 只引脚的通断。1 号和 2 号引脚是连通的，3 号和 4 号引脚是连通的。硬件连接时注意引出按键 4 个引脚中不相通的 2 个引脚，如按键对角上的两个引脚。

(a) 外观

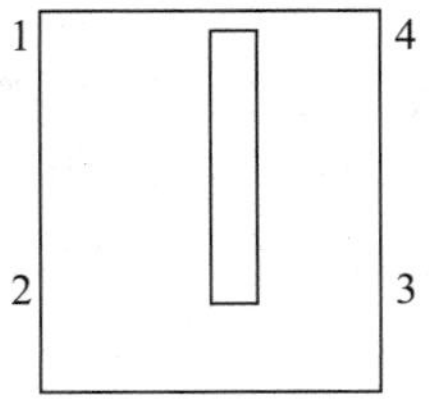

(b) 按键底部结构

图 2-29　机械式按键外观及其底部结构图

按键与单片机引脚相连后，按键按下或闭合会影响单片机引脚的状态，读取引脚状态，推断按键是否按下，从而达到输入信息的目的。

1. 独立式按键

1）独立按键的接法

独立式按键是指各个按键相互独立，各自占用一位 I/O 口线，一条输入线的按键状态不影响其他按键输入线的状态，按键状态相互独立，互不影响。独立式按键与单片机接口有三种接法，具体见图 2－30。按键电路的目的是使按键的断开、闭合直接影响单片机引脚的电平状态。

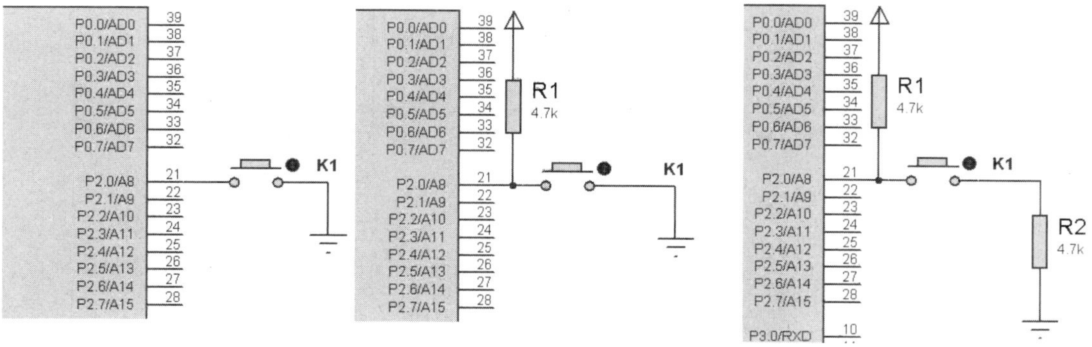

(a)　(b)　(c)

图 2－30　键盘接口三种接法图

图(a)的接法：当按键闭合时，单片机引脚接地；当按键断开时，单片机引脚不能稳定工作，因为处于高阻态，易受干扰。

图(b)的接法：当按键闭合时，单片机引脚接地；当按键断开时，单片机引脚被上拉电阻拉为高电平，按键闭合或按下，单片机引脚的电平稳定。这是一种标准的接法。

图(c)的接法：当按键断开时，单片机引脚接地；当按键闭合时，单片机引脚直接和电源相连。这种接法短路电流大，易烧毁单片机 I/O 口电路，是危险的连接方法。

实际普遍采用图(b)的接法。

2）独立按键读取引脚状态的方法

按键读取引脚状态的方法有查询法和中断法，实际普遍采用查询法。查询法是 CPU 读取连接按键的单片机端口的电平状态，如果读取的是低电平，就确认该端口对应的按键已按下，如果读取的是高电平，就确认该端口对应的按键没按下。

提示：因为 51 系列单片机的端口是准双向口，在读引脚前，需要先将输入端口置 1。

例如读 P1.0：

```
Bit  s1；//定义位变量 s1，保存按键通断状态
P1_0=1；
S1=P1_0；
```

例如读 P1：

```
Unsigned char sw；//定义字节变量
P1=0xff；
Sw=P1；
```

3）消除按键抖动的方法

由于机械弹性作用，机械式按键在按下和释放时，常有一定时间的接触抖动，然后触点才能稳定下来，抖动过程如图2-31所示。抖动时间与其触点特性有关。

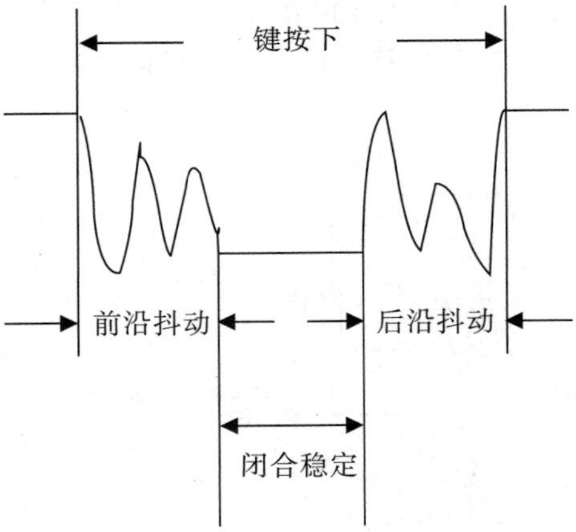

图2-31 按键抖动示意图

在触点抖动期间检测按键的通断状态会判断不准确，按一次按键会被错误地认为是多次操作，因此需要消除按键抖动。

(1) 硬件消抖：在键数较少时可用硬件方法消除键抖动。图2-32所示的RS触发器为常用的硬件消抖。

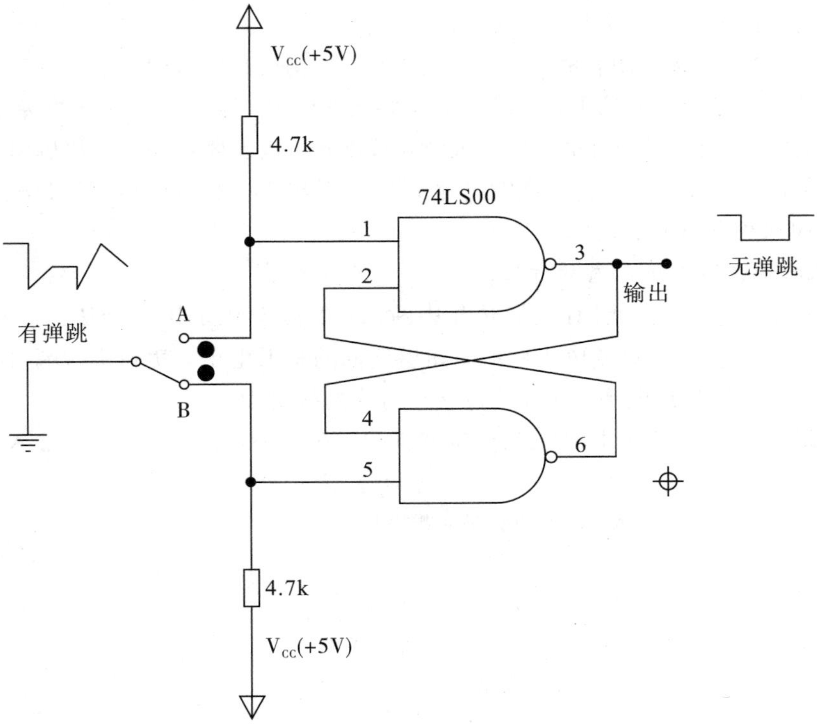

图2-32 基于RS触发器消抖图

图中两个“与非”门构成一个 RS 触发器。当按键未按下时，输出为 1；当按键按下时，输出为 0。此时使用按键的机械性能，使按键因弹性抖动而产生瞬时断开(抖动跳开 B)，只要按键不返回原始状态 A，双稳态电路的状态就不改变，输出保持为 0，不会产生抖动的波形。也就是说，即使 B 点的电压波形是抖动的，但经双稳态电路之后，其输出为正规的矩形波。这一点通过分析 RS 触发器的工作过程很容易得到验证。

利用电容的放电延时，采用按键并联电容法，也可以实现消抖，如图 2－33 所示。

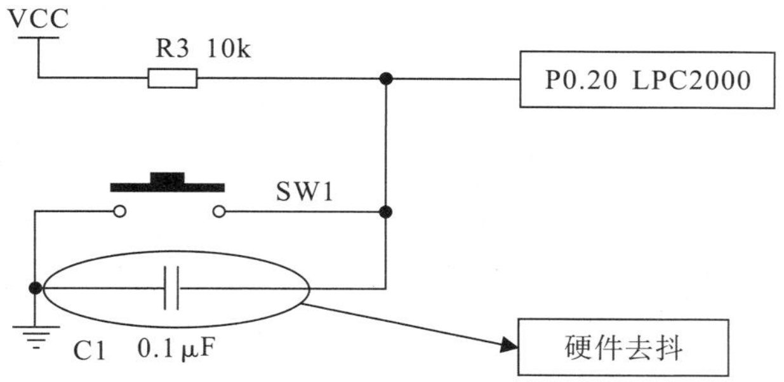

图 2－33　基于电容放电的消抖图

(2) 软件消抖。

软件去抖的原理一：前沿消抖法。读按键状态，判断是否有键按下，延时 10 ms，再次读按键状态，有键按下，才确认是哪一个按键，从而消除前沿的抖动，流程如图 2－34(a)所示。

软件去抖的原理二：在去抖时间内连续多次去读按键所在端口的状态，并与上一次进行对比，若状态改变，则重新初始化去抖时间。直到在去抖时间内，每次读到的端口状态都一致时，我们才认为扫描到稳定的按键，流程如图 2－34(c)所示。

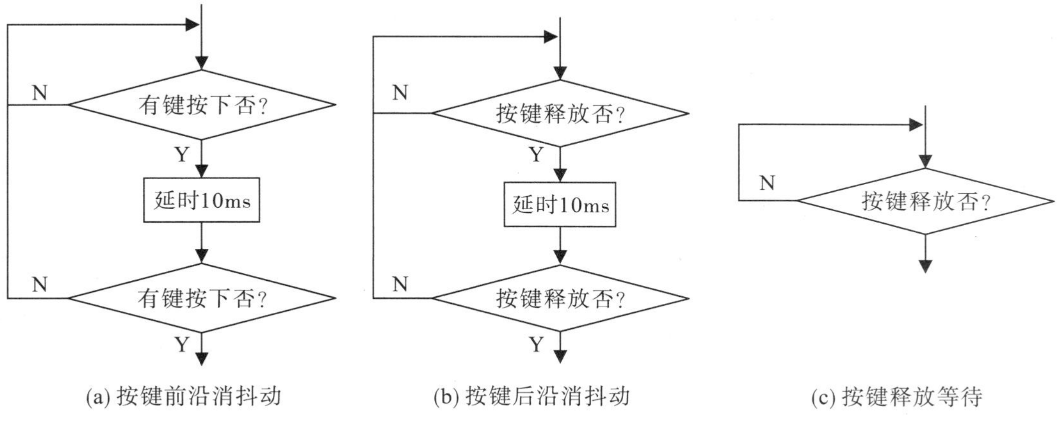

图 2－34　软件消抖流程图

例：编写程序，识别图 2－35 中的 8 个按键中哪一个键被按下，返回键的编号。

图 2－35 中，按键的一端接地，另一端接上拉电阻的同时，接单片机 P1 端口。每个键是否按下，通过 P1 端口引脚的电平状态反映。图中 K1 键按下时，P1.1 引脚变为低电平。P1 端口引脚的电平是 1111 1101，用十六进制表示为 0xfd；当不同键被按下时，P1 引脚输入的电平不同，详细见表 2－5。表中分别列出用二进制和十六进制的表示值。

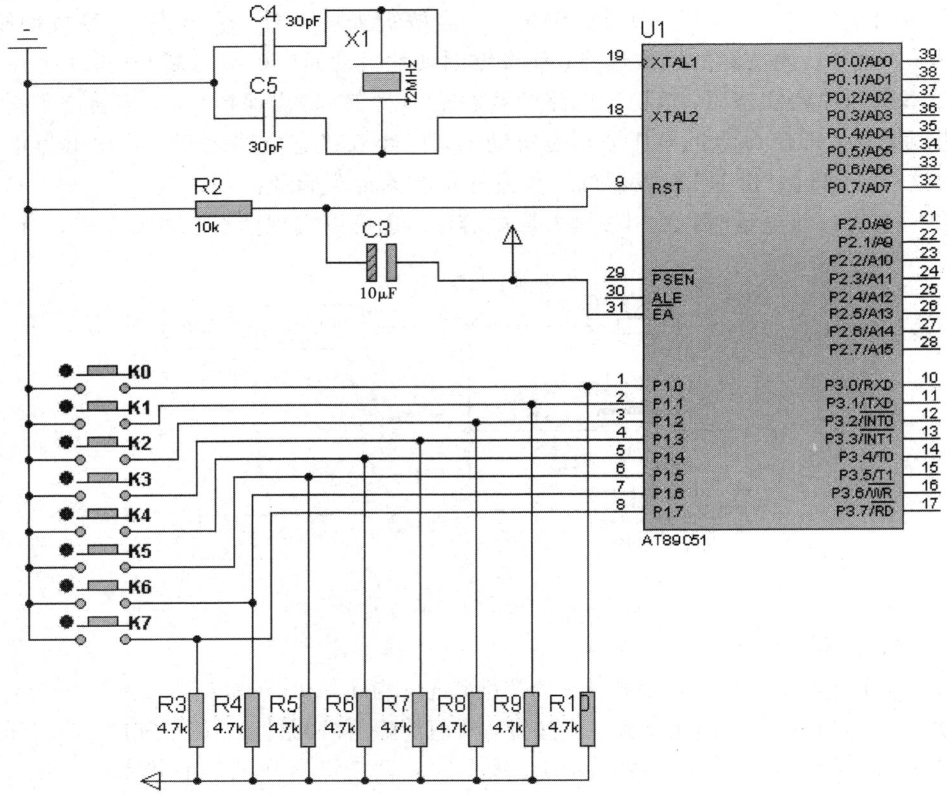

图2-35　独立按键电路图

表2-5　独立按键与端口输入对照

按键编号	K0	K1	K2	K3	K4	K5	K6	K7
P1二进制	1111 1110	1111 1101	1111 1011	1111 0111	1110 1111	1101 1111	1011 1111	0111 1111
十六进制	0xfe	0xfd	0xfb	0xf7	0xef	0xdf	0xbf	0x7f

按键键值获取的参考程序片段如下：

```
/*****************获取按键状态的参考程序片段**********/
//**********按键扫描程序
    unsigned char  keyscan()
{
    unsigned char sw；//定义变量sw，暂存P1状态的变量
    unsigned char key //定义变量key，暂存按下键的编号
    P1=0xff；          //预先对输入端口置1
    sw=P1；
    switch(sw)
    {
        case 0xfe：key=0；break；
```

```
            case 0xfd: key=1; break;
            case 0xfb: key=2; break;
            case 0xf7: key=3; break;
            case 0xef: key=4; break;
            case 0xdf: key=5; break;
            case 0xbf: key=6; break;
            case 0x7f: key=7; break;
        }
        return key;          //获得按键编号
    }
```

思考：请同学们思考如何显示编号，请完善图 2-36，并补充完程序。

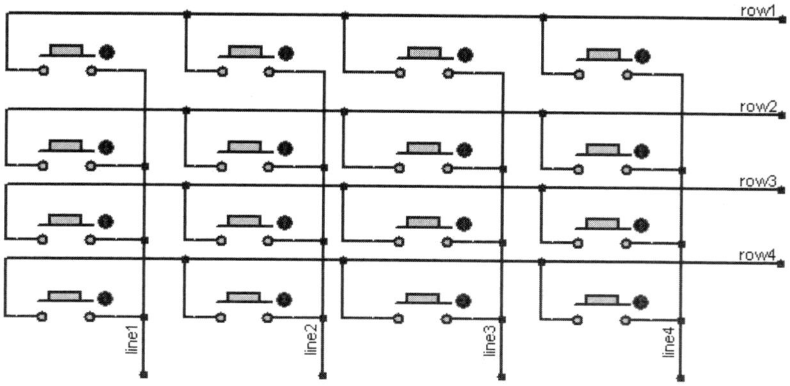

图 2-36 矩阵键盘结构图

2. 矩阵式键盘

1）矩阵键盘的结构

矩阵键盘由行线和列线组成，又叫行列式键盘，如 4 行×4 列的矩阵可以构成 16 个按键的键盘，3 行×4 列的矩阵可以构成 12 个按键的键盘。

按键位于交叉点上，按键的一端接到行线，另一端接到列线，在图 2-36 中，同一行上所有按键的左端连在一起，形成行线；同一列上所有按键的右端连在一起形成列线。按键断开和闭合状态要影响行线电平和列线电平是否相等；当按键断开时，按键连接的行线和列线断开，行线电平和列线电平不相等；按键闭合时，按键所连的行线和列线接通，行线电平和列线电平相等。

2）矩阵按键和单片机的接口

矩阵按键与单片机相连的设计思路是：按键按下后，电平确定会变化的线与单片机相连，并作为输入引脚。

观察图 2-37，单片机 P3.3 引脚输出 0，控制第 3 列线为低电平，当 3 列上有按键按下时，按键所连的行线的电平会发生变化，由高电平变为低电平，可以得到接口设计方法：

行线通过电阻与电源相连，同时行线连接单片机，作为单片机输入线；列线连接单片机，由单片机控制其电平，作为单片机输出线。这种硬件接口方法节省了单片机端口资源，16 个按键只需要 8 个单片机 I/O 口，但是软件编程要比独立式键盘复杂得多。

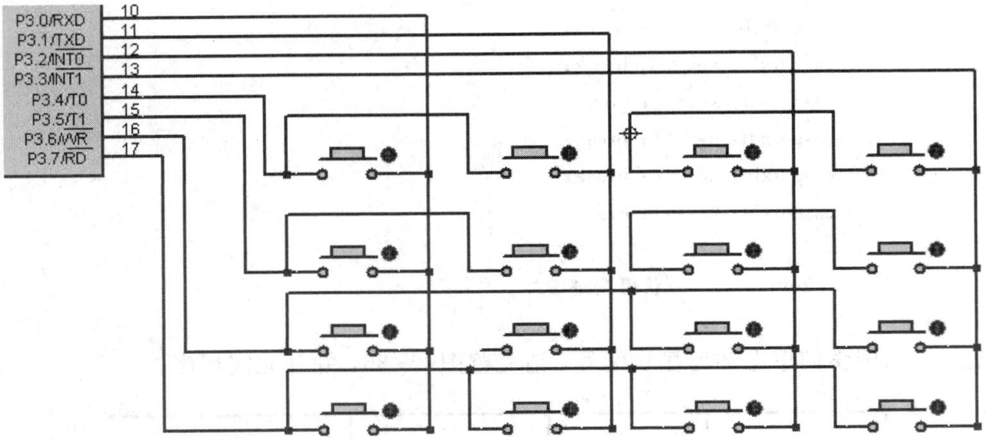

图 2-37　矩阵按键和单片机的接口图

3）矩阵按键扫描方法

当有键按下时，要识别是哪一个键按下。按键按下，就将行线和列线接通，如果列线输出 0，则行线电平被拉低。常用的矩阵按键识别方法有线反转法和扫描法。

(1) 反转法。线反转法的原理是：首先将列线上全部送 0，读入行线的状态，然后反过来，将行线全部送 0，读入列线的状态，将两次行线、列线读入的数据组合成一个字节就可以判断出哪个按键被按下了。这种方法要两次输出、两次输入，实现过程简单，速度快，扫描方法要复杂一些。

(2) 扫描法。扫描识别方法分为两个步骤：第一个步骤判断整体上有无按键按下，第二个步骤判断矩阵按键中到底是哪个键按下，需要进行逐列(行)扫描。

· 判断整体上有无按键按下：将列线全部送 0，然后读入行线的状态，如果没有键按下，读入的行线数据全为 1，否则，读入的行线数据中有 0，说明行线和列线接通，矩阵按键中有键按下。

· 逐列扫描识别具体按键。

举例：

矩阵按键图中有 16 个按键，如图 2-38 所示，分别编号为 S0、S1…S15，排列成 4 行×4 列：从左往右数第 0 列，第 1 列，第 2 列，第 3 列；从上往下数第 0 行，第 1 行，第 2 行，第 3 行。图中 S7 键被按下，要识别 S7 键的键值为 7，逐列扫描识别法分为 5 个步骤：

① 单片机向 0 列输出低电平，其他列输出高电平，指令为 P3=0xfe;。观察单片机引脚，从引脚 P3.0 开始有一条蓝色线条缓缓流动，流动到第 0 列，同时芯片管脚从 P3.1→P3.3 为红色线条管脚往外流动；然后执行读行线的指令，读取行线上的值，图中行线上的值被圈起来，若某行电平为 0，则该行的行列线接通，有键按下，按下的键位于该行的第 0 列，转步骤⑤，计算并获取键值。本次按键的结果，图中的行线圈起来了，电平全为 1，则该列没有键按下，转步骤②。

② 单片机向 1 列输出低电平，其他列输出高电平，指令为 P3=0xfd;。观察单片机引脚，引脚 P3.1 处开始有一条蓝色线条缓缓流动，流动到第 1 列，同时芯片管脚从 P3.0 到 P3.2 再到 P3.3 为红色线条往外流动；然后执行读行线的指令，读取行线上的值。同样，

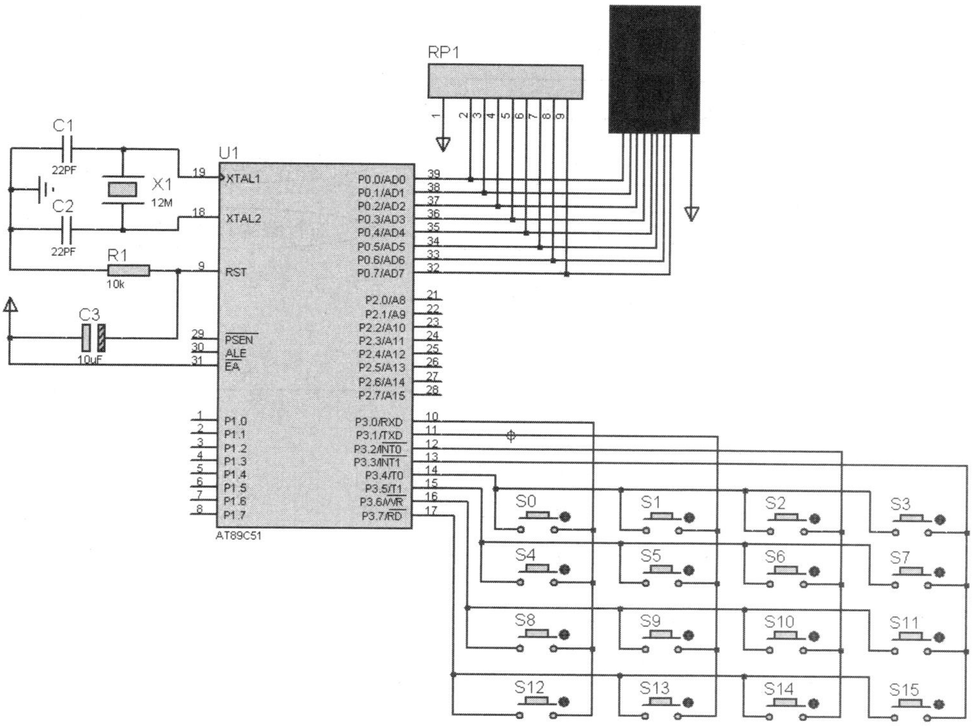

图 2－38　矩阵按键与单片机接口电路图

若某行的电平为 0，则该行有键按下，按键的位置是该行 1 列，转步骤⑤。若行线电平为 1，则没有键按下，图中行线上的值被圈起来，为 1111，没有键按下，转步骤③。

③ 单片机向 2 列输出低电平，其他列输出高电平，指令为 P3＝0xfb；。读取行线上的值，图中行线上的值被圈起来，同样为 1111，则没有键按下，转步骤④。

④ 单片机向 3 列输出低电平，其他列输出高电平，指令为 P3＝0xf7；。读取行线上的值，若某行线电平为 0，则该行有键按下，按键的位置是该行 3 列，若行线电平为 1，则没有键按下，转步骤⑤；本次按键的结果，第 1 行线电平为 0，所以该列有键按下，按键位于 1 行 3 列。

⑤ 键值计算：用公式 4×行＋列，得到 S7 按下时，采用公式为 4×1＋3，键值得到 7。

按键扫描识别注意两点：

A：设标记位，标记是否有按键按下，当有按键时，标记位设置为 1，没有键按下时，标记位设置为 0。

B：键值的计算可以灵活地采用公式法或者查表法。公式法为：键值＝行号×4＋列号。

思考：根据上式，16 个键从上到下，从左到右，其键值分别为多少？如果公式变为键值＝列号×4＋行号，16 个键从上到下，从左到右，其键值又分别为多少？

练习：

在任务 1 的 4 位数码管动态显示的基础上，硬件上设计 4 个独立按键，编程调试仿真实现按下其中一个按键启动显示，按下第二个键停止显示，按下第三个键显示数字加 1，按下第四个键显示数字减1。

扫描法按键识别流程图如图2-39所示。

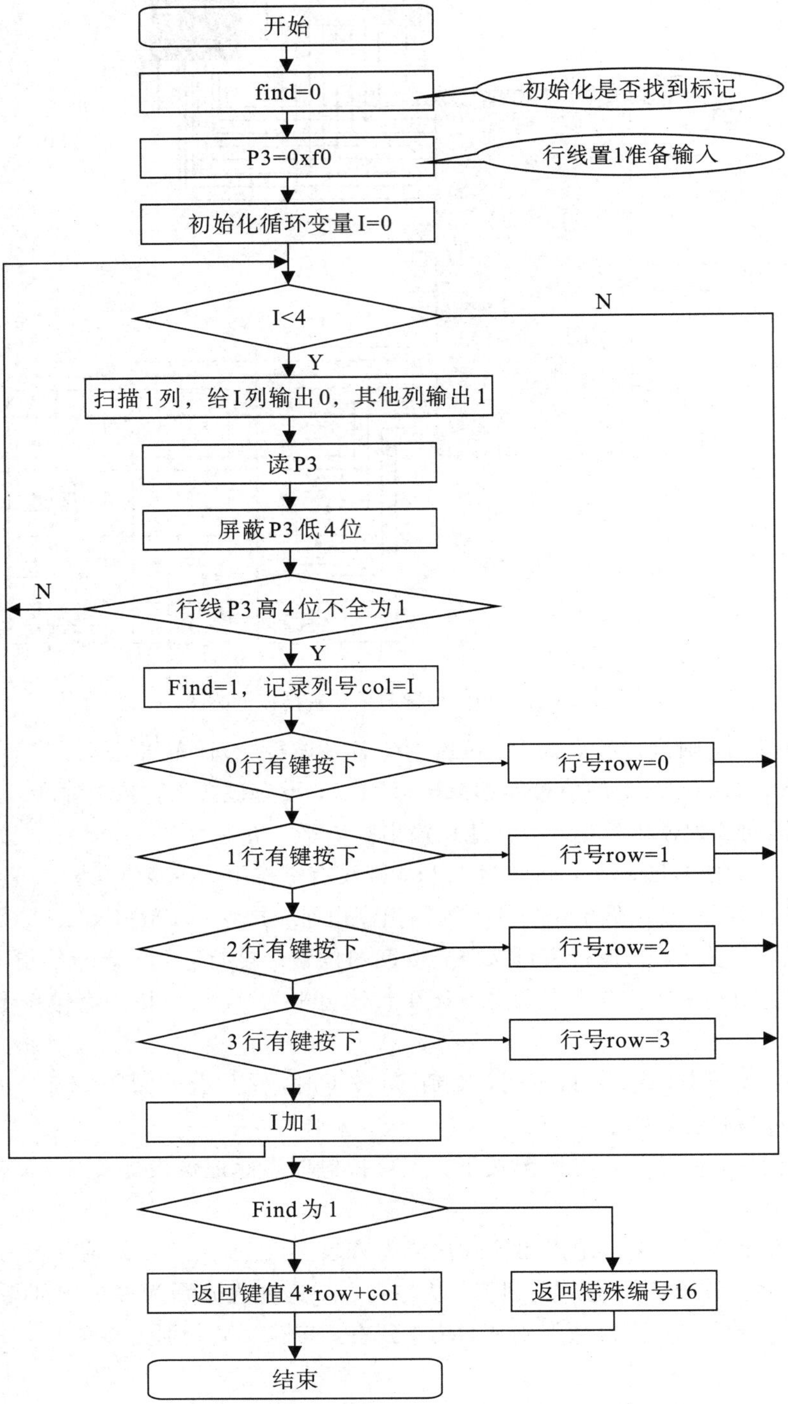

图2-39　扫描法按键识别流程图

任务4 定时/计数器的使用

1. 定时/计数器

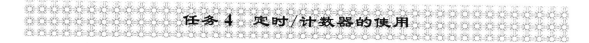

89C51单片机内有两个16位定时/计数器，即定时器0(T0)和定时器1(T1)，它们都有定时和计数功能，可用于定时控制、延时、对外部事件计数和检测等场合。定时/计数器的组成如图2-40所示，主要由定时/计数器T0、T1，工作方式寄存器TMOD和控制寄存器TCON构成。定时/计数器T0/T1实际是两个16位加1计数器，其中T0由2个8位加1计数器TH0和TL0构成；T1由TH1和TL1构成。

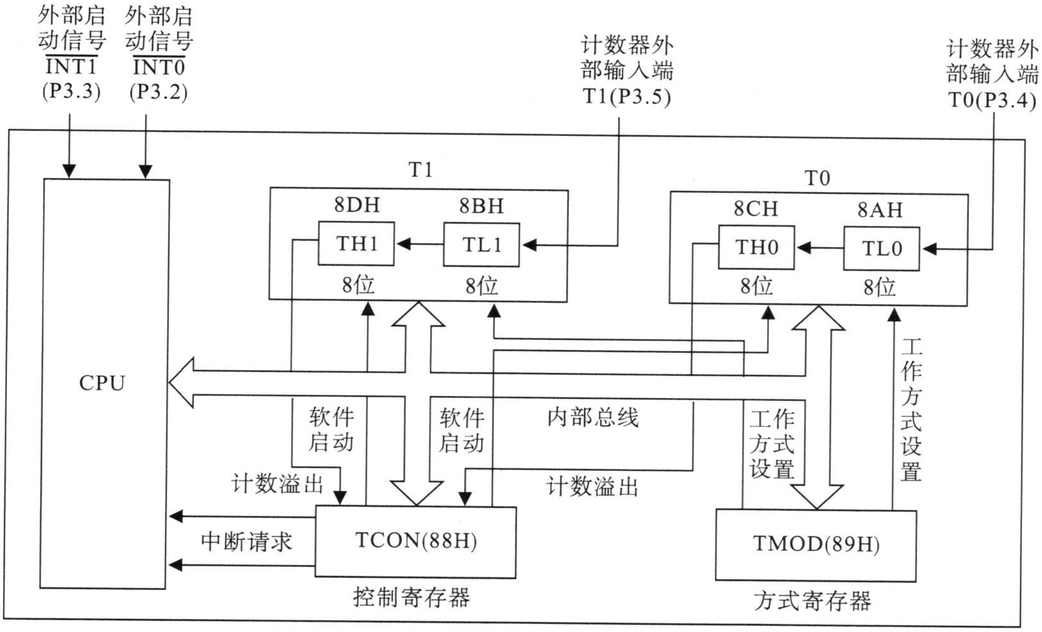

图2-40 定时/计数器的组成框图

1）定时计数方式

(1) 定时方式时，定时/计数器是对89C51晶振信号12分频后的脉冲计数，即每个机器周期使定时器(T0或T1)的数值加1直至溢出。当89C51单片机晶振频率为12 MHz时，一个机器周期为1 μs，计数频率为1 MHz，计数器计数1次所用时间为1 μs，计数器计数N个，则所用时间为$N\times1$ μs。

(2) 计数方式时，计数器通过引脚T0(P3.4)和T1(P3.5)对外部脉冲信号计数。当输入脉冲信号产生由1至0的下降沿时，定时器加1计数。

不管是定时方式还是计数方式，定时/计数器的实质都是对脉冲计数，对外部信号计数就是计数功能，对内部晶振信号12分频计数就是定时功能。每个定时/计数器都不占用CPU时间，除非计数器溢出，才可以中断CPU当前操作。

2）工作模式

定时/计数器有4种工作模式，即模式0～模式3，其中，模式0～模式2对T0和T1

是一样的，模式 3 对两者不相同，具体见表 2-6。

表 2-6　定时/计数器工作模式设置表

M1　M0	工作方式	功能说明
0　0	方式 0	13 位计数器
0　1	方式 1	16 位计数器
1　0	方式 2	初始值自动重装 8 位计数器
1　1	方式 3	T0：分成两个 8 位计数器；T1：停止计数

3）*启动方式*

定时/计数器有两种启动方式，即软件启动和软件＋硬件启动方式。

2. 工作方式寄存器 TMOD

TMOD 为 8 位特殊功能寄存器，不能位寻址，其字节地址为 89H。主要作用是设置定时/计数器的工作方式、工作模式和启动方式，其数据结构如图 2-41 所示：高四位是 T1 的工作方式字段，低四位是 T0 的工作方式字段，它们的含义完全相同。

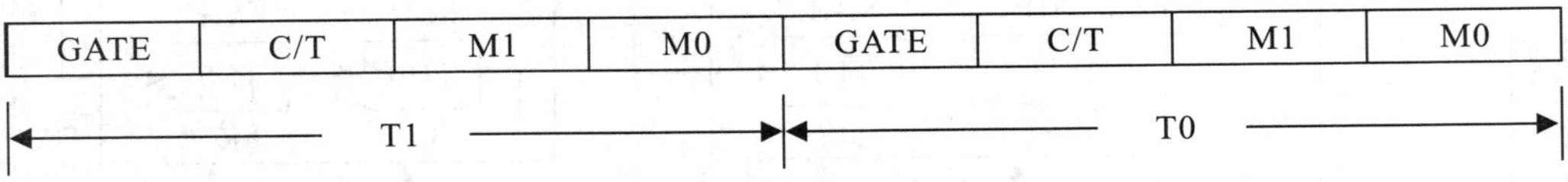

图 2-41　TMOD 数据格式

各位含义如下：

(1) GATE：设置定时/计数器的启动方式。

定时/计数器启动方式有 2 种：软件启动和软件＋硬件启动方式。

GATE＝0 时，软件启动，只要 TR0(或 TR1)置 1，即可启动定时器 T0(T1)计数；

GATE＝1 时，软件＋硬件启动，必须满足 TR0＝1(TR1)、INT0(INT1)引脚为高电平，才能启动定时器 T0(T1)工作。

(2) C/T：设置定时/计数器工作方式。

C/T＝0：设置为定时工作方式。定时器对 89C51 片内脉冲计数，亦对机器周期计数。

C/T＝1：设置为计数工作方式。计数器的输入脉冲来自引脚 T0(P3.4)和 T1(P3.5)。

(3) M1M0：设置定时/计数器工作模式。

定时/计数器 T0/T1 有 4 种工作模式，如表 2-6 所示。

3. 控制寄存器 TCON

TCON 是 8 位特殊功能寄存器，可以位寻找，其字节地址为 88H，各位定义及格式如图 2-42 所示。

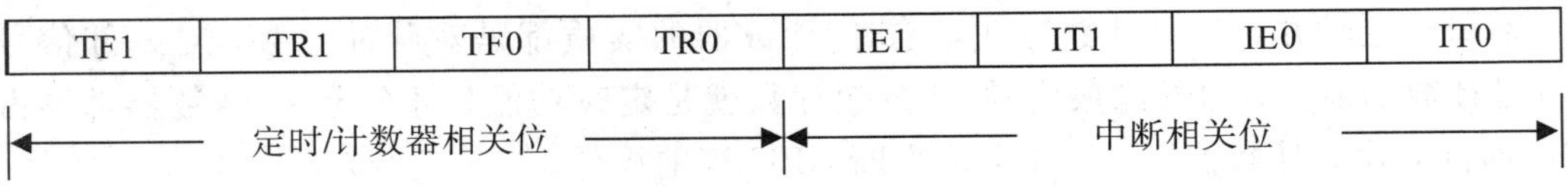

图 2-42　TCON 数据格式

(1) TF1：T1 溢出标志位，当 T1 计数溢出时，由硬件自动置 TF1=1。在中断允许时，该位向 CPU 发出 T1 的中断请求，进入中断服务程序后，该位由硬件自动清零。在中断屏蔽时，TF1 可作查询测试使用，此时只能软件清零。

(2) TR1：T1 运行控制位，可通过软件置 1 或清 0 来启动或关闭 T1。在程序中语句为 TR1=1，定时器 T1 开始计数。

(3) TF0：T0 溢出标志位，与 TF1 相同。

(4) TR0：T0 运行控制位，与 TR1 相同。

4. 定时/计数器的应用步骤

(1) 设置定时/计数器的工作方式，即设置 TMOD 的值。

例：要求定时/计数器采用软件启动、13 位计数器、计数功能，请设置 TMOD 的值，即设置定时/计数器的工作方式。

① 软件启动：GATE=0；

② 13 位计数器：M1M0=00，方式 0；

③ 计数功能：C/T=1。

如果用定时/计数器 T1，TMOD 的高四位应为 0100，TMOD 的低四位未指定，此处设为 0(也可以设置为 1)，所以有

TMOD=01000000(二进制)=0x40(十六进制)

(2) 设置定时/计数器的初始值，即设置 THx 和 TLx 的值。

定时/计数器允许用户编程设定开始计数的数值，称为赋初值。计数器开始工作时，就从初始值开始加 1 计数，当计数到计数器的最大数值时，再加 1 则计数器溢出，所以计数器初始值不同，则计数个数也不同。

例：假设 T0 设置为 16 位计数器，要求计数 10000 个，则计数器 T0 的初始值为多少？

16 位计数器的最大计数值为 $2^{16}=65536$，如果要计数 10000，则计数器的初始值应为 65536−10000=55536。将 55536 转换成二进制数，高 8 位赋值给 TH0，低 8 位赋值给 TL0，即

TH0=55536/256；

TL0=55536%256；

(3) 根据需要开定时器中断；

(4) 启动定时，即软件设置 TRx=1；

(5) 计数器溢出。

如果开中断，则计数器溢出后执行中断服务程序；如果没开中断，则判断 TFx 是否为 1，如果不为 1 则判断，如果为 1 则执行相应的程序并清 TFx。

建议定时器用中断方式。

5. 定时/计数器的工作方式

1) 工作方式 0

工作方式 0 构成 13 位定时/计数器，最大计数值 $M=2^{13}=8192$。图 2-43 是 T0 工作在方式 0 的逻辑电路结构，T1 的结构与 T0 的结构和操作完全相同。

由图 2-43 可知，在工作方式 0 下，16 位加法计数器(TH0 和 TL0)只用了 13 位。其中，

TH0 占高 8 位，TL0 占低 5 位(只用低 5 位，高 3 位未用，一般清 0)，如图 2－44 所示。

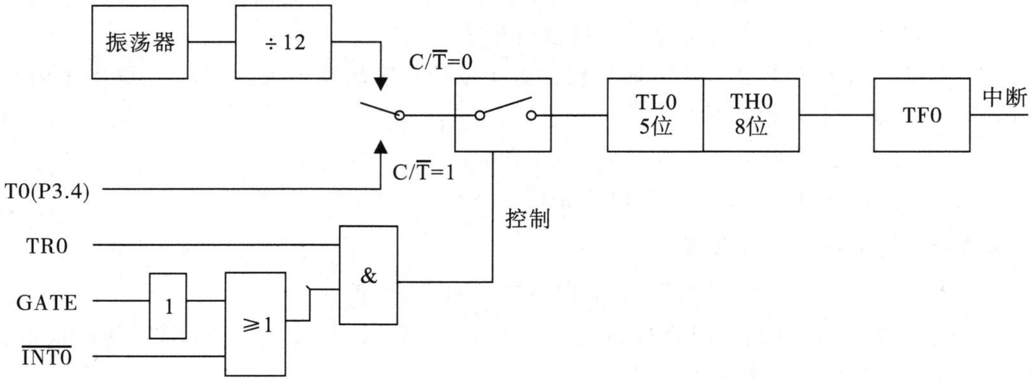

图 2－43　T0(或 T1)在工作方式 0 下的逻辑电路结构图

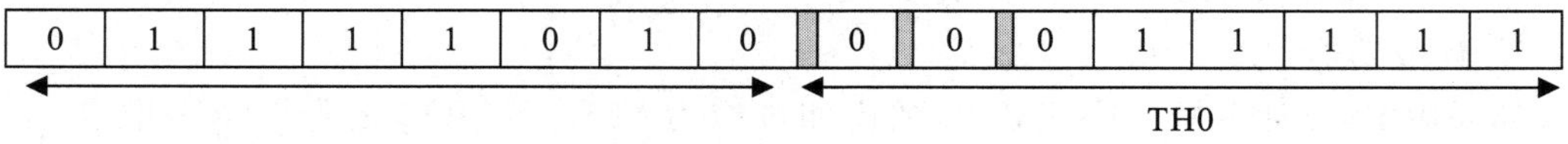

图 2－44　工作方式 0 下的 13 位定时/计数器图

当 TL0 低 5 位计数溢出时，自动向 TH0 进位，而 TH0 溢出时向中断位 TF0 进位(硬件自动置位)，并申请中断。

2) 工作方式 1

定时/计数器在工作方式 1 时，构成 16 位定时/计数器，最大计数值 $M=2^{16}=65536$。图 2－45 是 T0 工作在方式 1 的逻辑电路结构，T1 的结构与 T0 的结构和操作完全相同。方式 0 和方式 1 结构和操作完全相同，不同之处是计数位数不同。

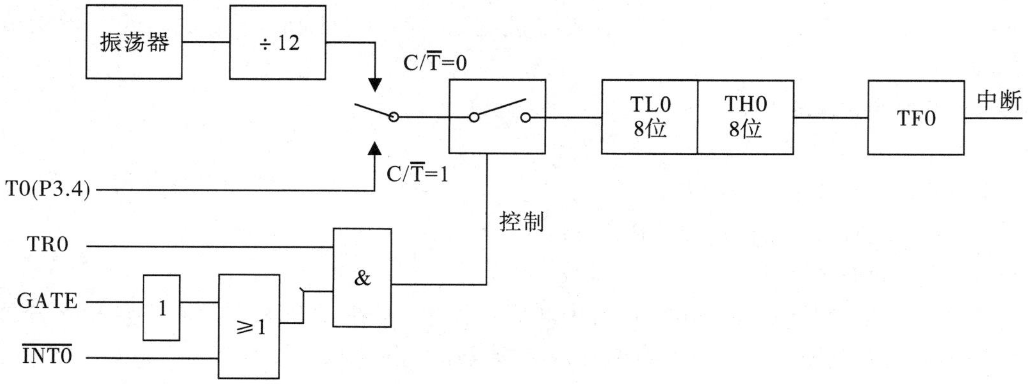

图 2－45　T0(或 T1)在工作方式 1 下的逻辑电路结构图

3) 工作方式 2

定时/计数器的工作方式 2 是自动重装初始值的 8 位计数器，只有 TL0 计数，TH0 不计数。当 TL0 计数溢出后，TH0 的数据自动进入 TL0 中，TL0 又从初始值开始新一轮的计数。方式 0 和方式 1 计数溢出后，TH0 和 TL0 的值为 0，所以新一轮计数是从 0 开始，如果要想从初始值开始计数则需要软件给 TH0 和 TL0 重新赋初始值。

方式 2 的最大计数值 $M=2^8=256$。图 2－46 是 T0 工作在工作方式 2 下的逻辑电路结构，T1 的结构与 T0 的结构和操作完全相同。

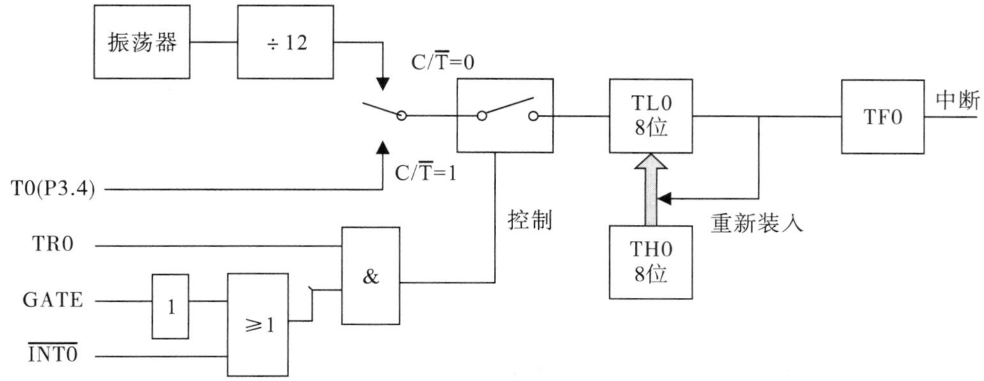

图 2－46　T0(或 T1)在方式 2 的逻辑电路结构图

4) 工作方式 3

只有定时/计数器 T0 可以设置为工作方式 3，T1 设置为工作方式 3 时，停止工作。T0 工作在方式 3 时，T0 被分解成 2 个独立的 8 位计数器 TL0 和 TH0，逻辑结构如图 2－47 所示。其工作情况如下：

TL0 占用 T0 的控制位、引脚和中断源，包括 TMOD 的 C/T、GATE、TR0、TF0 和 T0(P3.4)引脚、INT0(P3.2)引脚。有定时和计数功能，逻辑电路结构如图 2－47(b)所示。

TH0 占用 T1 的控制位 TF1 和 TR1，同时占用了 T1 的中断源，只有软件启动(TR1＝1)，只能对内部脉冲计数，即只有定时功能，逻辑电路结构如图 2－47(a)所示。

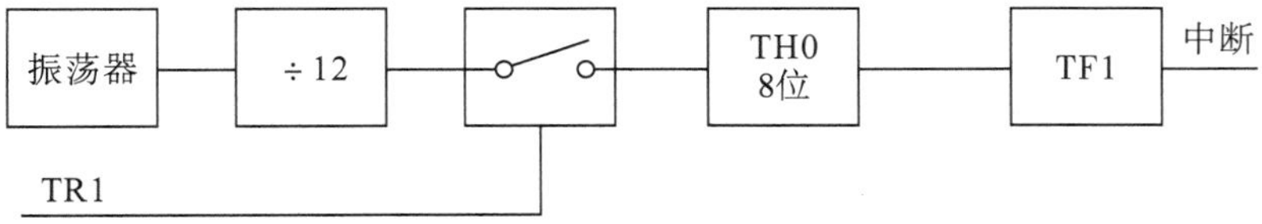

(a) T1 方式 3 的逻辑电路结构图

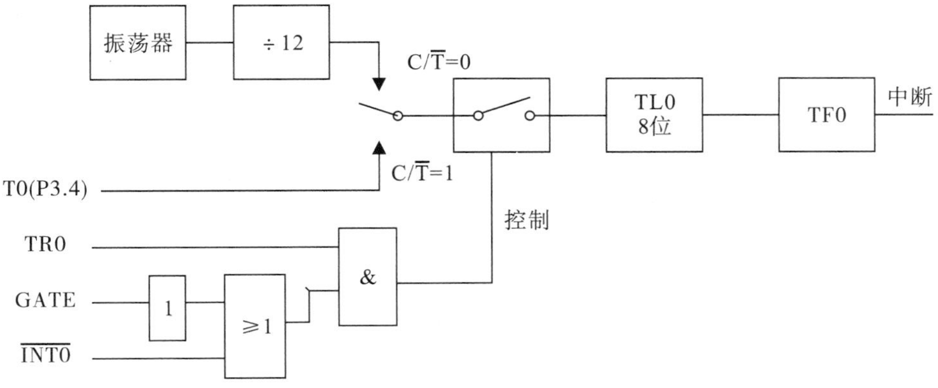

(b) T0 方式 3 的逻辑电路结构图

图 2－47　工作方式 3 的逻辑电路结构图

6. 定时计数器应用举例 1S 定时

任务：利用单片机定时/计数器实现 1 位简易秒表的设计，显示时间 0 到 9 秒。

1）任务分析

任务的关键是定时，可以利用单片机内部定时/计数器完成。当单片机晶体振荡频率为 12 MHz，则定时计数器的定时基准为计数 1 次时间为 1 μs。单片机定时计数器有 4 种工作模式，可以构成 8 位、13 位和 16 位计数器；不同位数的计数器其最大定时时间不同，可以采用不同的定时方案。

(1) 8 位计数器。当构成 8 位计数器时，其最大计数值为 256，即最大定时时间为 256 μs；可以利用定时计数器定时 0.250 ms，循环定时 4000 次，实现 1 s 的定时。

(2) 13 位计数器。当构成 13 位计数器时，其最大计数值为 8192，即最大定时时间为 8.192 ms，可以利用定时计数器 1 次定时 5 ms，循环定时 200 次，实现 1 s 的定时。

(3) 16 位计数器。当构成 16 位计数器时，其最大计数值为 65536，即最大定时时间为 65.536 ms，可以利用定时计数器 1 次定时 50 ms，循环定时 20 次，实现 1 s 的定时。

设计方案：采用 16 位计数器实现定时 50 ms，循环反复 20 次，达到 1 s 定时，显示采用 1 位七段数码管。

2）硬件电路仿真图

1 位秒表硬件原理图如图 2-48 所示。

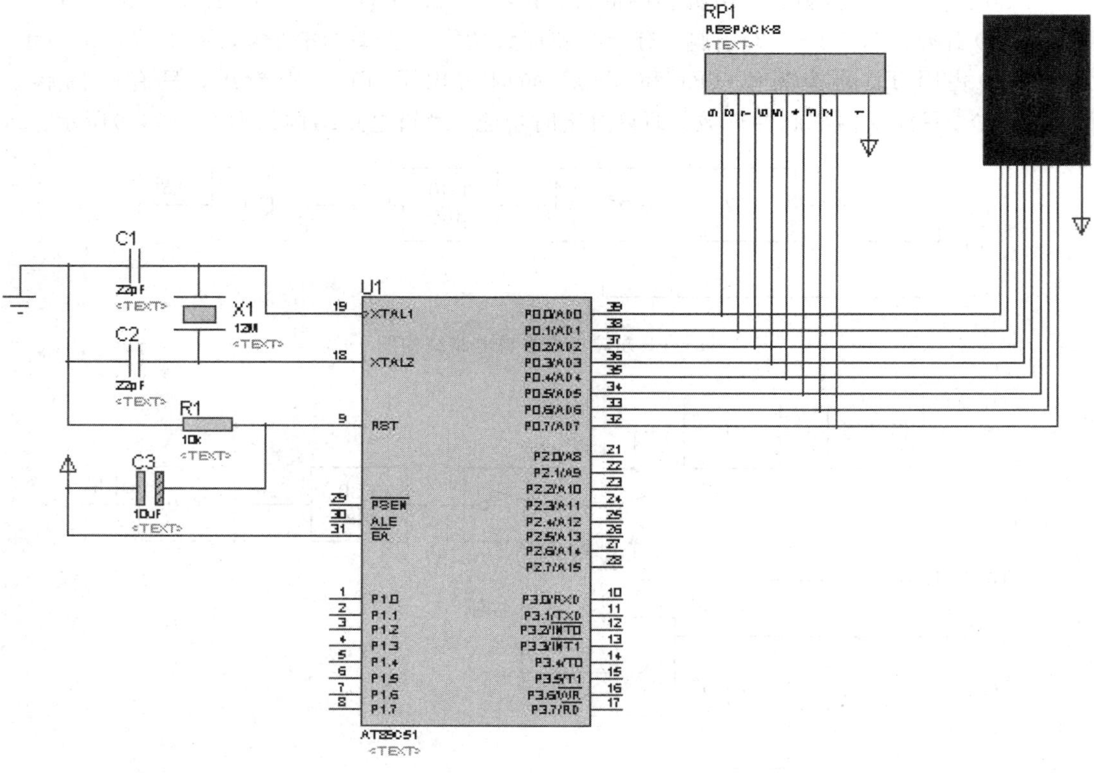

图 2-48　1 位秒表硬件原理图

选用 1 位共阳数码管用来显示时间“秒”，数码管的公共端接高电平，段选端连接单片机 P0 口，定时器用单片机定时器 T0。

3）软件设计

单片机定时计数器溢出有查询和中断两种处理方式；查询方式是 CPU 启动定时计数器工作后，马上读取定时计数器溢出标志位 TF0(TF1)，判断是否为 1，为 1 表示计数器溢出，1 次定时时间到；如果为 0，表示定时时间没到，CPU 继续读取并判断，重复这个过程。中断方式是在定时计数器溢出后，利用定时/计数器中断系统向 CPU 提请中断请求，CPU 转去处理相应的中断服务程序，如果定时计数器没有溢出，则 CPU 执行主程序。

采用查询方式，定时计数器在定时计数时，CPU 在查询中断溢出标志位，CPU 不能处理其他事件，占用了 CPU 的时间；而中断方式，定时计数器在定时计数时，CPU 执行主程序，只有计数溢出后，CPU 才停止其他程序的执行而转去处理定时计数器溢出中断服务程序，不占用 CPU 资源。下面分别介绍两种处理方式的程序设计。

(1) 查询方式程序设计。查询方式程序设计的流程图如图 2－49 所示。

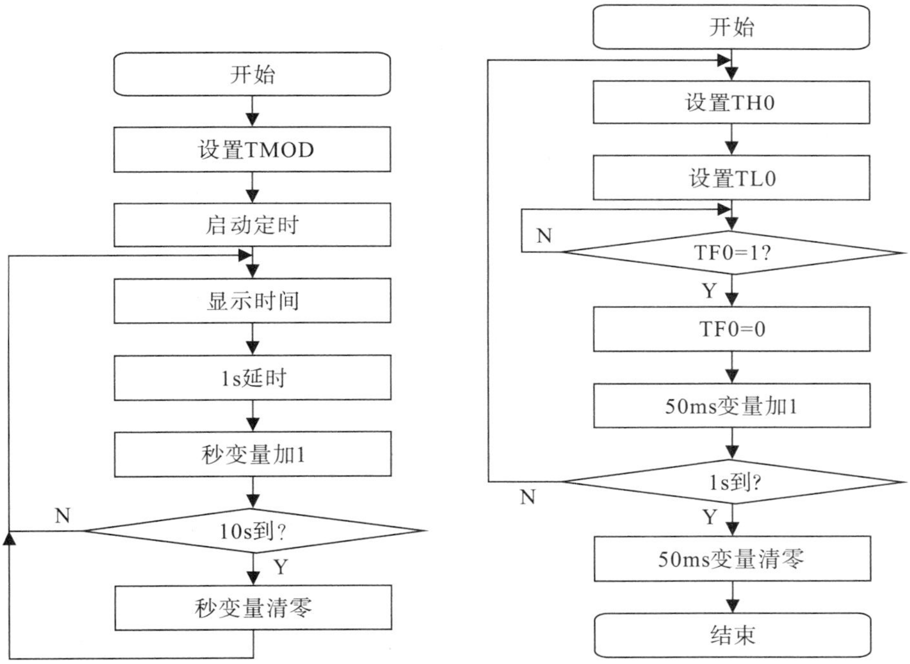

(a) 主流图　　(b) 延时函数流程图

图 2－49　查询方式程序设计的流程图

① 初始值设置。设晶振频率为 12 MHz，采用 16 位计数器，1 次定时时间为 50 ms，定时 20 次实现 1 秒的定时。

定时 50 ms 需要计数个数＝定时时间/机器周期＝50000μs/1μs＝50000。

定时/计数器初始值＝计数器最大计数值－计数个数＝65536－50000＝15536，即从 15536 计数到 65536，其计数个数为 50000，所需时间为 50000 μs＝50 ms，转换成十六进制数为 3CB0H，所以定时计数器的 TH0＝0X3C，TL0＝0XB0。

② 参考程序如下：

```
/＊1位秒表，数码管显示，定时溢出采用查询方式＊/
#include <reg51.h>
  void delay1s( )
{
    unsigned char  i;
    TMOD=0x01;             //置T0为模式1，16位计数器
    for(i=0; i<20; i++)  //20次循环定时，每次循环定时时间为50 ms
    {
        TH0=(65536-50000)/256;   //定时器50msTH0的初始值
        TL0=(65536-50000)%256;   //定时器50msTL0的初始值
        TR0=1;                   //启动T0
        while(! TF0);            //查询计数器是否溢出(TF0=1)，即定时50ms时间到
        TF0=0;                   //50 ms定时时间到，将定时器溢出标志位TF0清零
    }
}
void main( )
{
    unsigned char S;             //定义变量S，暂存秒的数值
    TMOD=0X01;                   //定时器初始化
    TH0=(65536-50000)/256;计数器初始值
    TL0=(65536-50000)%256;
    S=0;                         //秒数值初始为0
    TR0=1;                       //启动计时
    while(1)
    {
        P0=S;                    //显示秒时间
        delay1s( );              //调用1秒延时函数
        S++;                     //秒变量加1
        if(S==10) S=0;           //判断10s时间是否到，到了秒变量清零
    }
}
```

(2) 中断方式。在定时器的应用中，定时溢出通常采用中断方式。1位秒表的中断方式程序设计的流程图如图2-50所示，包含主函数流程图、定时器中断服务程序流程图。

① 初始值设置。设晶振频率为12MHz，采用8位自动重装计数器，1次定时时间为0.25 ms，定时4000次实现1秒的定时。

定时0.25 ms需要计数个数=定时时间/机器周期=250μs/1μs=250。

定时/计数器初始值=计数器最大计数值-计数个数=256-250=6，即从6计数到256，其计数个数为250，所需时间为250 μs=0.25 ms，转换成十六进制数为06H，所以定时计数器的TH0=0X06，TL0=0X06。这里TH0保存计数初始值，TL0为计数器，当TL0计数器溢出时，硬件自动把TH0中的数直接装载到TL0，TL0又从0X06H开始计数，因此每次溢出后不需要软件给TL0赋初值。

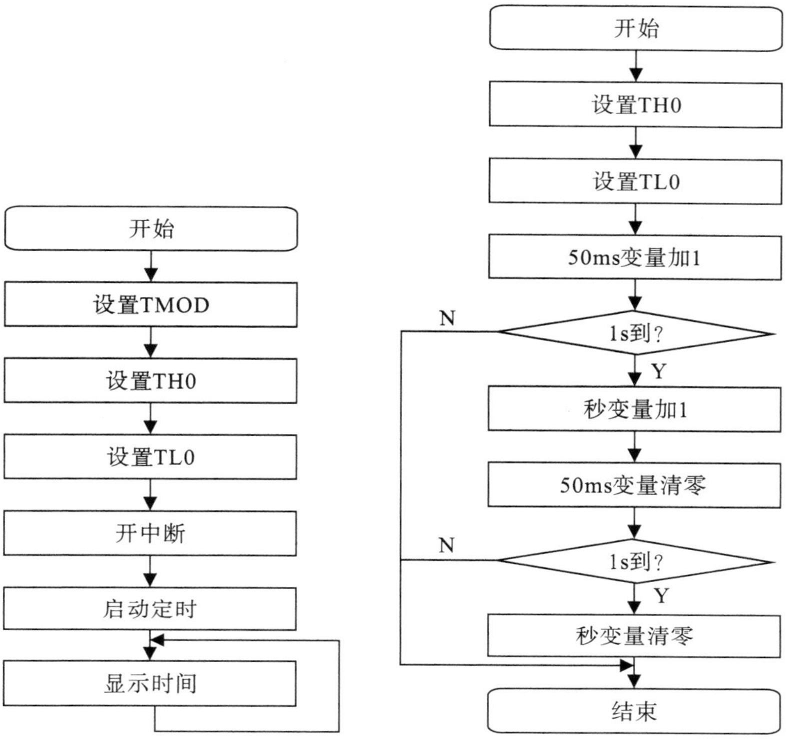

(a) 主函数流程图　　(b) 中断服务程序流程图

图 2-50　1 位秒表中断方式程序设计流程图

② 参考程序如下：

```
/＊1 位秒表，数码管显示，定时溢出采用中断方式＊/
＃include <reg51.h>
unsigned char S;                   //秒变量为全局变量，主程序和中断服务程序共同使用
unsigned char int_num;             //定时器溢出(中断)次数变量
voiv void  int_1( ) interrupt 1    //定时器 0 中断服务函数
{
    int_num＋＋;                   //执行 1 次中断函数，表示定时器溢出 1 次，溢出次数加 1
    if( int_num＝＝4000)           //判断溢出次数是否达到 4000
    {
        int_num＝0;    //达到 4000 即 1s 定时完成，清零准备下 1s 定时记录中断次数
        S＋＋;                     //达到 4000 即 1s 定时完成，增加 1s
        if( S＝＝10) S＝0;         //判断是否达到 10s，达到 10s，秒变量清零
    }
}
void main( )
{
    TMOD＝0X02;                    //定时器 T0，工作方式 2
    TH0＝256－250;                 //定时 250μs 时，设置计数器初值
```

```
        TL0=256-250;
        S=0;                    //定义变量S，暂存秒数值
        int_num=0;
        TR0=1;
        while(1)
        {
            P1=S;               //显示秒时间
        }
    }
```

7. 任务扩展

理解本任务的软、硬件原理，然后以个人为单位，完成如下任务：

· 硬件电路板的制作、调试；

· 程序的编写和仿真；

· 软硬件的联调。

习　题

一、选择题

1. 定时器的工作方式1为(　　)。

A. 13位定时/计数方式　　B. 16位定时/计数方式

C. T0拆分为二个定时/计数器　　D. 8位自动重装定时器/计数器

2. 定时器T1常用作串行通信的波特率发生器，此时，定时器工作在(　　)。

A. 13位定时/计数方式　　B. 16位定时/计数方式

C. 方式2　　D. 方式3

3. 定时器方式2的最大计数值为(　　)。

A. $M=2^{13}=8192$　　B. $M=2^{16}=65536$　　C. $M=2^{8}=256$　　D. $M=2^{10}=1024$

4. 要将T0设定为计数方式，T1设定为定时方式，都工作在方式2，则工作方式字为(　　)。

A. TMOD=0x26　　B. TMOD=0x22　　C. TMOD=0x66　　D. TMOD=0x00

5. 单片机晶振频率为6MHz，要求定时器工作在方式1，定时10ms，则定时器的计数初值为(　　)。

A. $x=2^{13}-5000$　　B. $x=2^{16}-10000$　　C. $x=2^{16}-5000$　　D. 不能确定

6. 门控位GATE=0时，要启动定时器T0的条件是(　　)。

A. TR0=1　　B. TR0=0　　C. $\overline{INT0}=1$　　D. $\overline{INT0}=0$

7. 以下哪个寄存器不能位寻址(　　)。

A. IE　　B. IP　　C. TMOD　　D. TCON

8. T0工作在方式3时，要借用T1的控制位有(　　)。

A. TR1　　B. TF1　　C. TF　　D. TR1和TF1

9. N位LED显示器采用动态显示方式时，需要单片机提供的I/O线总数是(　　)。

A. 8+N　　B. 8 × N　　C. N　　D. 2N

10. N 位 LED 显示器采用静态显示方式时，需要单片机提供的 I/O 线总数是(　　)。

A. 8+N　　B. 8 × N　　C. N　　D. 2N

11. 硬件电路如题图 1(b)所示，LED 数码管显示电路采用的是(　　)显示方式。

A. 静态　　B. 动态　　C. 静态和动态　　D. 查询

12. 硬件电路如题图 1(a)所示，LED 数码管显示电路采用的是(　　)显示方式。

A. 静态　　B. 动态　　C. 静态和动态　　D. 查询

(1) 硬件电路如题图 1(a)所示，LED 数码管上仅显示小数点的字段码是(　　)。

A. 80H　　B. 10H　　C. 40H　　D. 7FH

(2) 硬件电路如题图 1(a)所示，LED 数码管显示上显示“5”的字段码是(　　)。

A. 6DH　　B. 92H　　C. FFH　　D. 00H

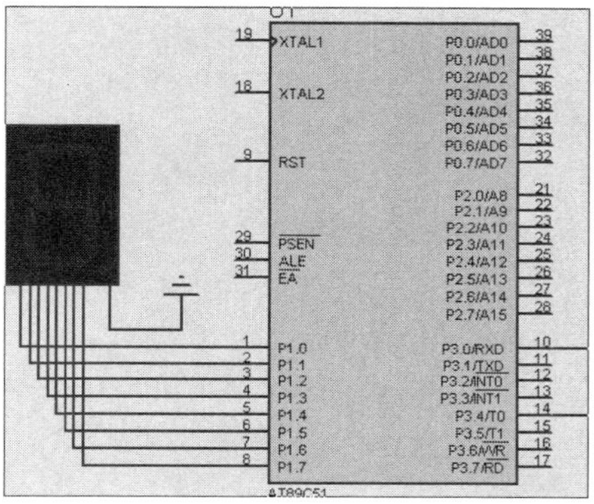

(a) 一位数显示电路

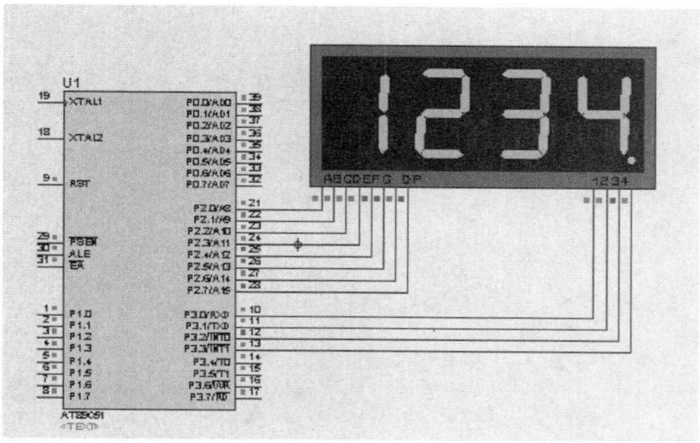

(b) 四位数显示电路

题图 1　数码管显示电路图

二、填空题

根据程序语句填写注释，或者根据注释填写程序语句。

TMOD = 0x21;　//T0 工作方式________，T1 工作方式________。

TH0 = (2^{16} −10000)/256; //fosc=12MHz，定时器计时时间：________。

TL0 = (2^{16} −10000)%256;

TH1 = ________________; //fosc=12MHz，定时器计时时间 3μs

TL1 = ________________;

________//启动 T0

________//启动 T1

(1) 静态显示是指数码管显示某一字符时，相应的发光二极管恒定导通或恒定______。这种显示方式的各位数码管的公共端________(共阴极)或________(共阳极)。

(2) 动态显示是一种按位轮流点亮各位数码管的显示方式，即在某一时段，只让其中一位数码管“________”有效，并送出相应的________编码。此时，其它位的数码管因“位选端”无效而都处于熄灭状态；下一时段按顺序选通另外一位数码管，并送出相应的字型显示编码，依此规律循环下去，这一过程称为动态扫描显示。

(3) 硬件电路如题图 1，功能是单片机控制 4 位数码管动态显示 1234，完善程序，请在划线处填空。

```
#include <reg51.h>
unsigned char code
  led[]={0x3f, 0x06, 0x5b, 0x4f, 0x66, 0x6d, 0x7d, 0x07, 0x7f, 0x6f};
unsigned char code wei[]={0xfe, 0xfd, 0xfb, 0xf7};
void delayms(int n);   //实现nms秒延时
{  略}
void  main()           //主函数
{
    unsigned char i;
      while(1)
    {
      for(i=0; i<=3; i++)
        {
          P3=________①;
          P2= ________②;
          delayms(5);
        }
    }
```

项目4　LED点阵广告牌的设计与制作

LED显示屏是利用发光二极管点阵模块或像素单元组成的平面式的显示屏，具有体积小、放光效率高、工作电压低、功耗小、寿命长、组态灵活、色彩丰富等优点，常见于银行、商场、车站、医院、体育场等场合，用来进行服务宣传。对于显示的信息量不大、分辨率不高的点阵屏显示，可以用单片机控制实现显示不同的字符、数字、汉字和图形。

显示屏驱动电路接收来自控制系统的数字信号，将发光二极管点亮，在LED显示屏上实现信息显示。LED显示屏的驱动电路广泛使用通用型集成电路，原理比较简单，价格比较便宜。如：74HC164、CD4015、74HC595、6B595、ULN2803等，大多为移位寄存器和达林顿驱动器。

1. 项目目标

（1）掌握单片机串口的原理。

（2）掌握利用74HC595和单片机的串口实现数据的串转并输出。

（3）掌握利用单片机控制LED点阵显示屏符号的显示。

2. 项目要求

基于单片机的LED点阵广告牌功能要求，利用单片机的串口实现16×16LED点阵上滚动显示汉字。

任务1　8×8 LED点阵显示

1. 方案分析

8×8的LED点阵有16条引脚，需要单片机发出16条控制信号，分别为8条行线控制信号和8条列线控制信号。设计方案可以通过单片机的并口发出16位数据，也可以通过单片机串口发出数据。比较常用的是串口发送数据控制点阵。

系统设计框图如图2-51所示，主要由点阵屏模块、单片机、限流和驱动等组成。

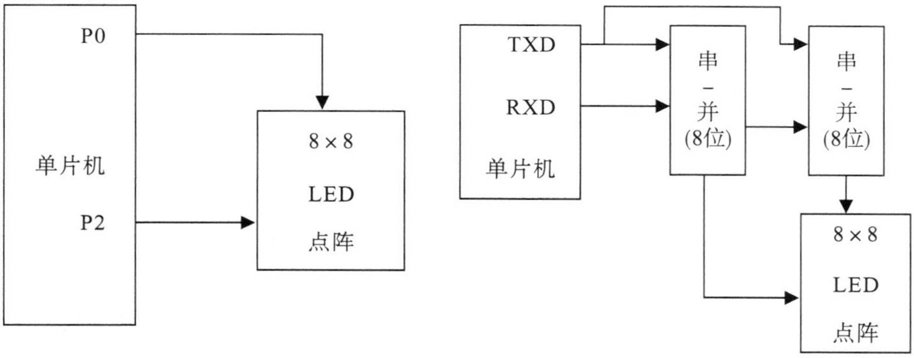

(a) 方法一的方案结构图　　(b) 方法二的方案结构图

图2-51　单片机控制LED点阵显示框图

2. 知识补充：LED 点阵屏的结构和显示原理

1）LED 点阵屏的结构

8×8 点阵 LED 显示屏由 64 个 LED 发光二极管呈矩阵排列组成，排列在同一行(列)的发光管的阴极(阳极)并在一起，行数和列数之和为点阵模块的引脚数。8×8 点阵 LED 共有 16 个引脚。它的外观形状如图 2－52 所示，点阵模块有的 1 号引脚引出的是二极管的阴极，有的模块引出的是二极管的阳极，如图 2－53 所示。

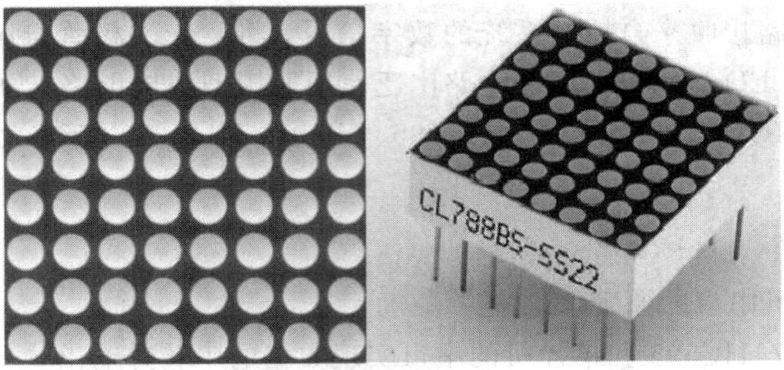

图 2－52　单片机控制 8×8 点阵外观结构图

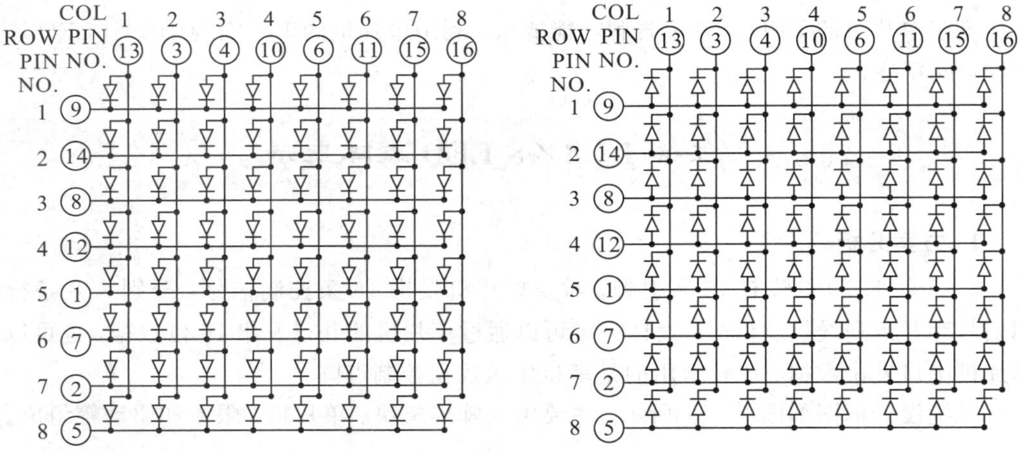

(a) 1 号脚是阳极线　　(b) 1 号脚是阴极线

图 2－53　LED 点阵内部结构图

2）LED 点阵引脚的测试方法

有的 LED 点阵后面标有 1 脚，默认跟 IC 的管脚顺序一样，读法是第 1 脚一般在侧面有字的那一面，字是正向时左边第一脚为 1，然后按逆时针排序至 16 脚。有的 LED 模块没有标识，如何测定 LED 模块管脚的正负呢?

(1) 用机械式万用表测试管脚的方法。把万用表拨到电阻挡×10，先用黑表笔(极性为＋)随意选择一个引脚，红表笔碰余下的引脚，看点阵是否发光，没发光就用黑色探针再选择一个引脚，红色探针碰余下的引脚，当点阵发光，则这时黑色探针接触的那个引脚为正极，红色探针碰到就发光的 7 个引脚为负极，剩下的 6 个引脚为正极。

(2) 用数字万用表的测试方法。把万用表功能开关拨到发光二极管挡，将红表笔插入"HzVm"插孔，黑表笔插入"COM"插孔，红表笔极性为"＋"，黑表笔极性为"－"，若万用表有读数，同时发光二极管会发光，则此时红表笔所测端为二极管的正极，如果被测二极管开路或极性接反，显示屏将显示"OL"。

提示：当测量在线二极管时，测量前必须断开电源，并将相关的电容放电。

(3) 判定 LED 点阵模块引脚编号。先把器件的引脚正负分布情况记下来，正极(行)用数字表示，负极(列)用字母表示，先定负极引脚编号，黑色探针选定一个正极引脚，红色点负极引脚，看是第几列的二极管发光，第一列就在引脚写 A，第二列就在引脚写 B，第三列……以此类推。这样就将点阵的一半引脚都编号了。剩下的正极引脚用同样的方法，第一行就在引脚标 1，第二行就在引脚标 2，第三行……

3) *动态扫描显示原理*

发光二极管呈矩阵排列，同一列的 LED 的阴极并连在一起，引线标记为 C1、C2、…、C8，同一行的发光二极管的阳极并连在一起，引线标记为 R1、R2……R8，放置在行线和列线的交叉点上，当 LED 的阳极被控制为高电平，LED 的阴极被控制为低电平，则相应的二极管就亮，如图 2－54 所示，图中 R2 高电平，C3 低电平，则 2 行 3 列的点背 2 点亮。

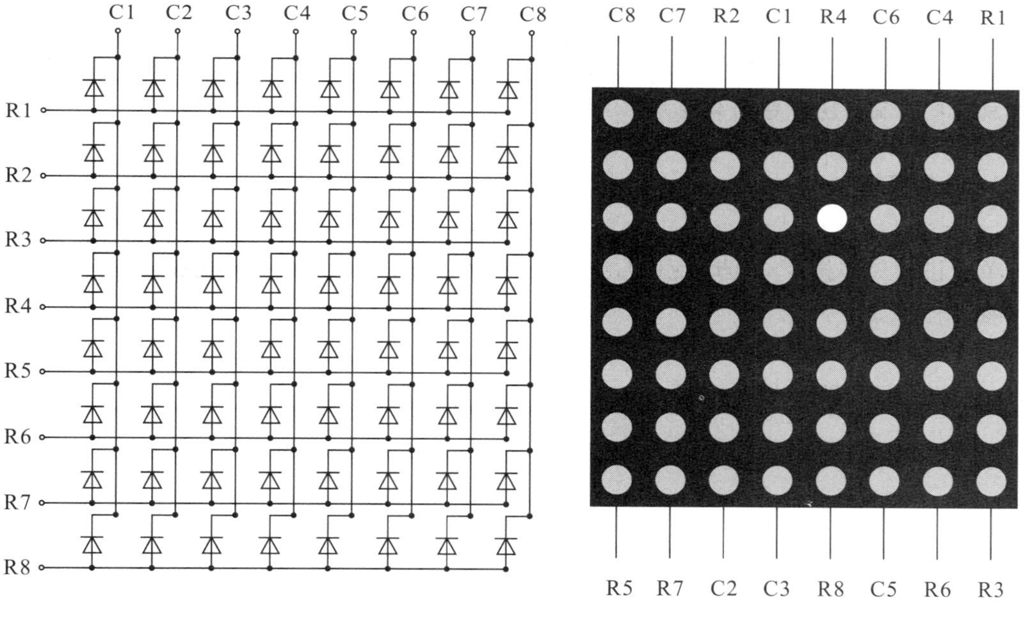

图 2－54　LED 点阵点亮示意图

LED 点阵的显示过程以用动态扫描法，有逐线阴极扫描和逐线阳极扫描两种。

行扫描：一行一行地轮流显示，具体如下：

先发送行控制数据：R7～R0 依次为 0000 0001，即发送高电平给行控制线 R1，发送低电平给其他行控制线 R7～R2，即控制 R7～R2 行上的发光管熄灭；然后发送列控制数据到 C1～C8；行列线的数据共同控制 R1 行上的 LED 发光管点亮或熄灭。延时 1～3 ms 后，再发送行控制数据 0000 0010，发送列控制数据 C1～C8，控制 R2 行上的发光管亮灭；延时 1～3 ms 后……最后给 R8 行的行控制线送有效电平，其他行送无效电平，只可能控制 R8

行上的发光管亮，把列控制数据送给C1～C8，控制R8行上的哪些发光管亮；延时1～3 ms，如此反复。

行与行之间的延时为行周期，所有行扫描完为场周期，行周期和场周期的时间是多少呢？场周期的时间不超过人的视觉暂留时间，取20 ms为场周期，行周期为20 ms/8，取1～3 ms。时间短了，会重影或全亮，时间长了则会闪烁。

▲小知识：什么是视觉滞留？

人眼在观察影像时，光信号传入大脑神经，需经过一段短暂的时间。光的作用结束，影像消失，但是视觉形象并不立即消失，之前的影像还会暂时停留在眼前。简单地说就是光对视网膜所产生的视觉在光停止作用后，仍保留一段时间的现象，原因是由视神经的反应速度造成的，其值是二十四分之一秒。

当LED点阵模块的行周期太短时，某一行(列)的LED已经由亮转为暗，但是人的眼睛还没有反应过来，还以为它是亮的，接着下一行(列)就被点亮了，就会出现重影现象。如果用高速摄像机拍摄下来，仔细分析每一帧，会发现LED的确按照要求亮或者灭，只是停留时间较短而已。

同理，如果行周期时间太长的话，也就意味着暗的时间太长，人眼没能将亮暗的变化连续起来。就像拍摄电影，如果帧数较少的时候，在激烈动作的时候会出现跳帧。像本来每秒24帧的静态图片可以在人眼中形成连续的画面，你从中间抽取10帧画面，还在一秒内重放这些画面，就会感觉到闪烁。

3. 任务实施

1）*方法1*

单片机并口连接8×8点阵引脚，控制显示桃心，硬件电路设计参考图2-55。

参考程序如下：

```
#include<reg51.h>
unsigned char table1[16][2]=
{
    0xfe, 0x1c,
    0xfd, 0x3e,
    0xfb, 0x7e,
    0xf7, 0xfc,
    0xef, 0xfc,
    0xdf, 0x7e,
    0xbf, 0x3e,
    0x7f, 0x1c
};
unsigned char i=0;
void main()
{
    TMOD=0x01;
    TH0=0xfc;
```

```
    TL0=0x18;
    TR0=1;
    EA=1;
    ET0=1;
    P0=0xff;
    P1=0x00;
    while(1);
    }
void t0_inter()interrupt 1
{
    TH0=0xfc;
    TL0=0x18;
    P0=table[i][0];         //给第 1 行高电平
    P1=table[i][1];         //送第 1 行 8 列的编码
    i=i++;
    if(i==8)i=0;
}
```

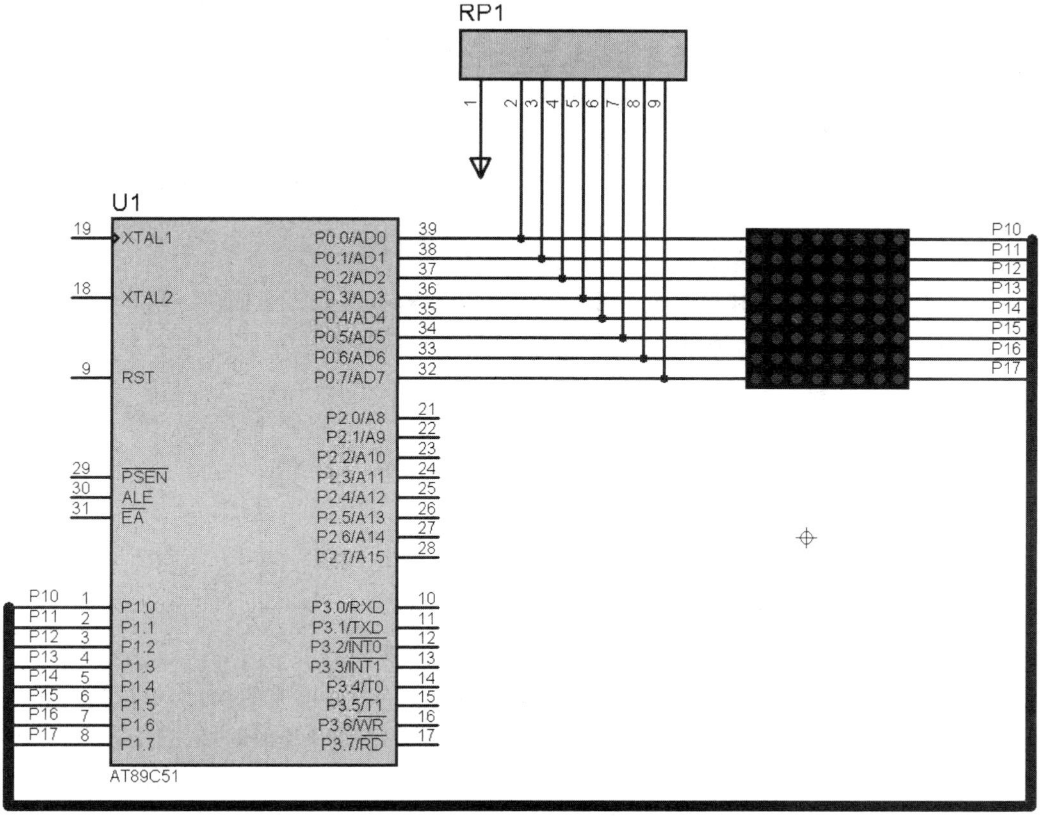

图 2-55　单片机并口连接 8X8LED 点阵电路图

2）方法2

单片机串行输出16位数据，然后经外围芯片74HC595串并转换锁存后，同步并行输出，控制显示器件显示信息。

(1) 知识补充一：单片机串口。串行通信是将二进制数据从低位到高位逐位在一条传输线上传送，其传输方式如图2-56所示。串行通信的特点是：传输线少，长距离传送成本低。

图2-56 串行传输示意图

按照传输的传输方向，串行通信分为：

· 单工方式：数据按一个固定方向传送，因而这种传输方式的用途有限，常用于串行口的打印数据传输与简单系统间的数据采集。

· 半双工方式：数据可实现双向传送，但不能同时进行，实际应用时采用某种协议实现收/发开关转换。

· 全双工方式：允许双方同时进行数据双向传送，但一般全双工传输方式的线路和设备较复杂。

· 多工方式：以上三种传输方式都是用同一线路传输一种频率信号，为了充分地利用线路资源，可通过多路复用器或多路集线器，采用频分、时分或码分复用技术，实现在同一线路上资源共享功能。

按照串行数据的时钟控制方式，串行通信分为：

· 同步通信：发送方和接收方共用一个时钟，使双方达到完全同步。同步时钟信号可以是单独的信号线，也可以是嵌在数据线上，如图2-57所示。

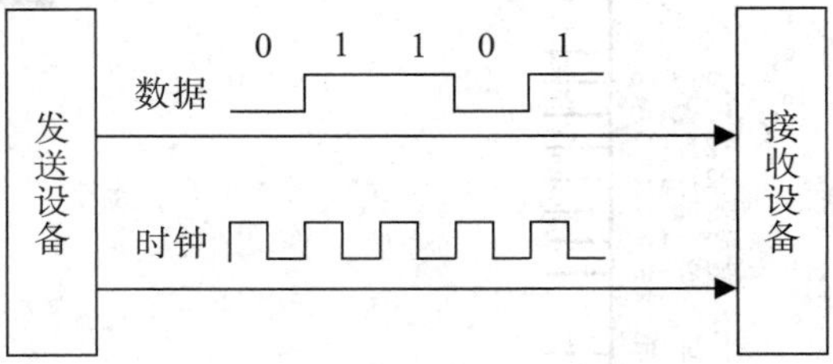

图2-57 同步通信示意图

· 异步通信：发送方与接收方使用各自的时钟，以字符(构成的帧)为单位进行发送和接收。接收端是依靠字符帧格式来判断发送端何时开始发送以及何时结束发送。字符与字符之间的间隙(时间间隔)是任意的，每一个字符用一帧数据表示，一帧数据有一个起始位，紧接着是若干个数据位，最后是停止位，如图2-58所示。注意：为了使接收和发送数据协调，发送和接收的时钟在数值上设为相同值。

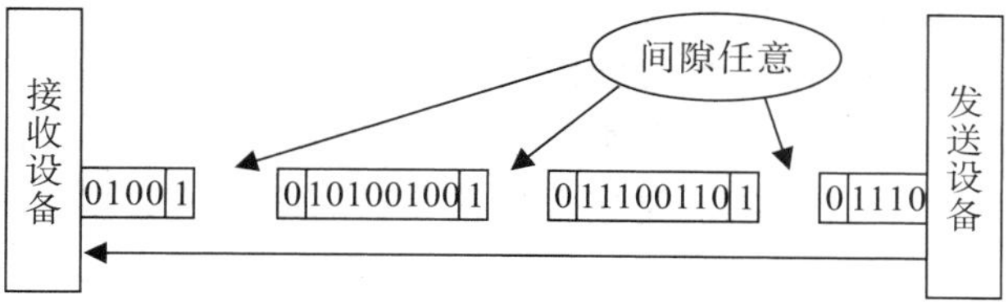

图 2-58　异步通信示意图

(2) 知识补充二：单片机 8051 串口的结构。8051 单片机内部有一个全双工通用异步收发(UART)串行接口，有四种工作方式，有不同的数据帧格式，能设置不同的通信速率，可实现串行异步通信或同步移位寄存。

8051 单片机串口内部功能块结构如图 2-59 所示，主要包括数据缓冲器 SBUF、控制寄存器 SCON、波特率发生器。串口有两条独立的数据线——发送端 TXD(P3.1)和接收端 RXD(P3.0)。

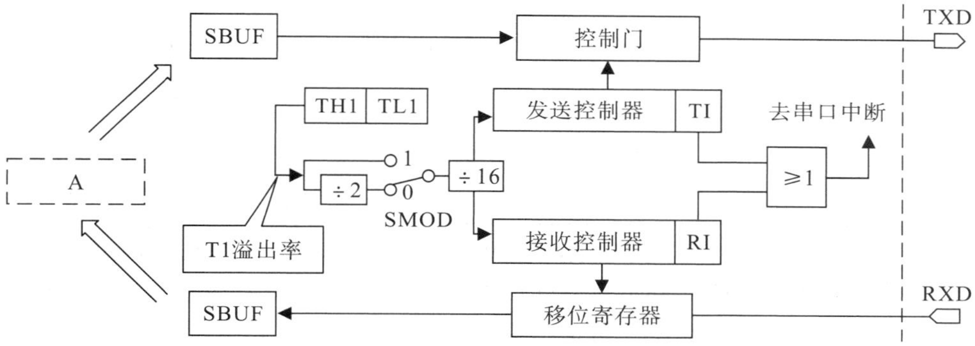

图 2-59　8051 串口结构框图

数据缓冲器 SBUF 占用地址 99H，但是在物理上是两个独立的缓冲器。发送缓冲器只能写入，不能读出，接收缓冲器只能读出，不能写入，不会产生数据发送或接收缓冲器重叠的错误，所以共用逻辑地址。

串口控制寄存器 SCON 用来控制串口的工作方式或保存串口的当前状态。字节地址为 0x98，可以位寻址，控制寄存器 SCON 的位格式如图 2-60 所示，复位时，SCON 所有位为 0。

SM0	SM1	SM2	REN	TB8	RB8	TI	RI	SCON

图 2-60　SCON 寄存器的位定义

SM0、SM1：串行口工作方式控制位。不同工作方式的详细功能见表 2-7。

00——方式 0；01——方式 1；10——方式 2；11——方式 3。

SM2：仅用于方式 2 和方式 3 的多机通信控制位。

工作方式 0 时，SM2 为 0。

当工作方式为方式 2 或方式 3 时，接收机 SM2=1 时，若 RB8=1，可引起串行接收中断；若 RB8=0，不引起串行接收中断。SM2=0 时，串行接收中断不受 RB8 的影响。

REN 串行接收允许位：0——禁止接收；1——允许接收，由软件置 1 或清 0。

TB8：当工作方式为方式2或方式3时，TB8是发送机要发送的第9位数据，可用作奇偶校验位。在多机通信中，可作为区分地址和数据的标记位，一般约定多机通信中，发送方发送地址时设置TB8为1，发送数据时设置TB8为0，由软件置位或复位。

RB8：在工作方式2、3中，RB8是接收机接收到的第9位数据，该数据正好来自发送机的TB8。

TI：发送中断标志位。在方式0中，发送完8位数据后，由硬件置位；在其他方式中，在发送停止位之初由硬件置位。因此，TI=1是发送完一帧数据的标志，其状态既可供软件查询使用，也可请求中断。注意每次发送数据之前，TI位必须由软件清0。

RI：接收中断标志位。在方式0中，接收完8位数据后，由硬件置位；在其他方式中，当接收到停止位时该位由硬件置1。因此，RI=1是接收完一帧数据的标志，其状态既可供软件查询使用，也可请求中断。注意每次接收数据之前，RI位也必须由软件清0。

表2-7 串行接口的工作方式

SM0	SM1	工作方式	功 能	波特率
0	0	方式0	8位同步移位寄存器	$f_{osc}/12$
0	1	方式1	10位UART	可变 2^smod/32 * T1的溢出率
1	0	方式2	11位UART	$f_{osc}/64$ 或 $f_{osc}/32$
1	1	方式3	11位UART	可变

在表2-7中，f_{osc}是振荡器的频率，UART为通用异步接收和发送器的英文缩写。

① 方式0。当设定SM1、SM0为00时，串行口工作于方式0，又叫同步移位寄存器输出方式。在方式0下，数据从RXD(P3.0)端串行输出或输入，同步信号从TXD(P3.1)端输出，发送或接收的数据为8位，低位在前，高位在后，没有起始位和停止位。数据传输率固定为振荡器频率的1/12，即每一机器周期传送一位数据。方式0可以外接移位寄存器，将串行口扩展为并行口，也可以外接同步输入/输出设备。

② 方式1。当设定SM1、SM0为01时，串行口工作于方式1。方式1为数据传输率可变的8位异步通信方式，由TXD发送，RXD接收，一帧数据为10位，1位起始位(低电平)，8位数据位(低位在前)和1位停止位(高电平)。数据传输率取决于定时器1或2的溢出速率（1/溢出周期)和数据传输率是否加倍的选择位SMOD)。

对于有定时器/计数器2的单片机，当T2CON寄存器中RCLK和TCLK置位时，用定时器2作为接收和发送的数据传输率发生器，而RCLK=TCLK=0时，用定时器1作为接收和发送的数据传输率发生器。两者还可以交叉使用，即发送和接收采用不同的数据传输率。数据发送是把数据送到SBUF的指令引起的。

③ 方式2。当设定SM0、SM1二位为10时，串行口工作于方式2，此时串行口被定义为9位异步通信接口。采用这种方式，可接收或发送11位数据，以11位为一帧，比方式1增加了一个数据位，其余相同。第9个数据，即D8位用作奇偶校验或地址/数据选择，可以通过软件来控制它，再加特殊功能寄存器SCON中SM2位的配合，可使MCS-51单片机串行口适用于多机通信。发送时，第9位数据为TB8，接收时，第9位数据送入RB8。方式2的数据传输率固定，只有两种选择，为振荡率的1/64或1/32，可由PCON的最高位选择。

④ 方式 3。当设定 SM0、SM1 二位为 11 时，串行口工作于方式 3。方式 3 与方式 2 类似，唯一的区别是方式 3 的数据传输率是可变的，而帧格式与方式 2 一样为 11 位一帧，所以方式 3 也适合于多机通信。

(3) 知识补充三：数据的串行并行转换。LED 点阵大屏幕的显示需要单片机发送控制点阵的数据信号，点阵行列数据需要同步发送，单片机不能提供足够的 I/O 端口来直接连接点阵的引脚，因此需要扩展单片机端口。

方案：利用单片机串行口方式 0 为同步移位寄存器和外围芯片，可以扩展单片机并行 I/O 端口，如图 2－61 所示。

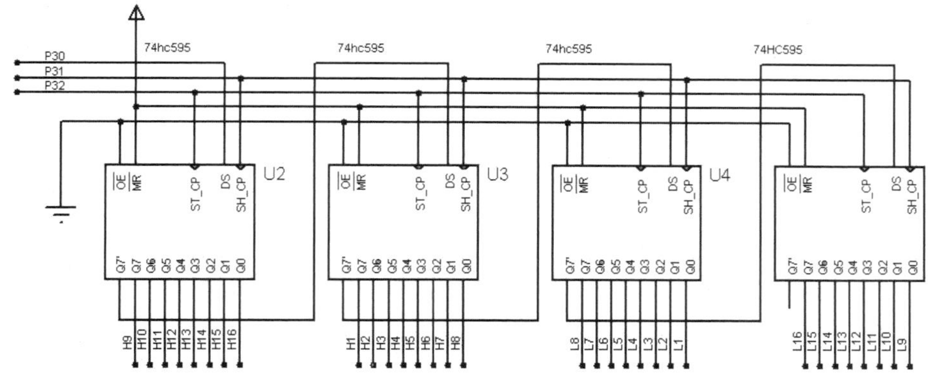

(a)

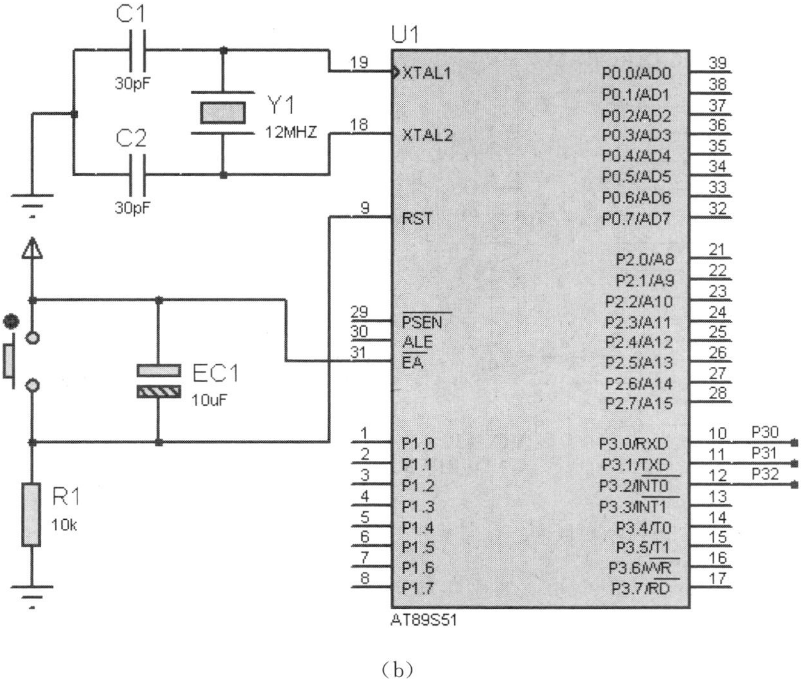

(b)

图 2－61　单片机串口和外围芯片扩展单片机 I/O 口图

采用译码器芯片。译码器 74LS154 是 4－16 线译码器，用 4 位单片机端口可以译码生成16选1的信号，用来作为LED点阵扫描选通信号，从而实现4位端口扩展为16位端口的目的。

采用串并转换芯片。74LS164、74LS165芯片等是串并转换芯片，可以扩展输入输出口，采用串入串出/并出芯片。595芯片既可以串行输出，又可以并行输出，因此级联两片74HC595可以生成并行的16条输出信号线。单片机通过串口发送第一个字节数据到第1片74HC595，串行输出到级联的第2片74HC595，然后串口发送第二个字节数据到第1片74HC595，最后给2片74HC595发同步锁存脉冲，实现16位数据并行输出。

① 扩展输出端口。串行数据从RXD(P3.0)引脚输出，移位脉冲从TXD(P3.1)引脚输出。CPU将数据写入发送寄存器(SBUF)时，立即启动发送，8位数据以 $f_{osc}/12$ 的固定波特率输出，低位在前，高位在后，直至最高位(D7位)数字移出后，停止发送数据和移位时钟脉冲(时序图见图2-62(a))。

发送一个字符的程序片段如下：

```
SCON=0x00 ；串行口方式0
SBUF=？；发送数据
While(TI) ；等待数据发送完毕
```

② 扩展输入端口。串行数据从RXD引脚输入，同步移位脉冲仍然从TXD端输出，但是在接收数据前，需要先编程允许接收数据，即REN=1。当RI=0和REN=1同时满足时，就会启动一次接收过程。接收器以 $f_{osc}/12$ 的固定波特率接收RXD端输入的数据，当接收到第8位数据时，将数据移入接收缓冲寄存器SBUF，并由硬件置位RI，时序图见图2-62(b)。

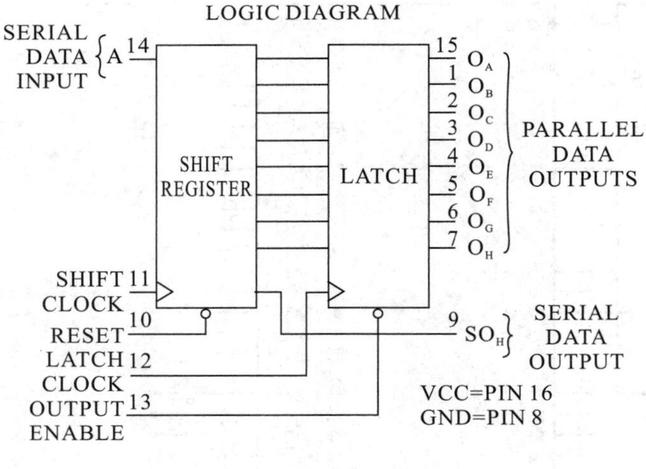

(a) 内部结构框图

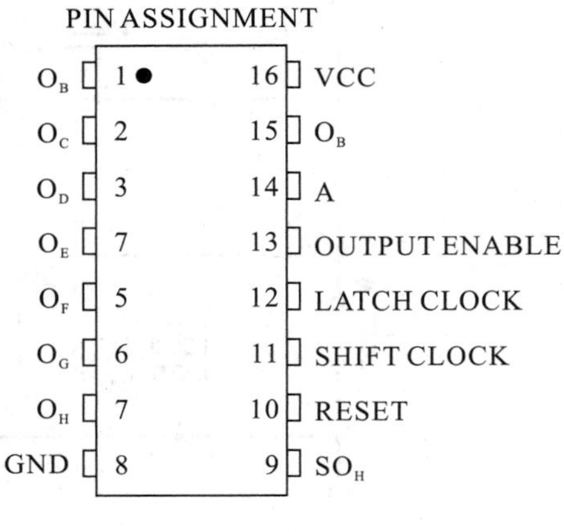

(b) 管脚图

图2-62 芯片74HC595内部结构和管脚图

接收一个字符的程序片段如下：

```
SCON=0x10  ；串行口方式0
While(！RI)  ；等待数据接收完毕
？=SBUF；
```

注意：发送或接收完8位数据后由硬件自动置位发送标志TI或接收标志RI。在下一次发送或接收之前，必须再次对这两个标记位软件清零。

③ 串并转换芯片74HC595。74HC595是8位串行输入并行输出的芯片，是一个移位寄存器锁存器，既有移位功能，又有锁存功能，在电子显示屏制作中有广泛的应用。

74HC595的内部结构和管脚见图2-62，其中：

14号脚A是串行数据的输入端；

16号和8号脚VCC、GND分别为电源和地；

12号脚LATCH CLOCK是存储寄存器的输入时钟；

11号脚SCK是移位寄存器的输入时钟；

10号脚RESET是移位寄存器的输入清除；

9号脚SQH是串入数据的串行输出；

13号脚OUTPUT ENABLE是输出使能控制；

$Q_A \sim Q_H$ 串入数据的并行输出。

从A脚输入的数据在移位寄存器的SHIFT CLOCK脚上升沿的作用下输入到74HC595中，在LATCH CLOCK脚的上升沿作用下将输入的数据锁存在74HC595中，当OUTPUT ENABLE脚为低电平时，数据并行输出。

74LS164和74HC595功能相仿，都是8位串行输入转并行输出移位寄存器。它们的区别如下：

• 74LS164的驱动电流为25 mA，74HC595的驱动电流为35 mA，74HC595足以驱动一般的TTL及CMOS芯片。

• 74LS164是14脚封装，74HC595是16脚封装。

• 74LS164只有移位寄存器，74HC595除了移位寄存器，还有数据存储寄存器，即有锁存功能。在移位的过程中，输出端的数据可以保持不变，适用于串行速度慢的低速显示场合。

• 74LS164只有数据清零端，74HC595除了数据清零端，还有输出使能/禁止控制端，可以使输出为高阻态，即74HC595的输出引脚具有高阻、高电平、低电平三种状态 。

• 74HC595可以完全兼容TTL芯片，不用接上拉电阻，是串转并、总线驱动的良好芯片。

4）方法2的硬件电路设计

单片机串行输出16位数据，然后经外围芯片74HC595串并转换锁存后，同步并行输出，控制显示器件显示信息。

集成驱动电路74HC595是串入并出串出的IC，具有移位和锁存作用，原理比较简单。其硬件结构如图2-63所示。由8×8 LED点阵、单片机和2块芯片74HC595组成。单片机输出待显示的字模数据和扫描数据，显示屏用的是8×8点阵模块，也可以自己焊接发光LED形成点阵。

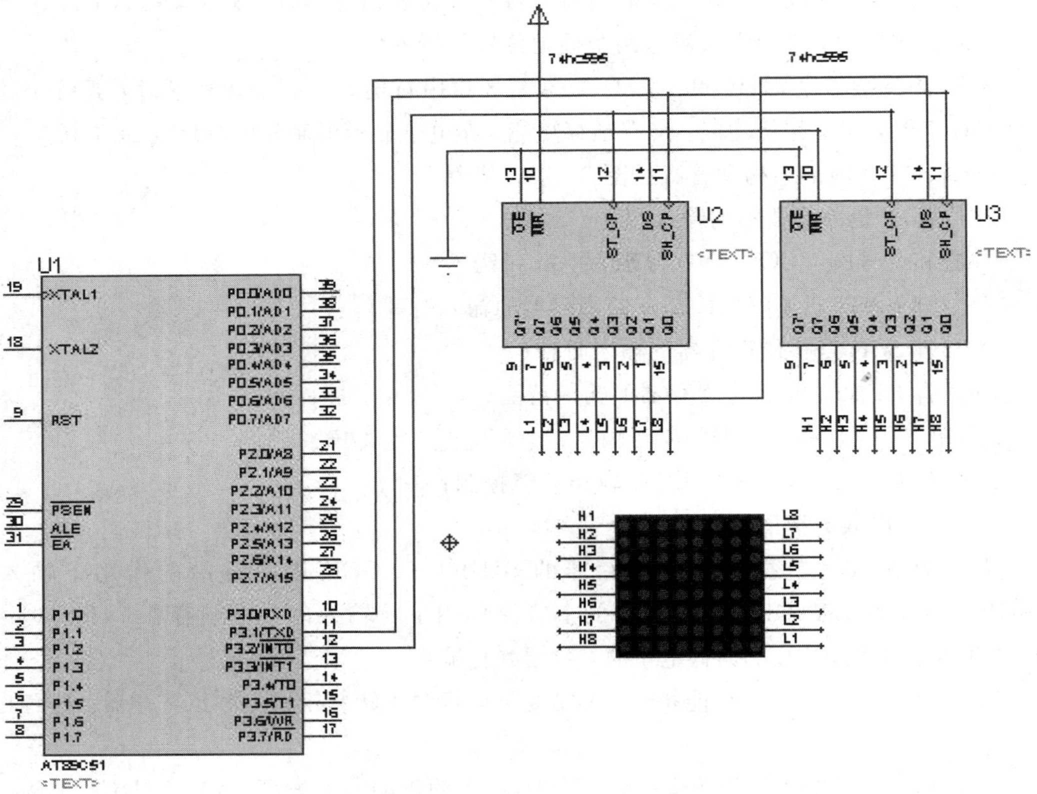

图 2-63 单片机串口控制 8×8 LED 硬件电路图

软件程序设计如下：

```
#include<reg51.h>
/*********************************
大心形图形的编码
每行：左边元素为列，右边元素为行编码
**********************************/
unsigned char table[8][2]=
{
    0xfe, 0x1c,
    0xfd, 0x3e,
    0xfb, 0x7e,
    0xf7, 0xfc,
    0xef, 0xfc,
    0xdf, 0x7e,
    0xbf, 0x3e,
    0x7f, 0x1c,
};
```

```
sbit latch=P3^2;
unsigned char i, j;
void main()
{
    SCON=0x00;
    TMOD=0x01;
    TH0=0xfc;
    TL0=0x18;
    TR0=1;
    EA=1;
    ET0=1;
    while(1)
    {
        SBUF=table[i][1];
        while(TI==0);
        TI=0;
        SBUF=table[i][0];
        while(TI==0);
        TI=0;
        latch=0;
        latch=1;
    }
}

void t0_inter()interrupt 1
{
    TH0=0xfc;
    TL0=0x18;
    i++;
    if(i==8)i=0;
}
```

任务2　16×16 LED 点阵上稳定显示汉字

1. 点阵模块的拼接

根据 LED 显示系统功能设计的需求，若干个 8×8LED 点阵模块可以拼接组成各种尺寸的大屏幕显示器，如 16×16、16×64、32×32、32×128 等。四块 8×8 的 LED 点阵发光管的模块拼接组成一个 16×16 的 LED 点阵显示屏，如图 2-64 所示。可以根据实际需要自行扩展 16×32 的点阵屏。

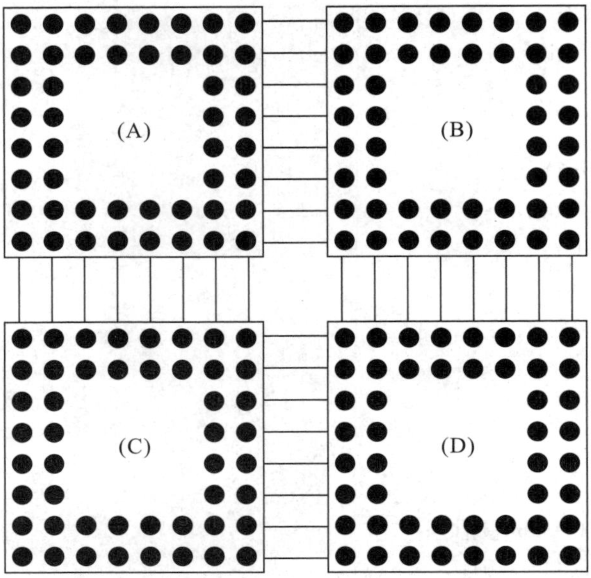

图 2－64　四块 8×8 的 LED 点阵组成 16×16 的 LED 点阵图

2. 汉字字模

字的模样在计算机中存储采用二进制表示，点阵字型是把一个字看做一个位图，位图上点的亮灭组成的图形表征一个字，如图 2－65(a)中 8×8 的点阵就是 8 行 8 列的矩阵位图，点阵上的黑点构成了宋体字“9”的形状。单色点阵上一个点对应一个二进制位，每一个点的亮暗用二进制数 1 或 0 表示。8×8 点阵用 64 位二进制来表示一个字或图形的形状。点阵字模容易产生和存储，存储容量大，放大后会在边缘产生锯齿。

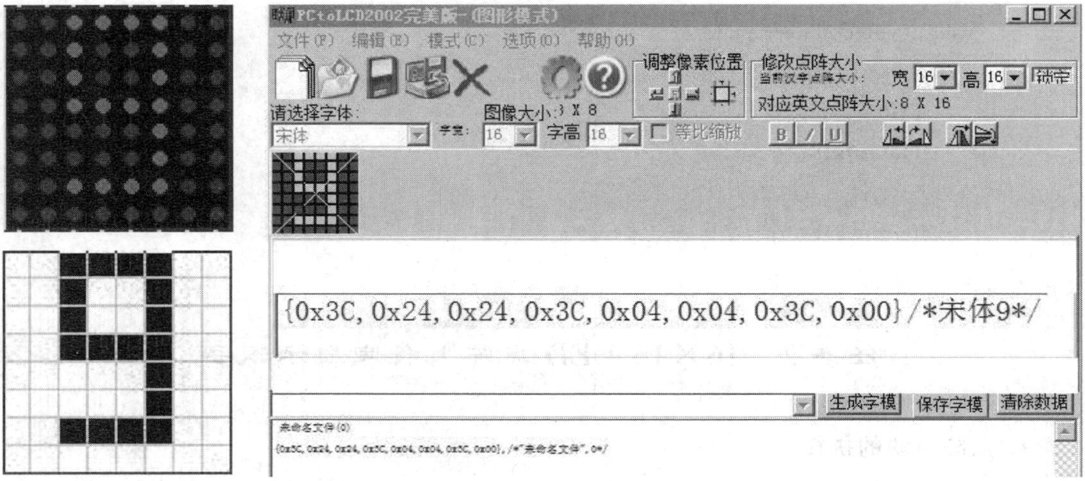

(a) 8×8 的点阵及其仿真效果　　(b) 取模

图 2－65　点阵字型取模示意图

在点阵 8×8 上显示宋体的数字 9，字模如何取出呢？人工编写麻烦，简便的方法是用专业的取字模软件。取字模软件 PCtoLCD2002 字模软件的界面如图 2-65(b)所示。操作步骤如下：界面的模式下，选择字符模式或图形模式，字符模式下可以选择字体和点阵大小；图形模式下自己绘制点阵图形，可以选择点阵大小。

在取模软件的选项里，设置字模选项。各选项含义如下：

点阵格式：亮点用二进制 1 表示的叫阴码，亮点用二进制 0 表示的叫阳码。

取模方式：逐列式是指字模数据的一个字节里存放的是一列的数据信息，逐行式是指字模数据的一个字节里存放的是一行的数据信息。列行式和行列式针对 16×16 以上的点阵信息。

取模走向：顺向指字模字节从低位到高位对应的是点阵从右到左的顺序(从下到上)，逆向指字模字节的低位对应的是点阵的左边(上边)，字节的高位对应的是点阵的右边(下边)。

选项设置完成后，点击确定。在主界面右下方点击“生成字模”按钮，随即在界面下方出现字模信息。图 2-66 中 9 的字模设置选项是阴码、逐行式、顺向、十六进制数、C51 格式，得到 8 个字节的字模数据如下：

{0x3C，0x24，0x24，0x3C，0x04，0x04，0x3C，0x00}/＊宋体 9＊/

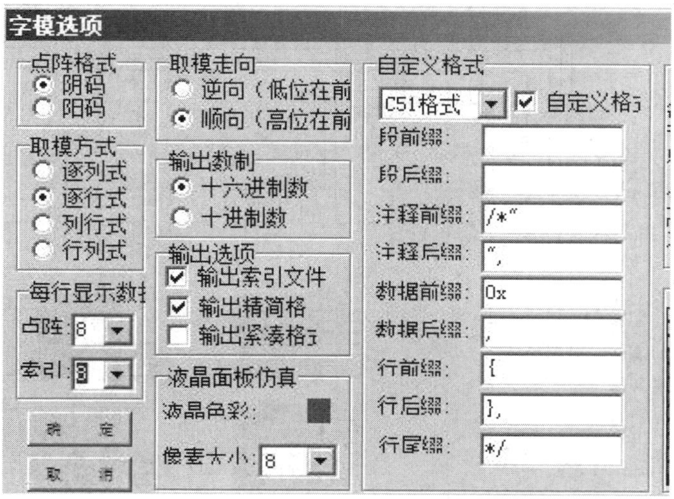

图 2-66　取字模的选项设置图

思考：如果取模方式变为阳码，字模信息数据是什么？

3. 任务实施

LED 点阵大屏幕的显示原理是动态扫描显示，点阵屏上动态显示图形和字符的关键是显示的亮度和显示内容的稳定性。亮度与电流大小有关，内容的稳定指不闪烁、不重影，与屏幕刷新速度有关。

如果 LED 模块采用阴极扫描，字模就取阴码。例如：宋体“同”在点阵上按列逐列取得的字模如图 2-67 所示。

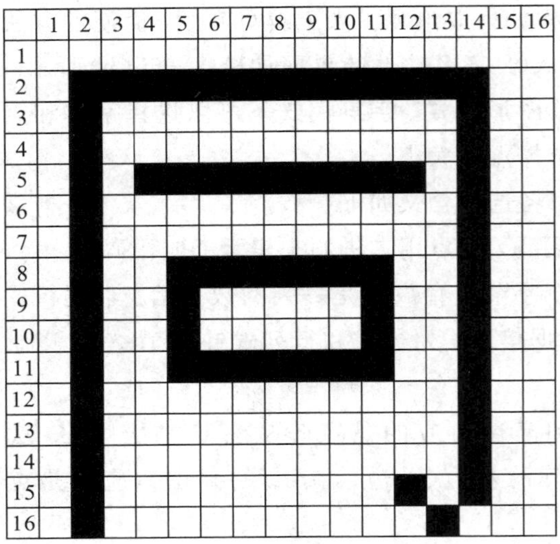

{0x00,0x00,0xFE,0xFF,0x02,0x00,0x12,0x00,0x92,0x0F,0x92,0x08,0x92,0x08,0x92,0x08,0x92,0x08,0x92,0x08,0x92,0x0F,0x12,0x40,0x02,0x80,0xFE,0x7F,0x00,0x00,0x00,0x00}
/*宋体"同"字的顺向逐列字模*/模

图 2-67　16×16 点阵"同"字模图

1）硬件电路设计

硬件电路图如图 2-68 所示。

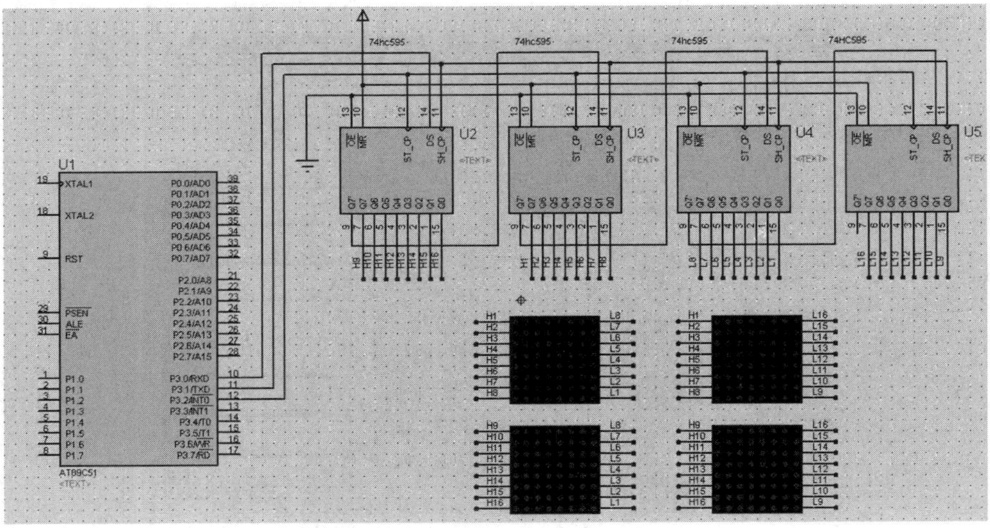

图 2-68　16×16 LED 点阵上显示汉字硬件电路图

2）软件程序设计

软件程序代码如下：

```
#include <reg51.h>
void send_data(unsigned char times);
unsigned char times=0;
/ * unsigned char code lie[]={
0xfe, 0xff, 0xfd, 0xff, 0xfb, 0xff, 0xf7, 0xff, 0xef, 0xff, 0xdf, 0xff, 0xbf, 0xff, 0x7f, 0xff,
```

```
0xff, 0xfe, 0xff, 0xfd, 0xff, 0xfb, 0xff, 0xf7, 0xff, 0xef, 0xff, 0xdf, 0xff, 0xbf, 0xff, 0x7f,
}; */
unsigned char code lie[]={
0xff, 0x7f, 0xff, 0xbf, 0xff, 0xdf, 0xff, 0xef, 0xff, 0xf7, 0xff, 0xfb, 0xff, 0xfd, 0xff, 0xfe,
0x7f, 0xff, 0xbf, 0xff, 0xdf, 0xff, 0xef, 0xff, 0xf7, 0xff, 0xfb, 0xff, 0xfd, 0xff, 0xfe, 0xff,
};
unsigned char code hang[]=
{
0x00, 0x00, 0xFE, 0xFF, 0x02, 0x00, 0x12, 0x00,
0x92, 0x0F, 0x92, 0x08, 0x92, 0x08, 0x92, 0x08,
0x92, 0x08, 0x92, 0x08, 0x92, 0x0F, 0x12, 0x40,
0x02, 0x80, 0xFE, 0x7F, 0x00, 0x00, 0x00, 0x00
};
sbit latch=P3^2;
void main(void)
{
    TMOD = 0x01;
    TH0 = (65536-1250)/256; //20/16ms
    TL0 = (65536-1250)%256;
    TR0 = 1;
    EA = 1;
    ET0 = 1;
    while(1);
}
void T0_int(void) interrupt 1
{
    TH0 = (65536-1250)/256; //20/16ms
    TL0 = (65536-1250)%256;
    send_data(times);
    times++;
    if(times==16)times=0;
    //times&=15;
}
void send_data(unsigned char times)
{
    SBUF=lie[times*2];
    while(TI==0);
    TI=0;
```

```
        SBUF=lie[times * 2+1];
        while(TI==0);
        TI=0;
        SBUF=hang[times * 2];
        while(TI==0);
        TI=0;
        SBUF=hang[times * 2+1];
        while(TI==0);
        TI=0;
        latch=0;
        latch=1;
    }
```

3）调试步骤

(1) 观察焊接有无明显的脱落、错焊、虚焊。

(2) 用万用表测试电源通道，确认不短路。

(3) 测试各功能电路信号通路，确认不短路、断路。

(4) 加载电源，测试电源电压是否为 5 V。

(5) 测试各集成芯片管脚电压是否正常。

(6) 如果输出不正常，检查集成块的输入和输出，检查点阵快。

任务3 16×16 LED点阵上花样显示汉字

1. 滚动显示

滚动显示有上下滚动和左右滚动两种。字符的滚动显示就是多屏图形的轮流显示，从下向上滚动显示一个字符如图 2-67 所示，例中 16×16 的宋体“同”字滚动对应 16 个屏幕的显示，每一屏画面依次把后面一行的字模数据移到了前一行。字形滚动的速度取决于每一屏显示的时间，屏之间切换的速度不得少于视觉暂留时间。

左右滚动编程时用逐行扫描法简洁、易行。

思考：上下滚动显示的原理是什么？为什么用逐列扫描法简便。

硬件电路如图 2-68 所示，软件程序设计如下：

```
#include <reg51.h>
unsigned char code lie[]=
{0xff, 0x7f, 0xff, 0xbf, 0xff, 0xdf, 0xff, 0xef,
  0xff, 0xf7, 0xff, 0xfb, 0xff, 0xfd, 0xff, 0xfe,
  0x7f, 0xff, 0xbf, 0xff, 0xdf, 0xff, 0xef, 0xff,
  0xf7, 0xff, 0xfb, 0xff, 0xfd, 0xff, 0xfe, 0xff
};
```

```
unsigned char code hang[]=
{
0x00, 0x00, 0xFE, 0xFF, 0x02, 0x00, 0x12, 0x00, //"同"的行编码
0x92, 0x0F, 0x92, 0x08, 0x92, 0x08, 0x92, 0x08, //"同"的行编码
0x92, 0x08, 0x92, 0x08, 0x92, 0x0F, 0x12, 0x40, //"同"的行编码
0x02, 0x80, 0xFE, 0x7F, 0x00, 0x00, 0x00, 0x00, //"同"的行编码
0x00, 0x00, 0x00, 0x00, 0x00, 0x00, 0x00, 0x00,
0x00, 0x00, 0x00, 0x00, 0x00, 0x00, 0x00, 0x00,
0x00, 0x00, 0x00, 0x00, 0x00, 0x00, 0x00, 0x00,
0x00, 0x00, 0x00, 0x00, 0x00, 0x00, 0x00, 0x00
};

    sbit latch=P3^2;
void main(void)
{
    SCON=0x00;
    TMOD = 0x01;
    TH0 = (65536-20000/8)/256;
    TL0 = (65536-20000/8)%256;
    TR0 = 1;
    EA = 1;
    ET0 = 1;
    while(1);
}
void T0_int(void) interrupt 1
{
    static unsigned char offset=0, i=0; //offset为列移动的偏移量
    int time;                          //每一屏重复刷新显示的次数
    TH0 = (65536-20000/8)/256;
    TL0 = (65536-20000/8)%256;
    SBUF=lie[i * 2];
    while(TI==0);
    TI=0;
    SBUF=lie[i * 2+1];
    while(TI==0);
    TI=0;
    SBUF=hang[(offset+i) * 2];
    while(TI==0);
    TI=0;
```

```
            SBUF=hang[(offset+i)*2+1];
            while(TI==0);
            TI=0;
            latch=0;
            latch=1;
              if(i==16)
              {
                i=0;
                    time++;
                    if(time==5)
                    {
                    time=0;
                        offset++;
                        if(offse==16)offset=0;
                    }
                }
        }
```

2. 任务扩展

理解LED点阵广告牌的软、硬件原理，然后以个人为单位，完成如下任务：

- 实现名字的滚动花样显示；
- 硬件电路板的制作、调试；
- 程序的编写和仿真；
- 软硬件的联调。

习　题

一、填空题

1. 通信有串行和________两种方式。

2. MCS-51串行接口的数据缓冲器为________。

3. MCS-51串行接口有四种工作方式，选择工作方式，需设置特殊功能寄存器________。

4. 在16×16点阵的汉字库中，每个汉字占用________字节。

5. 波特率的单位是________，其含义是________________________________。

6. 若晶振频率为12MHz，串口工作在方式0时，波特率=________；数据同步移位脉冲由________引脚输出，发送和接收均为________位数据。

7. UART的含义是________________________________。

8. 如果要允许串行口中断，应该使中断允许寄存器中的________和________都等于1。

9. 单片机串口工作在方式0时，波特率固定为________。

10. 8×8LED点阵屏数据引脚为16条，N×M的LED点阵屏的数据引脚为____条。

二、选择题

1. 控制串行口工作方式的寄存器是(　　)。

A. TCON　　B. PCON　　C. SCON　　D. TMOD

2. 必需用软件清除的中断标志是(　　)。

A. TF0　　B. IE1　　C. TI　　D. IE0

3. MCS-51串行接口的传输方向为(　　)方式。

A. 单工　　B. 半双工

C. 同步与异步　　D. 全双工

4. 单片机的输出信号为(　　)电平。

A. RS-232　　B. RS-449

C. RS-232C　　D. TTL

5. 关于串并转换元件74HC595元件的说法错误的是(　　)。

A. 能实现串入并出功能　　B. 移位时钟和锁存时钟是独立的

C. 由8位移位寄存器和8位锁存器组成　　D. 上面说法都不对

6. 串行口是单片机的(　　)。

A. 内部资源　　B. 外部资源

C. 输入设备　　D. 输出设备

7. 表示串行数据传输速度的指标为(　　)。

A. USART　　B. UART

C. 字符帧　　D. 波特率

8. 串行口工作在方式0时，串行数据从(　　)输入或输出。

A. RI　　B. TXD

C. RXD　　D. REN

9. 串行口有几种工作方式(　　)。

A. 1　　B. 2

C. 3　　D. 4

10. 当采用中断方式进行串行数据的发送时，发送完一帧数据后，TI标志要(　　)。

A. 自动清零　　B. 硬件清零

C. 软件清零　　D. 硬、软件清零均可

11. 当采用定时器1作为串行口波特率发生器使用时，通常定时器工作在方式(　　)。

A. 0　　B. 1　　C. 2　　D. 3

12. 串行口工作在方式0时，其波特率(　　)。

A. 取决于定时器1的溢出率

B. 取决于PCON中的SMOD位

C. 取决于时钟频率

D. 取决于 PCON 中的 SMOD 位和定时器 1 的溢出率

13. 串行口的发送数据和接收数据端为(　　)。

A. TXD 和 RXD　　B. TI 和 RI

C. TB8 和 RB8　　D. REN

14. 下面哪一项不是字模软件字模提取 V2.2 CopyLeft By Horse2000 的功能(　　)。

A. 对文字横向取模　　B. 对文字纵向取模

C. 对位图图像取模　　D. 不能保存点阵数据

15. 若已经定义数组，unsigned char zimo[][8]={1，2，3，4，5，6，7，8，11，22，33，44，55，66，77，88}，访问数组中的 22 送给 P0 端口，则指令为(　　)。

A. P0=zimo[1][1]　　B. P0=zimo[2][2]

C. P0=zimo[22]　　D. 无法访问

三、问答题

1. 简述 LED 点阵屏显示的原理。

2. 简述 74HC595 器件引脚 Q0 输出的是字节数据的高位还是低位。

3. 简述 2 片 74HC595 级联的作用。

4. 8051 单片机的串行口有几种工作方式？方式 0 下输出数据 0x52 时，数据和时钟的的波形是怎样的？用图画出来。(0 用低电平表示，1 用高电平表示)

四、综合题

设计电路，连接单片机和 8×8 点阵；编写程序，点亮图中用红色标识出的 8 个点。

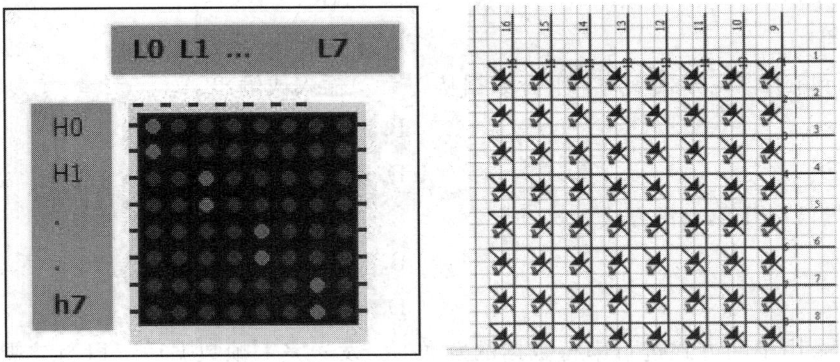

题图 1　综合题所用点阵

第三篇

综合项目实战篇

通过对前面部分的学习，我们已经掌握单片机的硬件结构、工作原理和程序设计方法等。在具备上述单片机基本模块的软、硬件设计基础上，下面一起进入单片机应用系统设计实战演练阶段，进行单片机应用系统的综合设计和开发。

本篇共设计了五个综合项目：简易电子琴的设计与制作、温度报警系统的设计、汽车倒车报警系统设计与制作、带红外遥控的电子密码锁的设计与制作以及12864液晶显示的数字电子万年历系统的设计与制作。五个项目均按照项目设计目标和任务→系统方案设计→系统硬件设计→系统软件设计→项目扩展任务来进行分析与设计，并且对于系统中所采用的外部模块，如1602液晶、温度传感器DS18B20等将进行详细的讲解。

项目 5　简易电子琴的设计与制作

本项目将介绍一种以 89C51 型单片机为基础元件设计的电子琴。此设计以 89C51 单片机为基础，利用单片机编程技术对芯片进行功能设定，一方面实现了 8 个基本音的弹奏，可以自弹自唱，具有很强的娱乐性；另一方面还设计了两个按键，通过按下不同的按键，实现两首歌曲的播放。

1. 项目目标

(1) 掌握利用单片机的定时器实现不同频率的音调。

(2) 掌握利用单片机实现音乐的播放。

(3) 掌握利用按键实现对单片机的控制。

(4) 在达到以上 3 点目标的基础上，根据“项目扩展任务”中提出的问题，以组或个人为单位，在规定时间内完成扩展项目任务。

2. 项目要求

基于单片机的简易电子琴要求具有以下功能：

(1) 对于电子琴按键电路，当用户按下不同的按键时，可以播放 8 个基本音，如果用户短按按键，则对应的基本音只响一声，如果用户长按按键，则对应的基本音则一直响直到松开按键。

(2) 对于电子琴按键电路，当用户按下不同的按键时，数码管会显示相应的字符。

(3) 对于歌曲按键电路，当用户按下不同的按键时，则会播放不同的歌曲。

任务 1　系统方案设计

1. 简易电子琴总体结构设计

根据电子琴的功能要求进行系统的总体设计。该系统由 51 单片机最小系统模块(包括单片机、复位电路、晶振电路、电源电路)、按键控制模块、声音模块、数码管显示模块、电源模块等 5 个模块组成，其系统结构总体设计框图如图 3－1 所示。

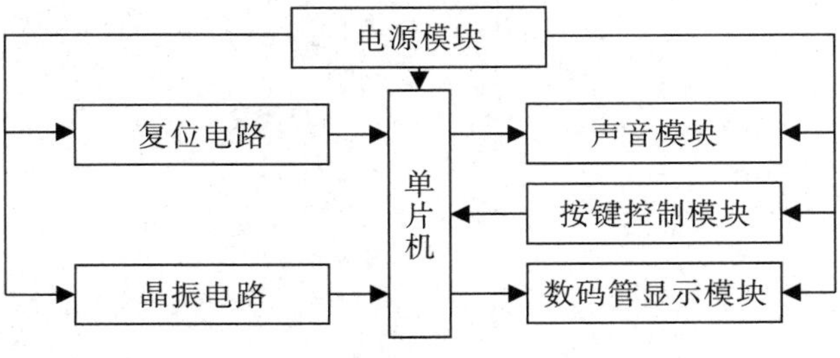

图 3－1　简易电子琴系统结构总体设计框图

每个模块的功能如下：

(1) 51 单片机最小系统模块：包含了复位电路、晶振电路、单片机，为整个系统的核心部分，是带动整个系统工作的重要部件。

(2) 按键控制模块：键盘输入用来控制输入指令，发出指令至单片机，使单片机按照指令工作。

(3) 声音模块：扬声器作为输出部分实现乐曲的播放。

(4) 电源模块：为整个系统供电。

(5) 数码管显示模块：按照键盘给单片机的指令，显示正选中的 8 个基本音的编号。

2. 系统中应用的关键技术

基于单片机的简易电子琴在设计时需要解决以下 3 个方面的问题：

(1) 利用单片机中定时器实现不同频率的音调。

(2) 利用单片机实现音乐的播放。

(3) 利用按键实现对单片机的控制。

任务 2　系统硬件电路设计

1. 单片机最小系统模块的设计

在第一篇中，我们已经知道 MCS-51 单片机最小系统由三部分组成：时钟电路、复位电路和电源电路，其电路图如图 3-2 所示。

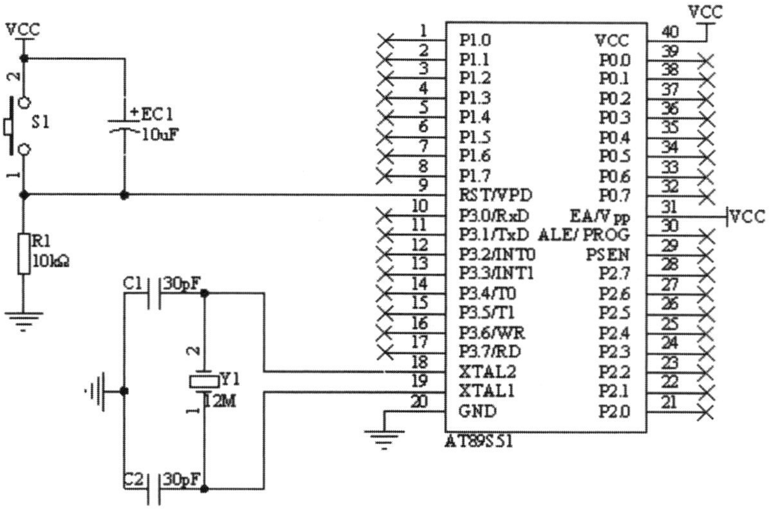

图 3-2　单片机最小系统模块电路图

2. 按键控制模块的设计

电路图如图 3-3 所示，在本次设计中，按键设置：1～8 八个数字键键盘由 P1 口输入，A～B 两个功能键由 P3 口输入。

数字键(1～8)：用于输入 1～8 共 8 个基本音的序列号。

功能键(A～B)：

A 键：播放乐曲 1；

B 键：播放乐曲 2。

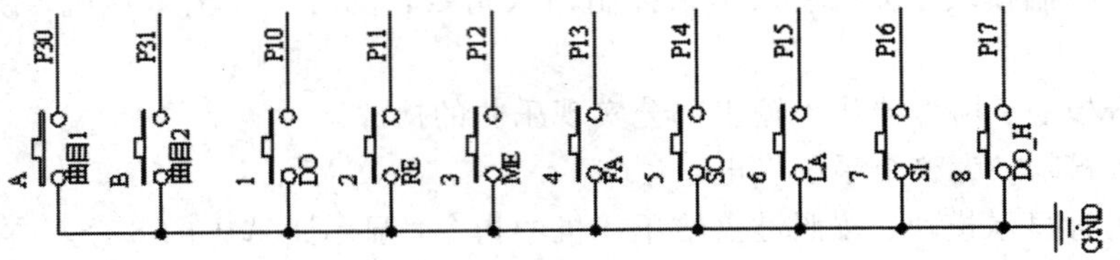

图 3－3　按键控制模块电路图

3. 声音模块的设计

声音模块电路如图 3－4 所示，采用 LM386 运放来放大音频信号，并通过电位器实现音量的调节。

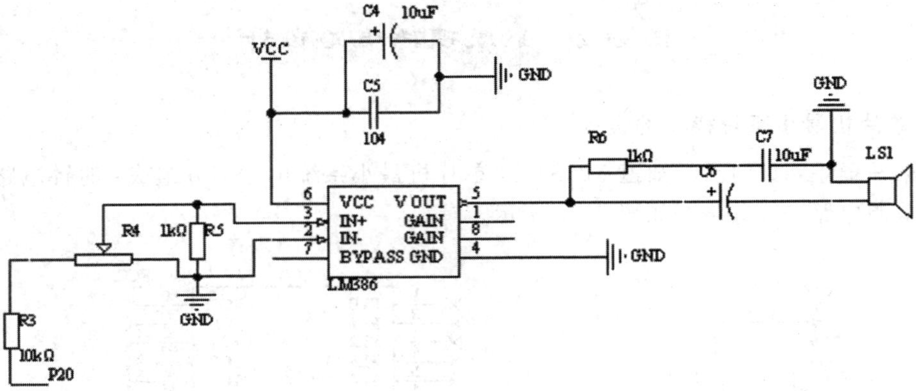

图 3－4　声音模块电路图

4. 电源模块设计

此系统的供电电压为＋5 V，所以这里选择 USB 电源线和 DC 插头来实现，通过 USB 电源线外接到电脑或者手机充电器为系统直接供电。同时，通过自锁开关实现电源的接通或断开，并设置相应的电源指示灯，用于显示电源的状态，LED 灯亮表明电源接通，反之则是断开。电源电路图如图 3－5 所示，电源指示灯电路图如图 3－6 所示。

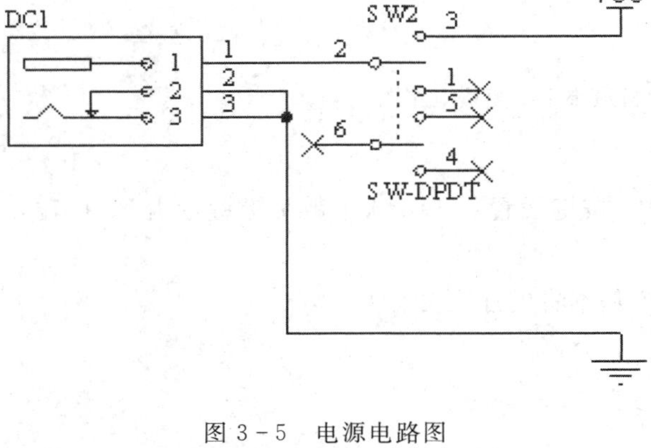

图 3－5　电源电路图

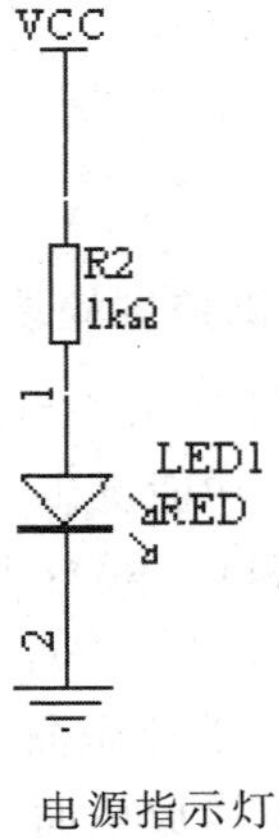

图 3－6　电源指示灯电路图

5. 数码管显示模块设计

数码管显示模块采用共阳数码管，当 8 个按键按下时，会显示对应的音符数字，依次为 1～8，电路如图 3-7 所示。

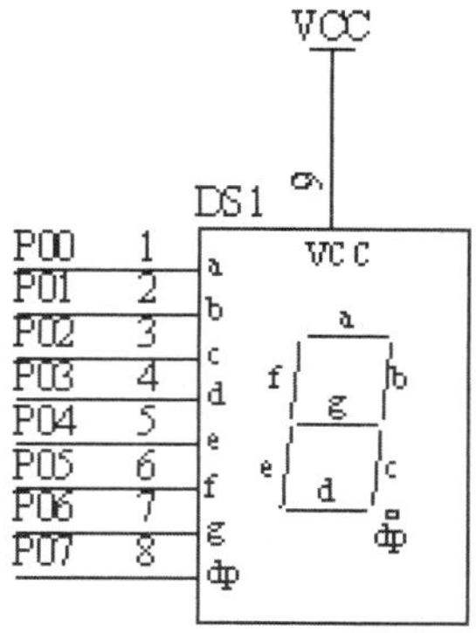

图 3-7　数码管显示模块电路图

6. 简易电子琴总体硬件电路设计

简易电子琴总体硬件电路如图 3-8 所示。

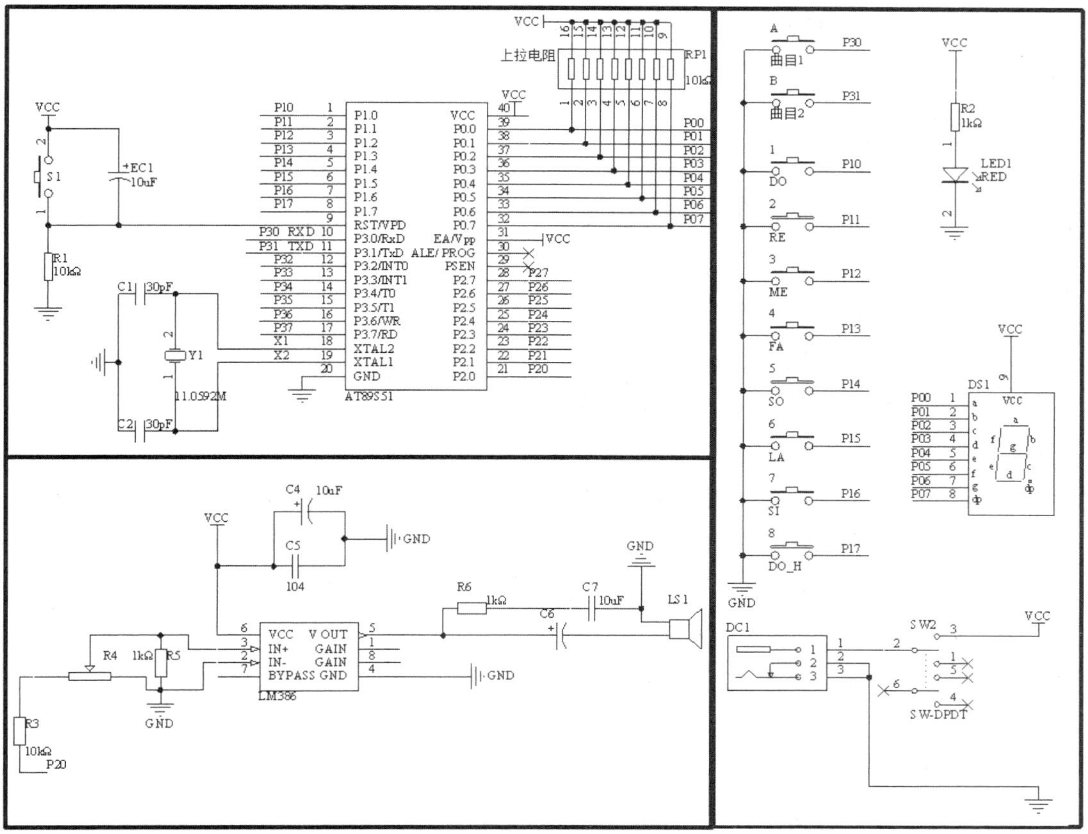

图 3-8　简易电子琴总体硬件电路图

任务3 系统软件程序设计

1. 单片机发声概述

一般来说，单片机不像其他专业乐器那样能奏出多种音色的声音，即不包含相应幅度的谐振频率。单片机演奏的音乐基本都是单音频率，因此单片机演奏音乐比较简单，只要弄清楚"音调"和"节拍"两个概念即可。音调主要由声音的频率决定，节拍表示一个音符持续的时间。因此，只要知道一个音符的频率，便可以让单片机发出相应频率的振荡信号，从而产生相应的音符声音。那么如何利用单片机来实现"音调"和"节拍"呢?

音调的实现通过单片机的定时器进行定时中断，在中断服务程序中将单片机I/O口来回置高电平或者低电平，从而让扬声器发出相应的声音。

以标准高音A的实现为例，标准高音A的频率$F=440$ Hz，其对应的周期为：$T=1/F=1/440=2272$ μs。因此要让单片机发出标准高音A，只需要在单片机I/O端口输出周期为$T=2272$ μs的方波脉冲，也就是$t=T/2=2272/2=1136$ μs，即单片机上定时器的中断触发时间为1136μs。

节拍是每个音符持续的时间，可以采用循环延时的方法或通过单片机另外一个定时/计数器来控制一个音符唱多长的时间。

2. 音乐的产生

一首音乐是由许多不同的音阶组成的，而每个音阶对应着不同的频率，这样就可以利用不同频率的组合来构成我们所想要的音乐了。利用单片机来产生不同的频率非常方便，我们可以利用单片机的定时/计数器T0来产生这样的方波频率信号，因此，我们只要把一首歌曲的音阶对应频率关系设置正确即可。

那么如何来产生对应音阶的频率信号呢?

其方法是：若要产生某个音的频率信号，只要算出某一音频的周期(1/频率)，再将此周期除以2，即为半周期的时间。利用定时器计时半周期时间，每当计时终止后就将输出信号反相，然后重复计时再反相，就可在某个I/O引脚上得到此频率的脉冲。

这里我们以中音DO(523 Hz)为例，已知中音DO频率为523 Hz，其周期$T=1/523=1912$ μs，则半周期为$1912/2=956$ μs，因此只要让定时器计时956 μs，每计数956 μs时将I/O反相，就可得到中音DO(523 Hz)。

这里要用定时器计时956 μs，则需要用到前面所学知识，假定单片机晶振是12 MHz，同时利用AT89C51的内部定时器T0来实现956 μs的定时，那么设置T0工作计数器模式(MODE1)，则956 μs的定时对应初始值为65535－956 = 64579 = 0xFC43，那么我们把这个值分别赋值给TH0和TL0，即为TH0＝0xFC，TL0＝0x43。

单片机晶振为12MHz，高中低音符与计数T0相关的计数值如表3-1所示。

表 3-1　音符频率表

音符	频率/Hz	简谱码/T 值	音符	频率/Hz	简谱码/T 值
低 1DO	262	63628	# 4FA#	740	64860
#1DO#	277	63731	中 5SO	784	64898
低 2RE	294	63835	#5SO#	831	64934
#2RE#	311	63928	中 6LA	880	64968
低 3M	330	64021	#6	932	64994
低 4FA	349	64103	中 7SI	988	65030
#4FA#	370	64185	高 1DO	1046	65058
低 5SO	392	64260	#1DO#	1109	65085
#5SO#	415	64331	高 2RE	1175	65110
低 6LA	440	64400	#2RE#	1245	65134
#6	466	64463	高 3M	1318	65157
低 7SI	494	64524	高 4FA	1397	65178
中 1DO	523	64580	#4FA#	1480	65198
#1DO#	554	64633	高 5SO	1568	65217
中 2RE	587	64684	#5SO#	1661	65235
#2RE#	622	64732	高 6LA	1760	65252
中 3M	659	64777	#6	1865	65268
中 4FA	698	64820	高 7SI	1967	65283

程序中的全局变量 FREQH 和 FREQL 就是音符频率表，分别为数据的高 8 位和低 8 位，如下：

```
unsigned char code FREQH[]={
    0xF2，0xF3，0xF5，0xF5，0xF6，0xF7，0xF8，   //低音 1、2、3、4、5、6、7
    0xF9，0xF9，0xFA，0xFA，0xFB，0xFB，0xFC，  //中音 1、2、3、4、5、6、7
    0xFC，0xFC，0xFD，0xFD，0xFD，0xFD，0xFE，//高音 1、2、3、4、5、6、7
    0xFE，0xFE，0xFE，0xFE，0xFE，0xFE，0xFF   //超高音 1、2、3、4、5、6、7
}；
unsigned char code FREQL[]={
    0x42，0xC1，0x17，0xB6，0xD0，0xD1，0xB6，   //低音 1、2、3、4、5、6、7
    0x21，0xE1，0x8C，0xD8，0x68，0xE9，0x5B，   //中音 1、2、3、4、5、6、7
```

```
        0x8F, 0xEE, 0x44, 0x6B, 0xB4, 0xF4, 0x2D,   //高音 1、2、3、4、5、6、7
        0x47, 0x77, 0xA2, 0xB6, 0xDA, 0xFA, 0x16    //超高音 1、2、3、4、5、6、7
    };
```

FREQH 和 FREQL 分别用来初始化 TH0、TL0。

音乐的音拍，一个节拍为单位(C 调)，如表 3－2 所示。

表 3－2　曲调值表

曲调值	延时	曲调值	延时
调 4/4	125ms	调 4/4	62ms
调 3/4	187ms	调 3/4	94ms
调 2/4	250ms	调 2/4	125ms

对于不同的曲调，我们也可以用延时函数或者单片机的另外一个定时/计数器来完成。

3. 简易电子琴仿真电路图

根据前面的设计，在 Proteus ISIS 软件中画出简易电子琴仿真电路图如图 3－9 所示。

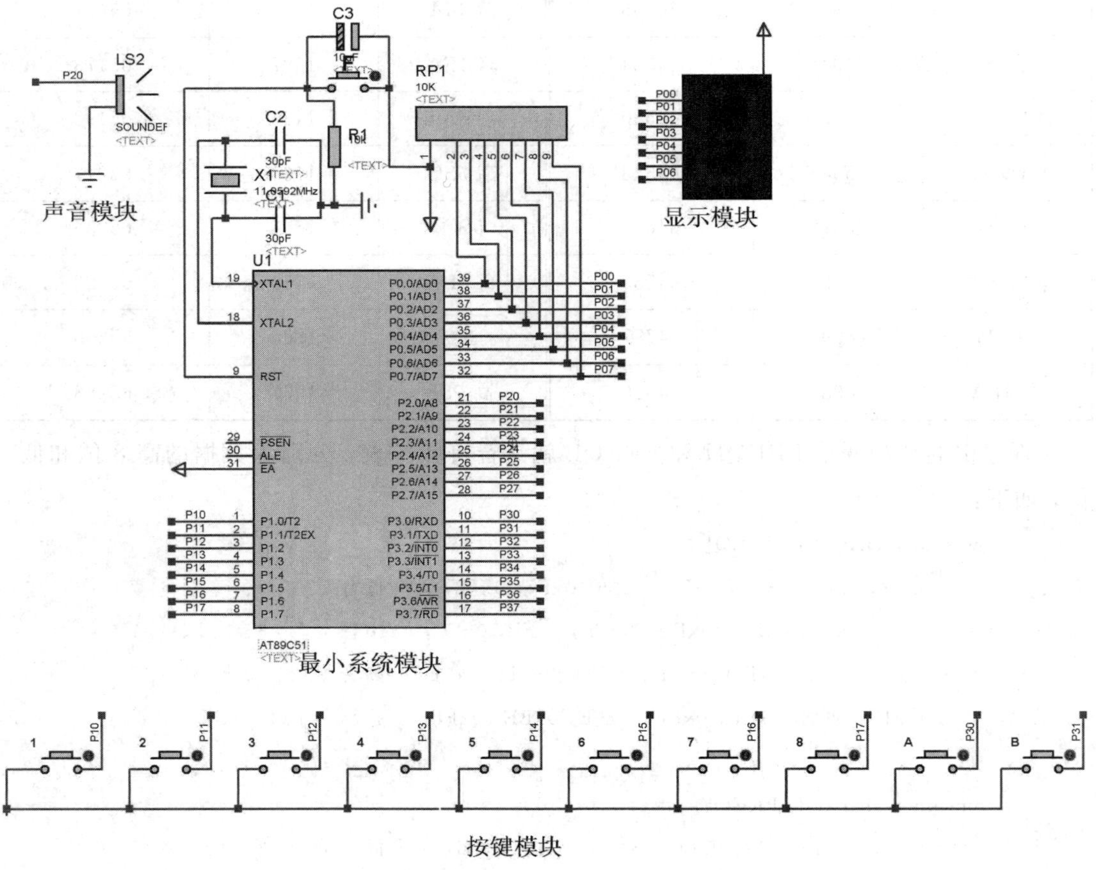

图 3－9　简易电子琴仿真电路图

4. 程序流程图

简易电子琴程序流程图如图 3－10 所示。

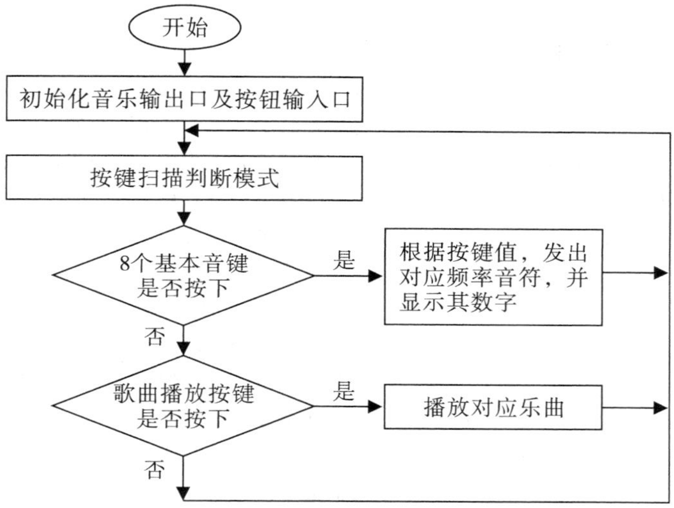

图 3－10　程序流程图

控制程序源程序如下：

```
#include<REG51.H>
//宏定义
#define uchar unsigned  char
#define uint  unsigned  int
sbit  Feng=P2^0; //蜂鸣器位定义
//按键位定义
sbit  SONG1=P3^0;
sbit  SONG2=P3^1;
sbit  S1=P1^0;
sbit  S2=P1^1;
sbit  S3=P1^2;
sbit  S4=P1^3;
sbit  S5=P1^4;
sbit  S6=P1^5;
sbit  S7=P1^6;
sbit  S8=P1^7;
///////////////////////////////////重要变量的定义///////////////////////////////////
unsigned char timer0h, timer0l, time1, time2;
//timer0h, timer0l 为定时器 T0 的高低位初值, time1 为第一首歌曲每个音对应节拍时间,
//time2 为第二首歌曲每个音对应节拍时间
unsigned char Mode=4; //设置电子琴的功能: Mode=0, 8 个基本音; Mode=1, 第一首音乐;
                       //Mode=2, 第二首音乐; Mode=4, 不放音状态
unsigned char num1=0, num2=0, num1_1, num1_2, num2_1, num2_2; //num1, num2 分别
```

```
//为第一首和第二首歌选取每一个音符；num1_1，num2_1 存放第一首和第二首歌曲音符；
num1_2，num2_2          //存放第一首和第二首歌曲音调
unsigned char code Data[]={0xc0，0xcf，0xa4，0xb0，0x99，0x92，0x82，0xf8，0x80，0x90，
0xbf}；
//共阳极数码管的编码
////////////////////////////////函数声明////////////////////////////////////////
void delay(unsigned char t)；          //延时子函数，控制发音的时间长度
void delayms(unsigned int t)；         //普通延时子程序，可用于按键消抖
void FS1()；                           //播放第一首音乐
void FS2()；                           //播放第二首音乐
void FS3()；                           //电子琴
void FS4()；                           //不放音，初始状态
void mode_s()；                        //模式选择，共设置 4 种模式
unsigned char Key()；                  //查询电子琴按键
void music_song(uchar time)；          //演奏歌曲的一个音符
void song()；                          //演奏单音的一个音符
void danyin_play(uchar danyin_num)；//播放单音音符
//////////////////////////////////////////////
//每三个数字，代表一个音符
//第一个数字是音符的数值 1234567 之一(第几个音)，代表哆来咪发...
//第二个数字是 0123 之一，代表低音\中音\高音\超高音(第几个八度)
/第三个数字是时间长度，以半拍为单位，乐曲数据表的结尾是三个 0
//////////////////////////////////////////////
//第一首歌曲《简单爱》
unsigned char code song1[]={
    5，1，1，1，2，1，2，2，1，3，2，1，2，2，1，3，2，1，4，2，1，5，2，1，5，2，1，5，2，1，
    4，2，1，3，2，1，2，2，3，5，1，1，1，2，1，2，2，1，3，2，1，4，2，1，5，2，1，5，2，1，
    5，2，1，6，2，1，5，2，2，2，2，1，3，2，1，1，2，2，1，2，1，6，1，1，2，2，1，2，2，1，
    3，2，1，3，2，1，1，2，1，5，2，1，1，2，1，5，2，1，1，2，1，7，1，1，1，2，1，1，2，1，
6，1，1，
    2，2，1，2，2，1，3，2，1，3，2，1，5，2，1，5，2，1，
    4，2，1，3，2，1，2，2，3，5，1，1，1，2，1，2，2，1，3，2，1，2，2，1，3，2，1，4，2，1，
    5，2，1，5，2，1，5，2，2，2，2，1，3，2，1，1，2，2，1，2，1，6，1，1，2，2，1，2，2，1，
    3，2，1，3，2，1，1，2，2，5，2，1，1，2，1，5，2，1，5，2，1，7，1，1，1，2，1，0，0，0
}；
//第二首歌曲《世上只有妈妈好》
unsigned char code song2[]={
    6，2，3，5，2，1，3，2，2，5，2，2，1，3，2，6，2，1，
    5，2，1，6，2，4，3，2，2，5，2，1，6，2，1，5，2，2，3，2，2，1，2，1，6，1，1，5，2，1，
    3，2，1，2，2，4，2，2，3，3，2，1，5，2，2，5，2，1，6，2，1，3，2，2，2，2，2，
    1，2，4，5，2，3，3，2，1，2，2，1，1，2，1，6，1，1，1，2，1，5，1，6，0，0，0}；
//频率一半周期数据表高八位共保存了四个八度的 28 个频率数据
unsigned char code FREQH[4][7]={
```

```
    0xF2, 0xF3, 0xF5, 0xF5, 0xF6, 0xF7, 0xF8,   //低音1、2、3、4、5、6、7
    0xF9, 0xF9, 0xFA, 0xFA, 0xFB, 0xFB, 0xFC,   //中音1、2、3、4、5、6、7
    0xFC, 0xFC, 0xFD, 0xFD, 0xFD, 0xFD, 0xFE,   //高音1、2、3、4、5、6、7
    0xFE, 0xFE, 0xFE, 0xFE, 0xFE, 0xFE, 0xFF    //超高音1、2、3、4、5、6、7
};
//频率一半周期数据表低八位
unsigned char code FREQL[4][7]={
    0x42, 0xC1, 0x17, 0xB6, 0xD0, 0xD1, 0xB6,   //低音1、2、3、4、5、6、7
    0x21, 0xE1, 0x8C, 0xD8, 0x68, 0xE9, 0x5B,   //中音1、2、3、4、5、6、7
    0x8F, 0xEE, 0x44, 0x6B, 0xB4, 0xF4, 0x2D,   //高音1、2、3、4、5、6、7
    0x47, 0x77, 0xA2, 0xB6, 0xDA, 0xFA, 0x16    //超高音1、2、3、4、5、6、7
};
/////////////////////////////////////////主函数/////////////////////////////////////////
void main(void)
{
    TMOD=0x01;              //T0均在工作方式1
    ET0=1;                  //T0开中断
    EA=1;                   //CPU开中断
    Feng=0;
    P1=0xff;
    for(;;)
    {
        mode_s();
    }
}
/////////////////////////////////延时子程序/////////////////////////////////////////
void delayms(unsigned int t)    //MS延时子程序
{
    for(i=0; i<t; i++)
    {
        for(j=0; j<123; j++);
    }
}
/////////////延时子函数,控制发音的时间长度,每个节拍0.4s/////////////////////////
void delay(unsigned char t)     //延时子函数,控制发音的时间长度,每个节拍0.4s
{
    unsigned char t1;
    unsigned long t2;
    for(t1=0; t1<t; t1++)  //嵌套循环,共延时t个半拍
    {
        for(t2=0; t2<6500; t2++)   //延时期间,可进入T0中断去发音
        {
        }
```

```
    }
    TR0=0;                    //关闭 T0，停止发音
}
////////////////////////////演奏歌曲中的一个音符程序//////////////////////////////
void music_song(uchar time)   //演奏一个音符
{
    TR0=1;                    //启动 T0，由 T0 输出方波发音
    delay(time);              //每个音符的演奏时间
}
////////////////////////////单音的一个音符程序////////////////////////////////////
void song()                   //演奏一个音符
{
    TR0=1;                    //启动 T0，由 T0 输出方波发音
    while(P1! =0xff);
    TR0=0;
}

///////////////////////////////电子琴程序/////////////////////////////////////////
void danyin_play(uchar danyin_num)  //播放单音音符
{
    if(danyin_num==1)               //中音 do
    {
        timer0h=FREQH[1][0];        //从数据表中读出频率数值，实际上是定时的时间长度
        timer0l=FREQL[1][0];
        song();                     //发出一个音符
    }
    if(danyin_num==2)               //中音 re
    {
        timer0h=FREQH[1][1];        //从数据表中读出频率数值，实际上是定时的时间长度
        timer0l=FREQL[1][1];
        song();                     //发出一个音符
    }
    if(danyin_num==3)//中音 mi
    {
        timer0h=FREQH[1][2];        //从数据表中读出频率数值，实际上是定时的时间长度
        timer0l=FREQL[1][2];
        song();                     //发出一个音符
    }
    if(danyin_num==4)               //中音 fa

    {
        timer0h=FREQH[1][3];        //从数据表中读出频率数值，实际上是定时的时间长度
        timer0l=FREQL[1][3];
```

```
            song();                  //发出一个音符
        }
        if(danyin_num==5)            //中音 so
        {
            timer0h=FREQH[1][4];     //从数据表中读出频率数值，实际上是定时的时间长度
            timer0l=FREQL[1][4];
            song();                  //发出一个音符
        }
        if(danyin_num==6)            //中音 la
        {
            timer0h=FREQH[1][5];     //从数据表中读出频率数值，实际上是定时的时间长度
            timer0l=FREQL[1][5];
            song();                  //发出一个音符
        }
        if(danyin_num==7)            //中音 si
        {
            timer0h=FREQH[1][6];     //从数据表中读出频率数值，实际上是定时的时间长度
            timer0l=FREQL[1][6];
            song();                  //发出一个音符
        }
        if(danyin_num==8)            //高音 do
        {
            timer0h=FREQH[1][0];     //从数据表中读出频率数值，实际上是定时的时间长度
            timer0l=FREQL[1][0];
            song();                  //发出一个音符
        }
}

//////////////////////////////////模式选择程序//////////////////////////////////////
void mode_s()
{
    if(P1! =0xff)
    {
        Mode=3;
    }
    else if(SONG1==0)
    {
delayms(100);
        while(SONG1==0);
        Mode=1;
    }
    else if(SONG2==0)
    {
```

```
        delayms(100);
        while(SONG2==0);
        Mode=2;
    }
    else {Mode=4;}
    while(Mode==1)
    {
        FS1();      //播放乐曲 1
    }
    while(Mode==2)
    {
        FS2();      //播放乐曲 2
    }
    if(Mode==3)
    {
        FS3();      //电子琴
    }
    if(Mode==4)
    {
        FS4();      //不放音
    }
}

//////////////////////////////读取电子琴按键的键值程序/////////////////////////////
unsigned char Key()
{
    if(S1==0)
    {
        return 1;
    }
    else if(S2==0)
    {
        return 2;
    }
    else if(S3==0)
    {
        return 3;
    }
    else if(S4==0)
    {
        return 4;
    }
    else if(S5==0)
```

```
        {
            return 5;
        }
        else if(S6==0)
        {
            return 6;
        }
        else if(S7==0)
        {
        return 7;
        }
        else if(S8==0)
        {
            return 8;
        }
}

//////////////////////////////////////播放第一首歌曲程序/////////////////////////////
void FS1()
{
    num1_1=song1[num1];       //取音符
    num1_2=song1[num1+1];  //取音调
    timer0h=FREQH[num1_2-1][num1_1-1];
                                        //从数据表中读出频率数值，实际上是定时的时间长度
    timer0l=FREQL[num1_2-1][num1_1-1];
    time1=song1[num1+2];          //取节拍
    music_song(time1);             //发出一个音符
    num1+=3;
    if(num1_1==0&&num1_2==0&&time1==0)  //判断歌曲的结束位
    {
        num1=0;                                //从头播放
    }
}

////////////////////////////播放第二首歌曲程序//////////////////////////////////////
void FS2()
{
    num2_1=song2[num2];                          //取音符
    num2_2=song2[num2+1];                        //取音调
    timer0h=FREQH[num2_2-1][num2_1-1];
                                        //从数据表中读出频率数值，实际上是定时的时间长度
    timer0l=FREQL[num2_2-1][num2_1-1];
    time2=song2[num2+2];          //取节拍
```

```
    music_song(time2);
    num2+=3;
    if(num2_1==0&&num2_2==0&&time2==0)   //判断歌曲的结束位
    {
        num2=0;                          //从头播放
    }
                                         //发出一个音符
}

////////////////////////////////电子琴显示和放音程序///////////////////////////////
void FS3()
{
    uchar key;
    key=Key();
    switch(key)
    {
        case 1:{P0=Data[1];danyin_play(key);break;}
        case 2:{P0=Data[2];danyin_play(key);break;}
        case 3:{P0=Data[3];danyin_play(key);break;}
        case 4:{P0=Data[4];danyin_play(key);break;}
        case 5:{P0=Data[5];danyin_play(key);break;}
        case 6:{P0=Data[6];danyin_play(key);break;}
        case 7:{P0=Data[7];danyin_play(key);break;}
        case 8:{P0=Data[8];danyin_play(key);break;}
        default:{P0=Data[0];Feng=0;break;}
    }
}

///////////////////////////////第四种模式不放音程序///////////////////////////////
void FS4()
{
    P0=Data[0];Feng=0;
}
////////////////////////////////中断函数实现音频信号///////////////////////////////
void timer0(void) interrupt 1   //T0中断程序,控制发音的音调
{
    Feng=!Feng;//输出方波,发音
    TH0=timer0h;//下次中断时间,这个时间控制音调高低
    TL0=timer0l;
}
//程序结束
```

项目扩展任务

理解简易电子琴项目的软、硬件原理，在此基础上以组或个人为单位，要求完成如下任务：

- 在此系统上增加暂停/开始按钮，在播放音乐时可以实现暂停和开始功能；
- 完成系统硬件电路的制作；
- 完成系统程序的设计、仿真调试；
- 完成项目技术报告的制作。

项目6 温度报警系统的设计与制作

在本项目中，采用美国DALLAS半导体公司生产的智能温度传感器DS18B20作为温度检测元件。此传感器采用三线制与单片机相连，大大减少了外部硬件电路，同时具有低成本和易使用的特点。

1. 项目目标

(1) 了解DS18B20温度传感器的工作原理。

(2) 掌握单片机对DS18B20温度传感器进行读写控制的方法。

(3) 对照DS18B20温度传感器的数据手册，理解对其进行写和读软件的编制方法。

(4) 在完成以上3点目标的基础上，根据"项目扩展任务"中提出的问题和要求，以组或个人为单位，在规定时间里完成扩展项目任务。

2. 项目任务

在基于单片机的温度报警系统，可以实现以下功能：

(1) 能够实时检测室温温度，并能显示当前温度值，只显示整数。

(2) 可以手动调节温度的上限和下限值，每次增加或减少1℃。

(3) 当温度达到或超过限值时则报警。

3. 项目要求

(1) 基本温度范围：0～99℃。

(2) 数码管显示温度值。

(3) 扩展功能：可以任意设定温度的上、下限报警功能，并可以掉电保持上、下限温度值。

任务1 系统方案选择和论证

1. 单片机芯片的选择方案和论证

选择的单片机需要具备的特点如下：① 高集成度、体积小，可靠性高；② 控制功能强；③ 易扩展；④ 优异的性价比。

方案一：

采用STC89C51芯片作为硬件核心。STC89C51内部具有8KB ROM存储空间，512字节数据存储空间，带有2 KB的EEPROM存储空间，与MCS-51系列单片机完全兼容，可以通过串口下载。

方案二：

采用AT89C51芯片作为硬件核心。AT89C51内部具有4KB ROM存储空间，256字节数据存储空间，没有EEPROM存储空间，与MCS-51系列单片机完全兼容，具有在线编程可擦除技术。

两种单片机都满足设计的需要，但STC89C51相对AT89C51价格便宜，且抗干扰能力强，因此本项目选择STC89C51。

2. 温度传感器的选择方案和论证

利用物质的各种物理性质随温度变化的规律把温度转换为电量的传感器称为温度传感器。温度传感器的发展大致经历了以下三个阶段：① 传统的分立式温度传感器（含敏感元件）；② 模拟集成温度传感器/控制器；③ 智能温度传感器。国际上新型温度传感器从模拟式向数字式，由集成化向智能化、网络化的方向发展。

方案一：设计测温电路，使用热敏电阻之类的器件，利用其感温效应，再将随被测温度变化的电压或电流采集过来，经过 A/D 转换后送入单片机进行数据的处理。但这种设计需要用到 A/D 转换电路，从硬件设计的角度上来讲，会比较麻烦。

方案二：采用美国 DALLAS 半导体器件公司的温度传感器 DS18B20，其无需经过 A/D转换，直接可以读取被测温度。

从以上两种方案不难看出，采用方案二，电路设计和软件设计都会大大简化，故采用了方案二。

3. 掉电保持的选择方案和论证

这里的掉电保持是指当系统断电后，系统里设置的温度的上下限值不会因为断电而丢失。

方案一：串行 EEPROM I2C－BUS 的存储器件 AT24C02 具有掉电数据不丢失的特点，利用它实现数据的记录。

方案二：利用 DS18B20 有一个非易失性电可擦除 EEPROM，可以用来存储设置的温度的上下限值。

从以上两种方案不难看出，采用方案二，无需再增加额外的器件，可以节约成本，因此本设计选择方案二。

4. 温度报警系统总体结构设计

根据温度报警系统的功能要求，进行系统的总体设计。该系统由 51 单片机最小系统模块、温度传感器模块、按键控制模块、声音模块、数码管显示模块、电源模块等 6 个模块组成，其系统结构总体框图如图 3－11 所示。

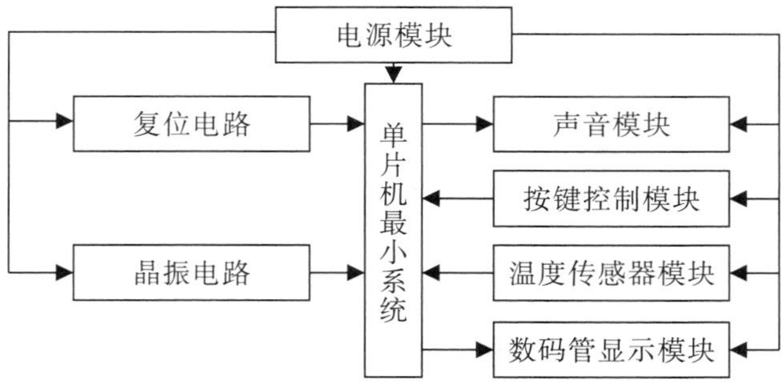

图 3－11 温度报警系统总体设计框图

每个模块的功能是：

（1）51 单片机最小系统模块：包含了复位电路、晶振电路、单片机、电源电路，为整个系统的控制核。

（2）按键控制模块：键盘用来控制输入指令，发出指令至单片机，实现温度值的上限和下限的选择及调节。

（3）声音模块：利用有源蜂鸣器实现报警。

（4）电源模块：为整个系统供电。

（5）数码管显示模块：显示当前的温度值及调整的温度值信息。

（6）温度传感器模块：实现温度信息的采集。

5. 系统中应用的关键技术

基于单片机的温度报警系统在设计时需要解决以下3个方面的问题：

（1）理解DS18B20温度传感器的工作原理。

（2）利用单片机对DS18B20温度传感器进行读写控制的方法。

（3）对照DS18B20温度传感器的数据手册，理解对其进行读和写的软件编制方法。

任务2　系统硬件电路设计

通过前面的方案设计已经清楚地知道，本系统包含单片机最小系统模块、按键控制模块、声音模块、电源模块、数码管显示模块、温度传感器模块六个部分。由于单片机最小系统模块和电源模块在前面一个项目已经详细介绍，因此本任务只对剩下的四个模块电路进行介绍。

1. 温度传感器模块的设计

1）温度传感器DS18B20的介绍

DS18B20是美国DALLAS半导体器件公司在其前一代产品DS1820的基础上推出的单线数字化智能集成温度传感器，其特点是：

（1）独特的单线接口，只需1个接口引脚即可通信。

（2）不需要额外的外部元件搭建外围电路即可正常运行。

（3）可用数据线供电，不需备份电源。

（4）测量范围为－55～＋125℃，增量值为0.5℃；等效的华氏温度范围是－67～257 ℉，增量值为0.9 ℉。

（5）以9～12位数字值方式读出温度。

（6）在1s典型值内，把温度变换为数字。

（7）用户可定义的非易失性的温度告警设置。

DS18B20温度传感器的主要优点是：

（1）DS18B20可将被测温度直接转换成计算机能识别的数字信号输出。传统温度传感器的温度值转换需要先经电桥电路获取电压模拟量，再经信号放大和A/D转换成数字信号，其缺点是在更换传感器时，会因放大器出现零点漂移而必须对电路进行重新调试，以克服这种参数的不一致性。而由于DS18B20为数字式器件，不存在这类问题，因此使用起来非常方便。

（2）DS18B20能提供9～12位温度读数，精度高且其信息传输只需1根信号线，与计算机接口十分简便，读写及温度变换的功率全部来自于数据线，因此不需额外的附加电源。

(3) 每一个 DS18B20 都含有一个唯一的序列号，这样的设计是为了允许多个 DS18B20 连接到同一总线上，因此非常适合构建多点温度检测系统。

(4) 负压特性。当电源极性接反时，DS18B20 虽然不能正常工作，但也不会因发热而烧毁。

正是由于具有以上特点，DS18B20 在解决各种误差、可靠性和实现系统优化等方面与传统各种温度传感器相比，有着无可比拟的优越性，因而广泛应用于过程控制、环境控制、建筑物和机器设备中的温度检测等领域。

2) DS18B20 温度传感器的引脚分布和内部功能介绍

DS18B20 全部传感元件及转换电路集成在一只形如三极管的集成电路内，如图 3－12 所示。三端口分别是地线、数据线和电源线，其外围电路非常简单。每一个 DS18B20 有唯一的系列号，多个 DS18B20 可以存在于同一条单线总线上。

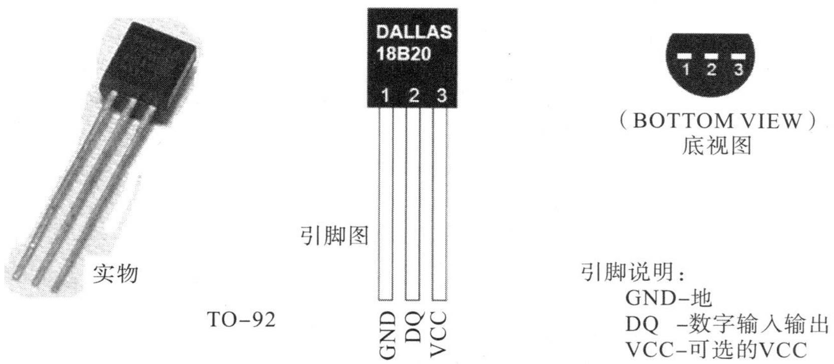

图 3－12　DS18B20 的实物和引脚图

温度传感器 DS18B20 的测温范围为－55～＋125℃，增量值为 0.5℃(9 位温度读数)，其内部功能结构如图 3－13 所示。它主要由 4 个数据部件部分组成，即 64 位 ROM 温度传感器、非易失性的温度告警触发器 TH 和 TL 及中间结果暂存器。

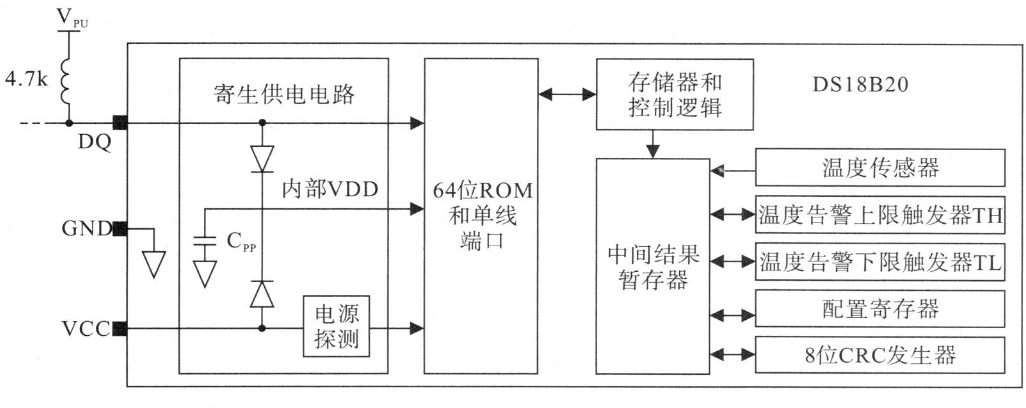

图 3－13　DS18B20 的内部功能结构图

64 位 ROM 用于存储序列号，其首字节固定为 28H，表示产品类型码，接下来的 6 个字节是每个器件的编码，最后 1 个字节是 CRC 校验码。

温度告警触发器 TH 和 TL 存储用户通过软件写入的报警上下限值。中间结果暂存器由 9 个字节组成，其中有 2 个字节 RAM 单元用来存放温度值，前 1 个字节为温度值的补码低 8 位，后 1 个字节为符号位和温度值的补码高 3 位。

DS18B20 通过使用在板(on-board)温度测量专利技术来测量温度，温度测量电路的方框图如图 3－14 所示，它是通过计数时钟周期来实现的。低温度系数振荡器输出的时钟信号通过由高温度系数振荡器产生的门周期而被计数，计数器被预置在与－55℃相对应的一个基权值，如果计数器在高温度系数振荡周期结束前计数到零，表示测量的温度值高于－55℃，被预置于－55℃的温度寄存器的值就增加 1℃，然后重复这个过程，直到高温度系数振荡周期结束为止。这时温度寄存器中的值就是被测温度值，这个值以 16 位的形式存放在中间结果暂存器中，此温度值可由主器件通过发存储器读命令而读出，读取时低位在前，高位在后。斜率累加器用于补偿温度振荡器的抛物线特性。

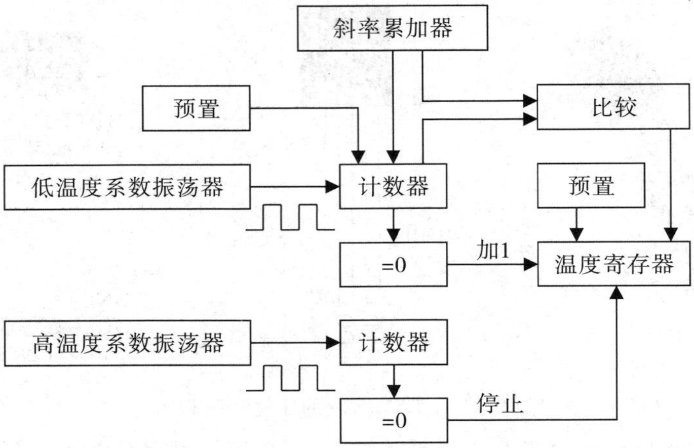

图 3－14　DS18B20 温度测量电路方框图

3）DS18B20 内部存储器分配

DS18B20 的内部存储器分配如图 3－15 所示，由一个中间结果暂存器 RAM 和一个非易失性电可擦除 EEPROM 组成，后者存储高、低温度触发器 TH 和 TL 及程序设置字节。暂存存储器有助于在单线通信时确保数据的完整性，数据首先写入暂存存储器，在那里它可以被读回，当数据被校验之后，复制暂存存储器的命令把数据传送到非易失性EEPROM中(掉电后依然保存)。

暂存存储器是按 8 位字节存储器来组织的，头两个字节包含测得温度信息，第 3、第 5 个字节是 TH、TL 和程序设置字节的易失性拷贝，在每一次上电复位时被刷新；接着的 3 个字节没有使用，但是在读回时它们呈现为逻辑全 1，第 8 个字节是冗余校验 CRC 字节，它是前面所有 8 个字节的 CRC 值。

如图 3－15 所示，头两个字节代表测得的温度读数，MSB 中的 S＝1 时表示温度为负，S＝0 时表示温度为正，其余低位以二进制补码形式表示，最低位为 1 时表示 0.0625℃。规定 TH 中的有符号值必须大于 TL 中的有符号值，DS18B20 的输出数据与温度的对应关系由表 3－3 给出。

字节									
字节0	2^3	2^2	2^1	2^0	2^{-1}	2^{-2}	2^{-3}	2^{-4}	温度值低位字节（LSB）
1	S	S	S	S	S	2^6	2^5	2^4	温度值高位字节（MSB）
2	S	2^6	2^5	2^4	2^3	2^2	2^1	2^0	TH/用户字节1（报警上限字节）
3	S	2^6	2^5	2^4	2^3	2^2	2^1	2^0	TL/用户字节2（报警下限字节）
4	TM	R1	R0	1	1	1	1	1	程序设置字节
5	保留								
6	保留								
7	保留								
8	CRC								

中间结果暂存器RAM

EEPROM
TH/用户字节1
TL/用户字节2
程序设置字节

非易失性电可擦除ROM

图 3-15 DS18B20 内部存储器分配示意图

表 3-3 DS18B20 输出数据与温度的对应关系表

温度/℃	温度数据输出(二进制)	温度数据输出(八进制)
+125	00000111 11010000	07D0H
+85	00000101 01010000	0550H
+25.0625	00000001 10100010	0191H
+10.125	00000000 10100010	00A2H
+0.5	00000000 00001000	0008H
0	00000000 00000000	0000H
−0.5	11111111 11111000	FFF8H
−10.125	11111111 01011110	FF5EH
−25.0625	11111110 01101111	FF6FH
−55	11111100 10010000	FC90H

程序设置寄存器主要用来设置分辨率的位数，各位的意义如下：

· TM 测试模式位。为 1 表示测试模式，为 0 表示工作模式，出厂时该位设为 0，且不可改变。

· R1、R0 与温度分辨率有关。00 表示 9 位，01 表示 10 位，10 表示 11 位，11 表示 12 位。分辨率越高，则转换时间越长，12 位分辨率的典型转换时间大约为 750 ms。

4) *DS18B20 温度传感器的寄生电源和硬件接法*

图 3-13 所示的 DS18B20 的内部功能结构图给出了寄生电源电路。当 I/O(DQ 引脚)或 VCC 引脚为高电平时，这个电路便“取”得电源，只要符合指定的充电时间和电压要求，I/O 将提供足够的功率。寄生电源具有两个优点，第一，可以利用 I/O 引脚远程温度检测

而无需本地电源；第二，在缺少正常电源条件下也可以读取ROM的值。

因为DS18B20的工作电流高达1 mA，为了使DS18B20能准确地完成温度变换，当温度变换发生时，I/O线上必须提供足够的功率。有两种方法确保DS18B20在其有效变换期内得到足够的电源电流。第一种方法是发生温度变换时，在I/O线上提供一路强的上拉电源，如使用一个MOSFET把I/O线直接拉到电源电压。当使用寄生电源方式时，VCC引脚必须连接到地。

向DS18B20供电的另外一种方法是使用连接到VCC引脚的外部电源。这种方法的优点是在I/O线上不要求附加强的上拉电源，总线上DS18B20便可以在温度变换期间保持自身供电，这就保证了在变换时间内其他数据能够在单线上正常传送。

在本设计中，我们采用是将VCC连接到外部电源的方式，其与51单片机的连接图如图3-16所示。

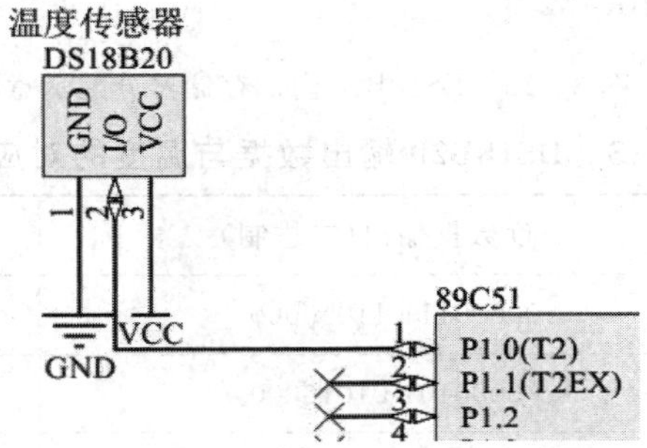

图3-16 DS18B20电路及与STC89C51的电路连接图

2. 声音模块设计

本系统中采用有源蜂鸣器，利用PNP型三极管实现驱动，其具体电路及与STC89C51的连接电路如图3-17所示。

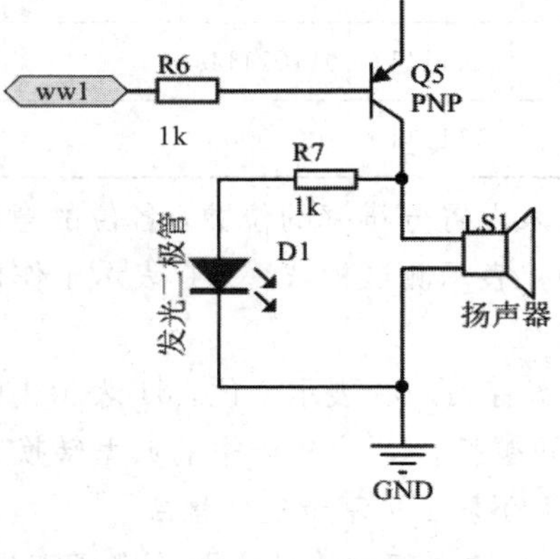

图3-17 有源蜂鸣器电路及与STC89C51的连接电路图

3. 数码管显示模块设计

数码管第一位用来显示当前设置的是上限值或下限值，而剩余的要用 3 位来显示温度值，因此需要采用四位共阳数码管。而共阳极数码管的公共端需要用三极管来实现驱动，其具体电路及与 STC89C51 的连接电路如图 3－18 所示。

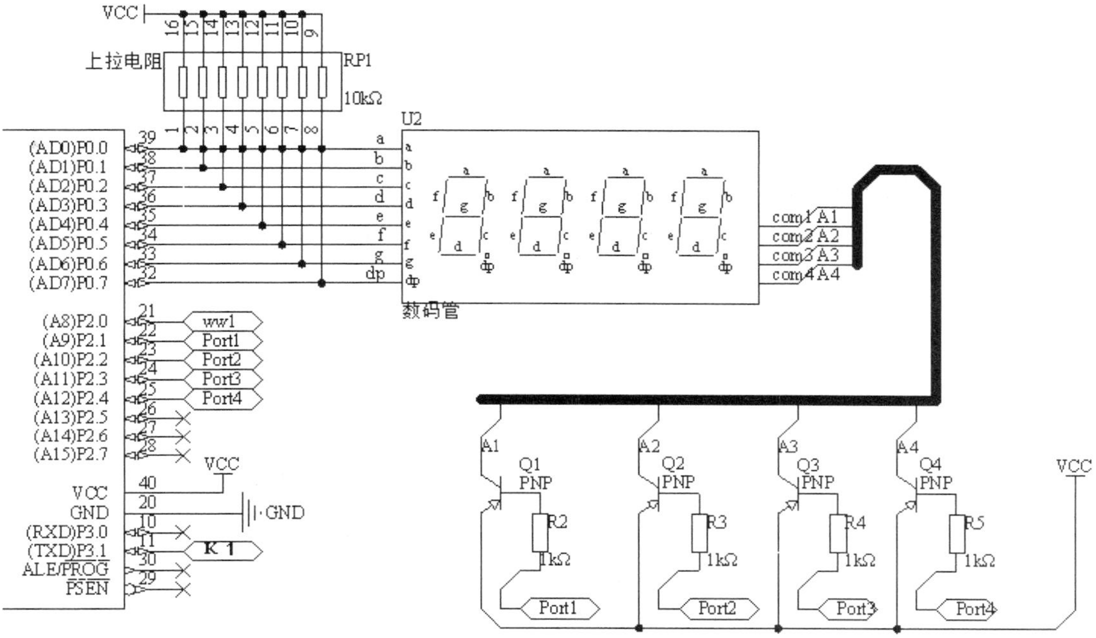

图 3－18　四位数码管显示电路及与 STC89C51 的连接电路图

4. 按键模块电路设计

根据前面的功能要求，此部分设计了三个按键，一个按键实现温度值的加，一个按键实现温度值的减，另外一个按键实现设置温度值的上限和下限的选择功能，具体电路及与 STC89C51 的连接电路如图 3－19 所示。

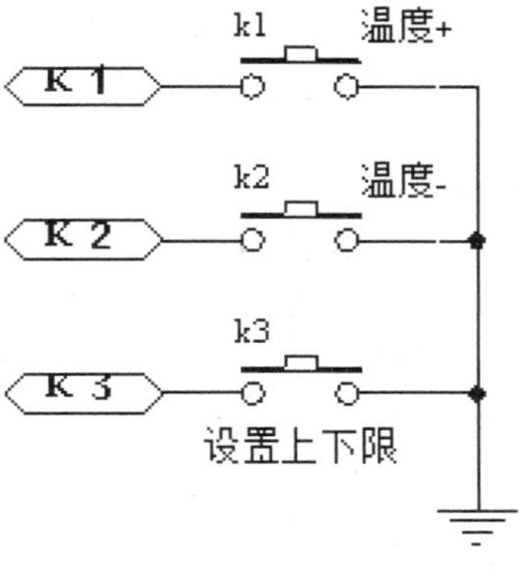

图 3－19　按键模块电路及与 STC89C51 的连接电路图

5. 温度报警系统总体硬件路设计

温度报警系统总体硬件电路如图 3－20 所示。

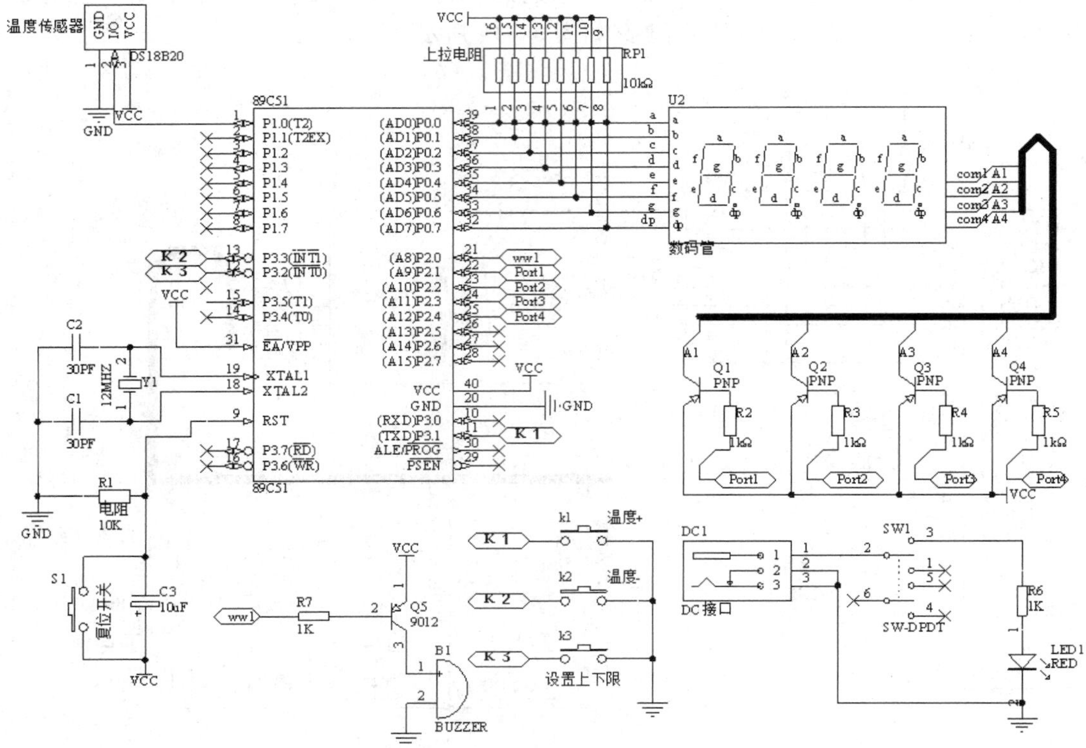

图 3－20　温度报警系统总体硬件电路图

温度报警系统总体硬件实物如图 3－21 所示。

图3－21　温度报警系统总体硬件实物图

任务3　系统软件程序设计

1. 温度传感器DS18B20的程序编制方法

单总线上每一个器件的使用都是从初始化开始的，初始化的时序是，单片机首先发出复位脉冲，在经过一定延时后，一个或多个单总线器件发出应答脉冲，如果单片机检测到单总线上有器件存在，就可以发出传送ROM命令。具体的传送ROM命令如表3-4所示。

表3-4　DS18B20的ROM命令格式表

指令功能	代码	说　明
读ROM	33H	读产品编码、序列号和CRC校验码
匹配ROM	55H	后继64位ROM序列对总线上的DS18B20寻址
搜索ROM	F0H	对总线上的多个DS18B20进行ROM编码的搜索
跳过ROM	CCH	在单点测温中，跳过对ROM编码的搜索
告警搜索	ECH	搜索有报警的DS18B20的测温点

只有当表3-4中的任意一条ROM指令被成功执行后，才会执行单片机发出的访问被选中器件的存储和控制命令，这些命令被存放在DS18B20的RAM中，主要实现启动单总线温度传感器DS18B20的温度转换等功能，具体的RAM命令格式如表3-5所示。

表3-5　DS18B20的RAM命令格式表

指令功能	代码	说　明
温度变换	44H	启动温度转换
读暂存器	BEH	读9个字节温度值和CRC值
写暂存器	4EH	写上下限值到暂存器
复制暂存器	48H	将暂存器上下限值复制到EEPROM
读EEPROM	B8H	将EEPROM的上下限值调入暂存器中
读电源	B4H	检测供电方式

对于DS18B20的访问分为3个步骤，即初始化、序列号访问和内存访问。由于此项目只有一个DS18B20，因此在初始化DS18B20后，将使用跳过对ROM编码搜索的指令，直接调用温度转换命令，并在主程序中实现数码管显示当前温度值的功能。

DS18B20要求严格的协议来确保数据传送的完整性。协议由几种单线上的信号类别组成，即复位脉冲、存在脉冲、写0、写1、读0和读1。所有这些信号除了存在脉冲之外，均由总线主器件（系统中的STC89C51）产生。

图3-22给出了DS18B20的初始化复位脉冲时序图，当主器件开始与从器件DS18B20进行通信时，主器件必须先给出复位脉冲，经过给定时间，DS18B20发出存在脉冲，表示已经准备好发送或者接收由主器件发送的ROM命令和存储器操作命令。

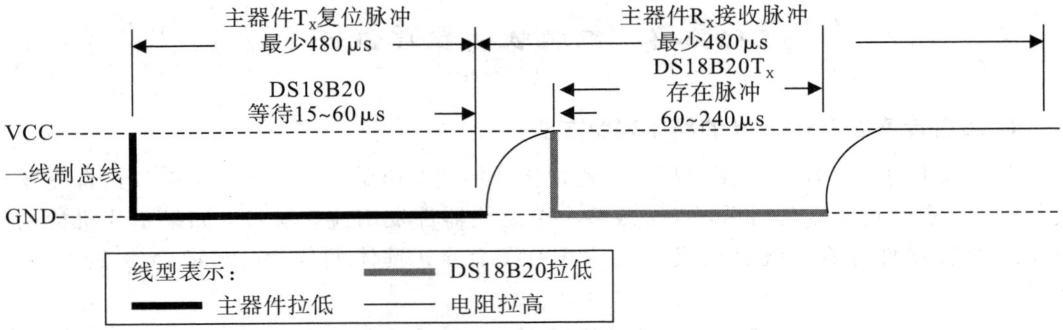

图 3-22 DS18B20 的初始化复位脉冲时序图

DS18B20 初始化的参考程序如下：

```
/ * * * * * * DS18B20 延迟子函数(晶振 12 MHz 的 11 µs 延时函数) * * * * * * * /
void delay_18B20(unsigned intt)
{
    while(t——);
}
/ * * * * * * * * * * * * * * * * * DS18B20 初始化函数 * * * * * * * * * * * * * * *
* * /
void Init_DS18B20()
{
    unsigned char x=0;
    DQ = 1;
    delay_18B20(8);
    DQ=0;
    delay_18B20(80);
    DQ=1;
    delay_18B20(14);
    x=DQ;
    delay_18B20(20);
    while(x==1);
}
```

至此，按照 DS18B20 的初始化复位脉冲时序图编制的程序实现代码分析完毕。

(1) 写操作时序。如图 3-23 所示，当主器件把数据线从高逻辑电平拉至低逻辑电平时，产生写时间片。有两种类型的写时间片，分别为写 1 时间片和写 0 时间片，所有时间片必须有最短为 60 µs 的持续期，在各写周期之间必须有最短为 1 µs 的恢复时间。

在 DQ 线由高电平变为低电平之后，DS18B20 在 15～60 µs 的时间窗口之间对 DQ 线采样，如果 DQ 线为高电平，写 1 就发生；如果 DQ 线为低电平，便发生写 0。

源程序中的 DS18B20_WriteByte 函数完成对 DS18B20 的写时间片功能。源代码如下：

```
/ * * * * * * * * * * * * * * * DS18B20 写一个字节 * * * * * * * * * * * * * * * * * * * /
voidDS18B20_WriteByte(uchar dat)   //通过一线制总线向 18B20 写一个字节
{
```

```
unsigned char i=0;
    for (i=8; i>0; i--)          //循环一个字节位数
    {
        DQ=1; _nop_(); _nop_();//一线制总线置高 2μs 准备写过程
        DQ = 0; _nop_(); _nop_(); _nop_(); _nop_(); _nop_();
        //一线制总线置低 5 μs 给出写过程条件
        DQ = val&0x01; delay_18B20(6);
        //向一线制总线移出最低位并延迟 66μs 满足写数据条件
        dat=dat/2;                //写字节右移一位
    }
    DQ=1; delay_18B20(1);         //总线置高，完成写过程
}
```

nop()为执行一个时钟周期的空指令，本系统采用 12 MHz 的外部晶振，一个时钟周期大约要 1.1 μs；delay_18B20(1)延时函数则能够延时大致 11 μs。

对于主器件产生写 1 时间片的情况，数据线 DQ 必须先被拉至逻辑低电平，然后被释放，使数据线在写时间片开始之后的 15 μs 之内由主器件拉至高电平；对于主器件产生写 0 时间片的情况，数据线必须被主器件拉至逻辑低电平，且至少保持低电平 60 μs。读者可以对照图 3-23 给出的写时间片脉冲时序图，理解上面给出的程序代码。

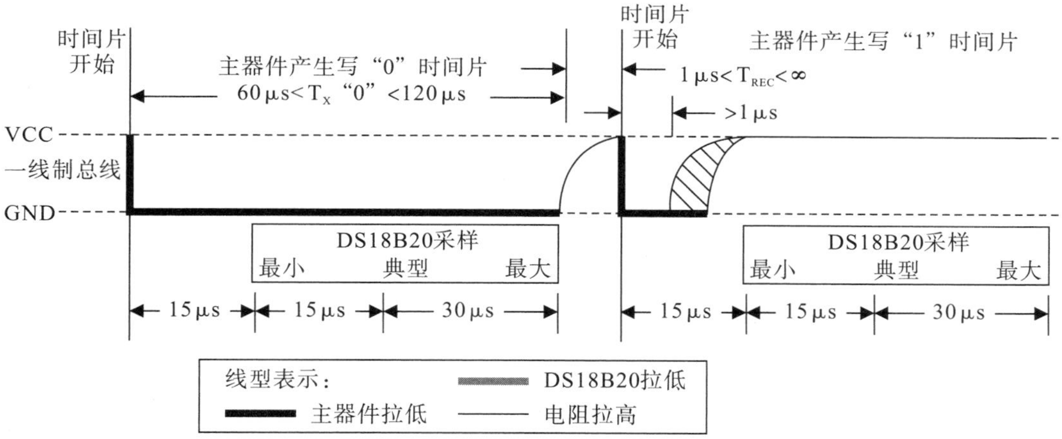

图 3-23　DS18B20 的写时间片脉冲时序图

(2) 读操作时序。如图 3-24 所示，当从 DS18B20 读数据时，主器件产生读时间片。当主器件把数据线 DQ 从逻辑高电平拉至低电平时，产生读时间片。数据线 DQ 必须保持在低逻辑电平至少 1 μs；总线控制器(主机)将总线电平先拉低大于 1 μs 的时间，然后释放总线。随后，如果由 DS18B20 将总线继续拉低超过 15 μs，则读出的数据是 0；如果 DS18B20 将总线继续拉低少于 15 μs，则读出的数据是 1。因此总控制器释放总线超过 15 μs后随时都可能由上拉电阻将总线拉到高电平，控制器在释放总线后的 15 μs 内采样总线可以保证读出数据是正确的，如果超过 15 μs 再采样总线，就有可能采样到错误数据。在读时间片结束时，I/O 引脚经过外部的上拉电阻拉回至高电平。

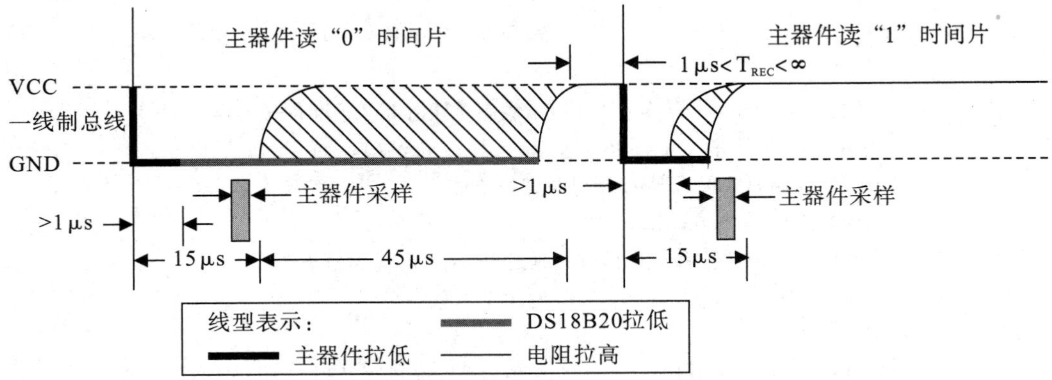

图 3-24 DS18B20 读时间片脉冲时序图

以下程序代码模拟了这一过程：

```
/*******************DS18B20读一个字节*************/
unsigned char DS18B20_ReadByte(void)
{
    uchar i=0;
    uchar dat = 0;
    for (i=8; i>0; i--)
     {
       DQ=1; _nop_(); _nop_();                    //一线制总线置高2μs准备读过程
         dat>>=1;
       DQ = 0; _nop_(); _nop_(); _nop_(); _nop_();
                                                  //一线制总线置低4μs给出读过程条件
         DQ = 1; _nop_(); _nop_(); _nop_(); _nop_();
                                                  //一线制总线置高4μs准备读取数据位
         if(DQ)
         dat|=0x80;                               //读取数据位并存入暂存变量
         delay_18B20(6);                          //延迟66μs满足读数据条件
    }
    DQ=1;                                         //总线置高，完成读过程
    return(dat);                                  //将暂存变量作为函数的返回值
}
```

(3) 读取DS18B20当前温度值程序。对于单点测温(单个DS18B20)，读取DS18B20当前温度值的程序编制思路如图3-25所示，具体程序如下：

```
void Read_Temprature()
{   Init_DS18B20();
    DS18B20_WriteByte(0xCC);   //跳过读序号列号的操作
    DS18B20_WriteByte(0x44);   //启动温度转换
    delay_18B20(1000);
    Init_DS18B20();
    DS18B20_WriteByte(0xCC);   //跳过读序号列号的操作
```

```
    DS18B20_WriteByte(0xBE);    //读取温度寄存器等(共可读 9 个寄存器)前两个就是温度
    delay_18B20(1000);
    TL=DS18B20_ReadByte();      //先读的是温度值低位
    TH=DS18B20_ReadByte();      //接着读的是温度值高位
    htemp=DS18B20_ReadByte();   //上限
    ltemp=DS18B20_ReadByte();   //下限
}
```

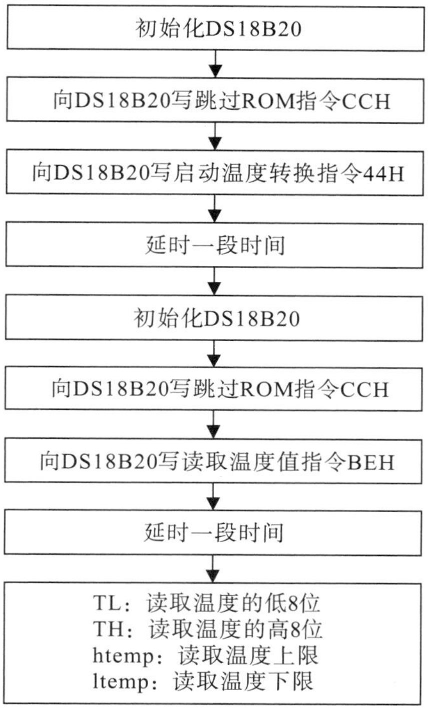

图 3-25 读取温度传感器 DS18B20 温度值程序设计思路

(4) 温度处理程序。该程序的功能是将读取的温度值进行转换，只保留整数部分，参考程序如下：

```
unsigned char Temprature_oper()
{
    unsigned char temp_value;
    Read_Temprature();
    temp_value=TH<<4;
    temp_value+=(TL&0xf0)>>4;
    return temp_value;
}
```

(5) 写温度报警值程序。该程序的功能是将设置的温度的上下限值写进温度传感器 DS18B20 内部自带的 EEPROM 里面，参考程序如下：

```
/********************写 DS18B20 温度报警值 *************/
void Set_Alarm_Temp_Value(uchar temphigh, uchar templow)
```

```
{
    Init_DS18B20();
    DS18B20_WriteByte(0xCC); //跳过序列号
    DS18B20_WriteByte(0x4E); //将设定的温度报警器值写入 DS18B20
    DS18B20_WriteByte(temphigh); //写 TH
    DS18B20_WriteByte(templow); //写 TL
    DS18B20_WriteByte(0x7F); //12 位精度
delay(1000);
    Init_DS18B20();
    DS18B20_WriteByte(0xCC); //跳过序列号
    DS18B20_WriteByte(0x48); //温度报警值存入 DS18B20
}
```

2. 程序流程图设计

温度报警系统程序流程图如图 3-26 所示。

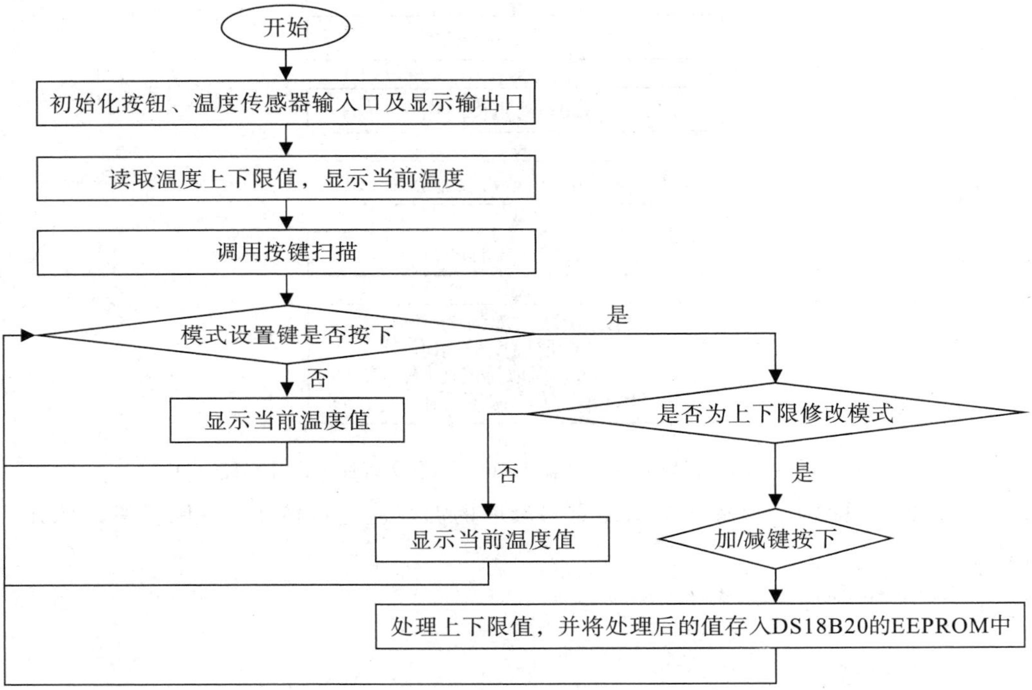

图 3-26 温度报警系统程序流程图

3. 系统程序设计

温度报警系统整体程序如下：

```
////////////////////////头文件/////////////////////////
#include<reg51.h>
#include<intrins.h>
#define uchar unsigned char
#define uint unsigned int
```

```
/////////////////////////位定义/////////////////////////
sbit DQ = P1^0;          //DS18B20 与单片机连接口
sbit k1=P3^1;            //功能按键
sbit k2=P3^2;            //增加键
sbit k3=P3^3;            //减少键
sbit beep=P2^0;          //蜂鸣器
/////////////////////////变量定义/////////////////////////
unsigned char TL, TH;  //TL: 读取的温度值的低 8 位; TH: 读取的温度值的高 8 位
unsigned char htemp=33, ltemp=5;  //温度上下限初始化
unsigned char f_temp;             //存放温度值的变量
unsigned char s1num=0, num=0;
unsigned char i, s=0;
unsigned char T;
unsigned char code TAB[]={
0xc0, 0xcf, 0xa4, 0xb0, 0x99, 0x92, 0x82, 0xf8, 0x80, 0x90, 0x9c, 0xc6, 0xbf, 0x89, 0xc7
};                                //数码管的字符编码
unsigned char code LED_bit[]={0xfd, 0xfb, 0xf7, 0xef}; //数码管位端
unsigned char  disp_buf[4];       //存放四位数码管显示的符号
unsigned char led_num=0;
/////////////DS18B20 函数声明/////////////////////
void delay_18B20(unsigned int i);     //DS18B20 延迟子函数(晶振 12MHz)
void Init_DS18B20();                  //DS18B20 初始化函数
unsigned char DS18B20_ReadByte();     //DS18B20 读一个字节
void DS18B20_WriteByte(unsigned char dat);  //DS18B20 写一个字节
void Read_Temprature();                     //读取 DS18B20 当前温度
unsigned char Temprature_oper();
void Set_Alarm_Temp_Value(uchar temphigh, uchar templow); //设置温度上下限值
//void Read_Alarm_Temp_Value();                           //读取温度上下限值
////////////其余函数声明////////////////////
void delay1(uchar i);
void delay(uint x);
void di();
void keyscan();
void Baojing();
/************主函数*****************/
void main()
{   TMOD=0x11;
    EA=1;
    ET0=1;
    ET1=1;
    TH0=(-1000/1)/256;
    TL0=(-1000/1)%256;
    TH1=(-1000/1)/256;
```

```
        TL1=(-1000/1)%256;
        TR0=1;
        TR1=1;
        PT1=1;
        beep=1;
        Set_Alarm_Temp_Value(htemp, ltemp);
        Read_Temprature();
        while(1)  {
            keyscan();
        }
}
/****毫秒级延时函数*****************************/
void delay1(uchar i)
{   uchar j=100;
    for(i; i>0; i--)
      for(j; j>0; j--)
        {; }
}
void delay(uint x)
{
  uint i, j;
  for(i=x; i>0; i--)
      for(j=110; j>0; j--);
}
/*******蜂鸣器发音******************************/
void di()
{
    beep=0;
    delay(100);
    beep=1;
}
/***********ds18b20延迟子函数(晶振12MHz)*******/
void delay_18B20(unsigned int i)
{
    while(i--);
}
/**********DS18B20初始化函数*********************/
void Init_DS18B20()
{
      unsigned char x=1;
      while(x)
      {
        while(x)
```

```
        {
DQ = 1; _nop_(); _nop_();
            DQ=0; delay_18B20(50);
            DQ=1; delay_18B20(6);
            x=DQ;
        }
        delay_18B20(45);
        x=~DQ;
    }
    DQ=1;
}
/************DS18B20读一个字节***************/
unsigned char DS18B20_ReadByte()
{
    uchar i=0;
    uchar dat = 0;
    for (i=8; i>0; i--)
    {
        DQ = 1; _nop_(); _nop_();
        dat>>=1;
        DQ = 0; _nop_(); _nop_(); _nop_(); _nop_();
        DQ = 1; _nop_(); _nop_(); _nop_(); _nop_();
        if(DQ)dat|=0x80;
        delay_18B20(6);
    }
    DQ=1;
    return(dat);
}
/**************DS18B20写一个字节******************/
void DS18B20_WriteByte(uchar dat)
{
    unsigned char i=0;
    for (i=8; i>0; i--)
    {
        DQ = 1; _nop_(); _nop_();
        DQ = 0; _nop_(); _nop_(); _nop_(); _nop_();
        DQ = dat&0x01; delay_18B20(6);
        dat=dat/2;
    }
    DQ=1;
    delay_18B20(1);
}
/*********读取DS18B20当前温度和温度报警值************/
```

```
void Read_Temprature()
{
    Init_DS18B20();
    DS18B20_WriteByte(0xCC); //跳过读序号列号的操作
    DS18B20_WriteByte(0x44); //启动温度转换
    delay_18B20(1000);
    Init_DS18B20();
    DS18B20_WriteByte(0xCC); //跳过读序号列号的操作
    DS18B20_WriteByte(0xBE); //读取温度寄存器等(共可读 9 个寄存器)前两个就是温度
    delay_18B20(1000);
    TL=DS18B20_ReadByte(); //先读的是温度值低位
    TH=DS18B20_ReadByte(); //接着读的是温度值高位
    htemp=DS18B20_ReadByte();   //上限
    ltemp=DS18B20_ReadByte();   //下限
}
/***********温度处理函数*************************/
unsigned char Temprature_oper()
{
    unsigned char temp_value;
    Read_Temprature();
    temp_value=TH<<4;
    temp_value+=(TL&0xf0)>>4;
    return temp_value;
}
/************写 DS18B20 温度报警值 ************/
void Set_Alarm_Temp_Value(uchar temphigh, uchar templow)
{
    Init_DS18B20();
    DS18B20_WriteByte(0xCC);          //跳过序列号
    DS18B20_WriteByte(0x4E);          //将设定的温度报警器值写入 DS18B20
    DS18B20_WriteByte(temphigh);      //写 TH
    DS18B20_WriteByte(templow);       //写 TL
    DS18B20_WriteByte(0x7F);          //12 位精度
delay(1000);
    Init_DS18B20();
    DS18B20_WriteByte(0xCC);          //跳过序列号
    DS18B20_WriteByte(0x48);          //温度报警值存入 DS18B20
}
/************按键扫描函数****************/
void keyscan()                        //按键扫描函数
{   /////////////功能按键 k1 按下的按键次数计数///////////////////////
    if(k1==0)                         //按键 1,功能键
    {
```

```
        delay(10);                    //按下时延时去抖
        if (k1==0)                    //确认键是否被按下
        {
            s1num++;                  //功能键按下次数纪录
            while(! k1);              //确认是否释放按键
di();
            Read_Temprature();
        }

    }
    ////////////////根据按键次数确定状态/////////////////////////////////
    if(s1num==0)num=0;          //没有按下按键则显示当前温度
    if(s1num==1){num=1;}        //第一次被按下数码管，显示温度上限
    if(s1num==2){num=2;}        //第二次被按下数码管，显示温度下限
    if(s1num==3){s1num=0; num=0;}
                                //第三次被按下//重新计数//数码管显示当前温度
    ///////////////温度上限可变状态////////////////////////////////////////
    if(num==1)                  //温度上限处于可改变状态
    {
        if(k2==0)               //按键 2，加一键/温度上限查看键
        {   delay(10);          //按下时延时去抖
            if(k2==0)           //确认键是否被按下
            {           //while(! k2);  //确认是否释放按键
                htemp++;                //温度上限增加 1
di();
                if(htemp==99)htemp=0; //温度上限超过 40℃则从 0 开始
                Set_Alarm_Temp_Value(htemp, ltemp);
              //把改变后的温度上限写入 DS18B20
            }
            while(! k2);
        }
        if(k3==0)                       //按键 3，减一键/温度下限查看键
        {   delay(10);                  //按下时延时去抖
            if(k3==0);                  //确认键是否被按下
            {   htemp--;                //温度上限减少 1
                di();
                if(htemp==0)htemp=99; //温度上限低于 0℃则从 40 开始
                Set_Alarm_Temp_Value(htemp, ltemp);
              //把改变后的温度上限写入 DS18B20
            }
            while(! k3);                //确认是否释放按键
        }
    }
```

```
///////////////////////温度下限可调状态/////////////////////////////////////
if(num==2)                              //温度下限处于可改变状态
{
    if(k2==0)                           //按键 2，加一键/温度上限查看键
    {
        delay(10);                      //按下时延时去抖
        if(k2==0)                       //确认键是否被按下
        {
            ltemp++;                    //温度下限增加 1
            di();
            if(ltemp==99)ltemp=0; ;//温度下限超过温度上限则从 0 开始
            Set_Alarm_Temp_Value(htemp, ltemp);
          //把改变后的温度下限写入 DS18B20
        }
        while(! k2);                    //确认是否释放按键
    }
    if(k3==0)                           //按键 3，减一键/温度下限查看键
    {
        delay(10);                      //按下时延时去抖
        if(k3==0)                       //确认键是否被按下
        {
            ltemp--;                    //温度下限减少 1
            di();
            if(ltemp==0)ltemp=99;  //温度下限低于 0℃则从温度上限开始
            Set_Alarm_Temp_Value(htemp, ltemp);
          //把改变后的温度下限写入 DS18B20
        }
    while(! k3);                        //确认是否释放按键
    }
}
}
/************温度报警函数*****************/
void Baojing()
{    if((f_temp>=htemp)||(f_temp<=ltemp))//温度高于设置最大温度
    {
        beep=0;
    }
    else  {
        beep=1;
    }
}
/************温度值采集函数*****************/
void time0()interrupt 1
```

```
{
    TR0=0;
    TH0=(-50000/1)/256;
    TL0=(-50000/1)%256;
    i++;
    if(i==20)  {
        i=0;
        f_temp=Temprature_oper();
Baojing();
    }
    TR0=1;
}
/************数码管显示函数*****************/
void time1()interrupt 3
{   TR1=0;
    TH1=0xFC;
    TL1=0x18;
    if(num==0)  {
        disp_buf[0]=f_temp/10;          //温度值的十位
        disp_buf[1]=f_temp%10;          //温度值的个位
        disp_buf[2]=10;                 //温度的符号 o
        disp_buf[3]=11;                 //温度的符号 C
    }
    if(num==1)  {
        disp_buf[0]=13;                 //符号 H
        disp_buf[1]=12;                 //符号—
        disp_buf[2]=htemp/10;           //温度的十位
        disp_buf[3]=htemp%10;           //温度的个位
    }
    if(num==2)  {
        disp_buf[0]=14;                 //符号 L
        disp_buf[1]=12;                 //符号—
        disp_buf[2]=ltemp/10;           //温度的十位
        disp_buf[3]=ltemp%10;           //温度的个位
    }
    P0=0xff;
    P2=LED_bit[led_num];
    P0=TAB[disp_buf[led_num]];
    led_num++;
    if(led_num>3)led_num=0;
    TR1=1;
}
//////////////////程序结束/////////////////
```

4. 系统仿真电路设计

温度报警系统仿真电路如图 3－27 所示。

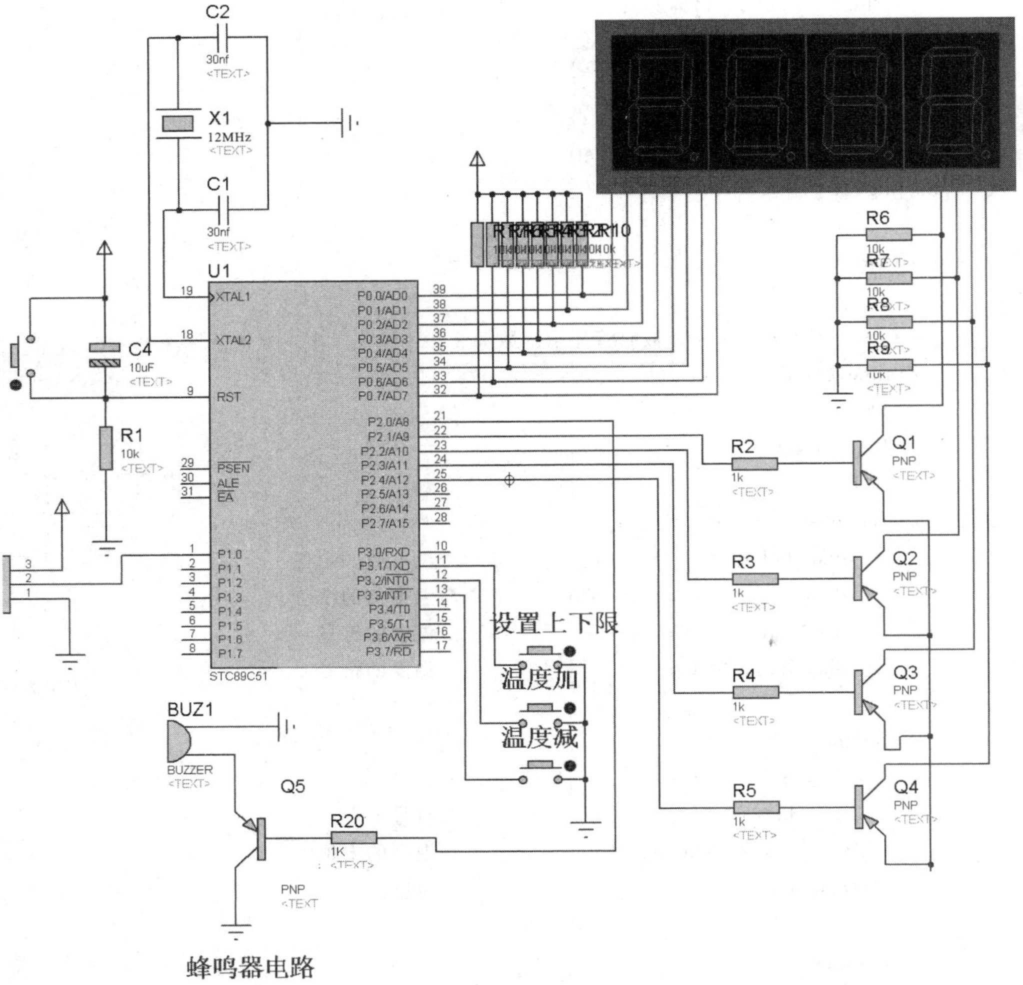

图 3－27　温度报警系统仿真电路图

项目扩展任务

温度报警系统项目没有对温度为负值的情况进行考虑和编程，请读者在理解本项目的基础上以组或个人为单位，在原有功能的基础上，增加显示负温度值的功能，例如：正温度用符号 A 表示，负温度用符号 B 表示。要求完成如下任务：

- 完成系统硬件电路的制作；
- 完成系统的程序的设计、仿真调试；
- 完成项目技术报告的制作。

项目7　汽车倒车报警系统的设计与制作

本设计将超声波测距和传感器联系在一起，利用单片机的实时控制和数据处理功能测量并显示汽车与障碍物之间的距离，并在不同距离利用蜂鸣器不同频率发出的不同声音及时报警，从而实现汽车防撞。这样驾驶员就能通过显示的测距，甚至不同的声音来判断汽车与障碍物之间的距离。本设计简易，虽然精度不高，还不能测量过远的距离，但规模小，外围电路简单，调试也方便，成本也不高，器件更换容易，灵活性高，而且能完全满足驾驶员泊车时的需要，可以完全解除驾驶员在倒车过程中的顾虑和困扰，提高泊车的安全。所以，本项目所要求设计的基于单片机的汽车防撞装置将具有极大的现实意义和市场。

1. 项目目标

（1）理解超声波模块的工作原理。

（2）理解1602液晶模块的原理。

（3）掌握超声波传感器模块和1602液晶模块进行读、写的方法。

（4）对照超声波HC-SR04模块和1602液晶模块的数据手册，理解对它们进行读和写的软件编制方法。

（5）在完成以上4点目标的基础上，根据“项目扩展任务”中提出的问题和要求，以组或个人为单位，在规定时间里完成扩展项目任务。

2. 项目要求

在基于单片机的汽车倒车报警系统，可以实现以下功能：

（1）能够测量0～5m范围内的距离，并用1602液晶模块显示当前距离，同时显示当前温度值。

（2）可以手动设置距离报警限值，当距离到达限值时则报警。

（3）具有温度补偿功能。

任务1　系统方案选择和论证

1. 测距传感器的选择

1）激光测距传感器

激光传感器利用激光的方向性强和传光性好的特点制成，它工作时先由激光传感器对准障碍物发射激光脉冲，经障碍物反射后向各个方向散射，部分散射光返回接收传感器，能接收其微弱的光信号，从而记录并处理光脉冲从发射到返回所经历的时间，即可测定距离(往返时间的一半乘以光速就能得到距离)。激光测距传感器的优点是测量的距离远、速度快、精确度高、量程范围大；缺点是对人体存在安全问题，而且制作的难度大，成本也比较高。

2）红外线测距传感器

红外线测距传感器是利用红外线信号在遇到不同距离的障碍物其反射的强度也不同的特点，从而对障碍物的距离远近进行测量的。其优点是成本低廉、使用安全、制作简单；缺点是测量精度低，方向性也差，测量距离近。

3）超声波传感器

超声波是一种超出人类听觉极限的声波，即其振动频率高于 20 kHz 的机械波。超声波传感器工作时就是将电压和超声波进行互相转换，当超声波传感器发射超声波时，发射超声波的探头将电压转化的超声波发射出去，当接收超声波时，超声波接收探头将超声波转化的电压回送到单片机控制芯片。超声波具有振动频率高、波长短、绕射现象小且方向性好，以及能够为反射线定向传播等优点，而且超声波传感器的能量消耗缓慢有利于测距。在中、长距离测量时，超声波传感器的精度和方向性都要大大优于红外线传感器，但价格也稍贵。从安全性、成本、方向性等方面综合考虑，超声波传感器更适合设计要求。

根据对以上三种传感器性能的比较，虽然能明显看出激光传感器是比较理想的选择，但是它的价格比较高，安全度不够高。而且，汽车在行驶的过程中超声波传感器测距时应具有较强的抗干扰能力和较短的响应时间，因此选用超声波传感器作为此设计方案的传感器探头。

2. 汽车倒车报警系统总体结构设计

根据汽车倒车报警系统的功能要求进行了系统的总体设计。此方案选择 51 单片机作为控制核心，所测得的距离数值由 1602 液晶显示，与障碍物之间的不同距离利用蜂鸣器频率的不同报警声提示。本项目的汽车倒车报警系统框图如图 3－28 所示，系统由 51 单片机最小系统、报警模块、液晶显示模块、超声波集成模块、键盘模块、温度传感器模块和电源模块组成。

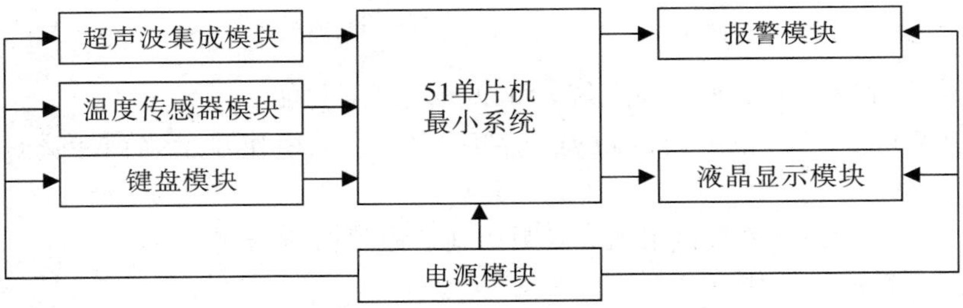

图 3－28　汽车倒车报警系统框图

其中，对于超声波发射模块和接收模块，依据设计的要求，结合各方面的因素考虑，查阅相关数据资料，选用了 HC－SR04 超声波集成模块。此超声波模块的最大探测距离为 5 m，精度可以达到 0.3 cm，盲区为 2 cm，发射扩散角不大于 15°，更有利于测距的准确性。而且，此模块的工作频率范围为 39～41 kHz。

同时，由于超声波的发射和接收是分开进行的，所以发射探头和接收探头必须在同一条水平直线上，这样才能准确地接收反射的回波。而由于测量的距离不同和发射扩散角所引起的误差，以及超声波信号在空气中传播过程中的衰减问题，发射探头和接收探头的距离不可以太远，且还要避免发射探头对接收探头在接收信号时产生的干扰，所以二者又不能靠得太近。根据对相关资料的查阅，将两探头之间的距离定在 5～8 cm 最为合适。本设计所用的 HC－SR04 模块的超声波探头之间的距离在 6 cm 左右，因此满足设计的要求。

3. 系统中应用的关键技术

基于单片机的汽车倒车报警系统在设计时需要解决以下 3 个方面的问题：

（1）理解超声波 HC－SR04 模块的工作原理。

(2) 理解 1602 液晶显示的原理。

(3) 对照超声波 HC－SR04 模块和 1602 液晶模块的数据手册，理解对它们进行读和写的软件编制方法。

任务 2　系统硬件电路设计

汽车倒车报警系统的硬件电路分为六部分：单片机最小系统模块、超声波集成电路模块、蜂鸣器报警模块、温度模块和 1602 液晶显示电路、电源电路。汽车防撞系统的测距是利用超声波测距的原理，在单片机内部程序的控制下，由超声波发射探头发射超声波，在超声波遇到障碍物时反射到超声波接收探头，由此回应到单片机，由单片机进行中断处理和数据处理，计算出距离，由数码管显示距离，并由蜂鸣器报警提示。由于单片机最小系统模块、电源模块、蜂鸣器报警电路、温度模块在前面的项目已经详细介绍，因此下面只对超声波集成模块和 1602 液晶显示电路设计进行介绍。

1. 超声波模块电路的设计

1) HC－SR04 超声波集成模块的介绍

HC－SR04 超声波集成模块是一个将超声波发射探头、超声波接收探头、CX20106A 芯片电路、74LS04 芯片放大电路集成到一起的超声波集成模块。HC－SR04 超声波集成模块正面外观如图 3－29 所示，背面外观如图 3－30 所示。

图 3－29　HC－SR04 超声波集成模块正面外观

图 3－30　HC－SR04 超声波集成模块背面外观图

HC－SR04 超声波集成模块的电气参数如表 3－6 所示。

表 3－6　HC－SR04 超声波集成模块的电气参数

电气参数	HC－SR04 超声波集成模块
工作电压	DC 5 V
工作电流	15 mA
工作频率	40 kHz
最远射程	4 m
最近射程	2 cm
测量角度	15°
输入触发信号	10 μs 的 TTL 电平
输出回响信号	输出 TTL 电平信号，与射程成正比
规格尺寸	45 mm×20 mm×15 mm

HC－SR04 超声波集成模块的引脚排布如图 3－31 所示。

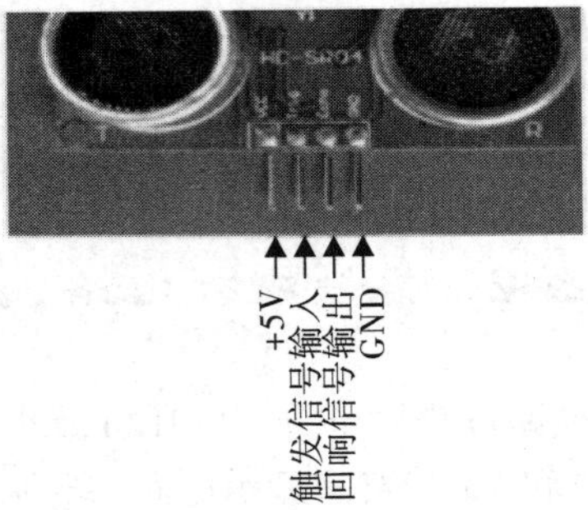

图 3-31　HC-SR04 超声波集成模块的引脚排布图

VCC 端口—接+5 V 电源；GND—接地；Trig 端口—触发控制信号输入；Echo—回响信号输出。

根据如图 3-32 所示的超声波时序图，可知 HC-SR04 超声波集成模块的工作原理：

(1) 采用 I/O 触发测距，但至少要输入 10 μs 的高电平信号。

(2) 模块自动发送 8 个 40 kHz 的方波脉冲，并能够自动检测是否有信号返回。

(3) 有信号返回，通过 Echo 输出高电平，高电平持续的时间就是超声波从发射到返回所用的时间，则所测量的距离=(高电平时间×声速)/2。

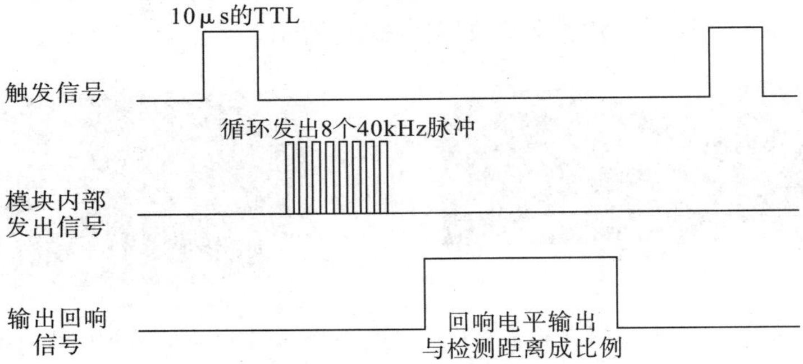

图 3-32　超声波时序图

2. HC-SR04 超声波集成模块与单片机连接电路设计

HC-SR04 超声波集成模块有 4 个引脚，其中两个引脚分别是电源和地，另外两个引脚则需要连接单片机的 I/O 口，这里选择 P2.1 接 HC-SR04 的 Echo 端，P2.2 接 Trig 端。HC-SR04 与单片机的具体连接电路如图 3-33 所示。

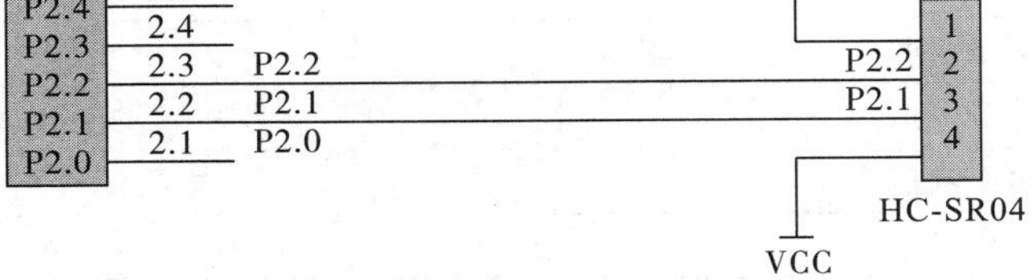

图 3-33　HC-SR04 与单片机连接电路图

3. 1602 液晶显示电路设计

1）1602 液晶的介绍

在单片机的人机交互界面中，一般的输出方式有以下几种：发光二极管、LED 数码管、液晶显示器。发光管和 LED 数码管比较常用，软硬件都比较简单，在前面项目中已经介绍过，在此不作介绍，本项目重点介绍字符型液晶显示器的应用。在日常生活中，液晶显示模块已作为很多电子产品的常用器件，如计算器、万用表、电子表及很多家用电子产品，显示的主要是数字、专用符号和图形。

（1）液晶显示的原理。液晶显示的原理是利用液晶的物理特性，通过电压对其显示区域进行控制，有电就有显示，这样即可以显示出图形。液晶显示器具有厚度薄、适用于大规模集成电路直接驱动、易于实现全彩色显示的特点，目前已经被广泛应用于便携式电脑、数字摄像机、PDA 移动通信工具等众多领域。

（2）液晶显示器的分类。液晶显示的分类方法有很多种，通常可按其显示方式分为段式、字符式、点阵式等。除了黑白显示外，液晶显示器还有多灰度彩色显示等。根据驱动方式来分，可以分为静态驱动（Static）、简单矩阵驱动（Simple Matrix）和主动矩阵驱动（Active Matrix）三种。

（3）液晶显示器各种图形的显示原理。

① 线段的显示。点阵图形式液晶由 M×N 个显示单元组成，假设 LCD 显示屏有 64 行，每行有 128 列，每 8 列对应 1 字节的 8 位，即每行由 16 字节，共 16×8＝128 个点组成，屏上 64×16 个显示单元与显示 RAM 区的 1024 字节相对应，每一字节的内容和显示屏上相应位置的亮暗相对应。例如屏的第一行的亮暗由 RAM 区 000H～00FH 的 16 字节的内容决定，当（000H）＝FFH 时，则屏幕的左上角显示一条短亮线，长度为 8 个点；当（3FFH）＝FFH 时，则屏幕的右下角显示一条短亮线；当（000H）＝FFH，（001H）＝00H，（002H）＝00H，……（00EH）＝00H，（00FH）＝00H 时，则在屏幕的顶部显示一条由 8 段亮线和 8 条暗线组成的虚线，这就是 LCD 显示的基本原理。

② 字符的显示。用 LCD 显示一个字符时比较复杂，因为一个字符由 6×8 或 8×8 点阵组成，既要找到和显示屏幕上某几个位置对应的显示 RAM 区的 8 字节，还要使每字节的不同位为“1”，其他位为“0”，为“1”的点亮，为“0”的不亮，这样一来就组成某个字符。但对于内带字符发生器的控制器来说，显示字符就比较简单了，可以让控制器工作在文本方式，根据在 LCD 上开始显示的行列号及每行的列数找出显示 RAM 对应的地址，设立光标并在此送上该字符对应的代码即可。

③ 汉字的显示。汉字的显示一般采用图形的方式，事先从微机中提取要显示的汉字的点阵码（一般用字模提取软件），每个汉字占 32 B，分左右两半，各占 16 B，左边为 1、3、5…，右边为 2、4、6…，根据在 LCD 上开始显示的行列号及每行的列数可找出显示 RAM 对应的地址，设立光标，送上要显示的汉字的第一字节，光标位置加 1，送上第二个字节，换行按列对齐，送上第三个字节…，直到 32B 显示完就可以在 LCD 上得到一个完整汉字。

（4）1602 字符型 LCD 简介。

字符型液晶显示模块是一种专门用于显示字母、数字、符号等点阵式 LCD，目前常用 16×1、16×2、20×2 和 40×2 行等模块。市面上字符液晶绝大多数都是基于 HD44780 液晶芯片的，控制原理完全相同。一般 1602 字符型液晶显示器实物如图 3－34 和图 3－35 所示。

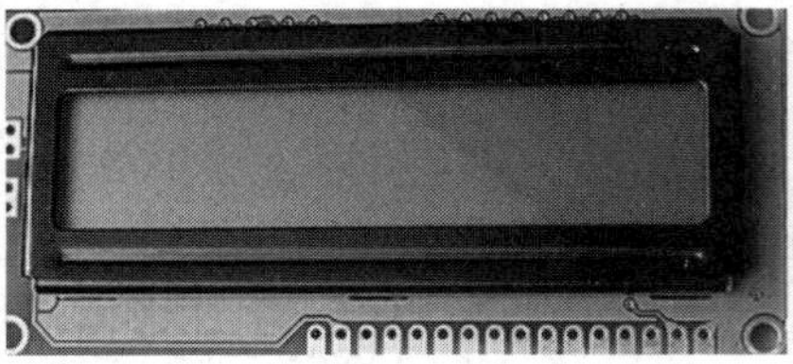

图 3-34　1602 液晶正面外观图

图 3-35　1602 液晶背面外观图

1602LCD 分为带背光和不带背光两种，带背光的比不带背光的厚，是否带背光在应用中并无差别，两者的尺寸差别如图 3-36 所示。

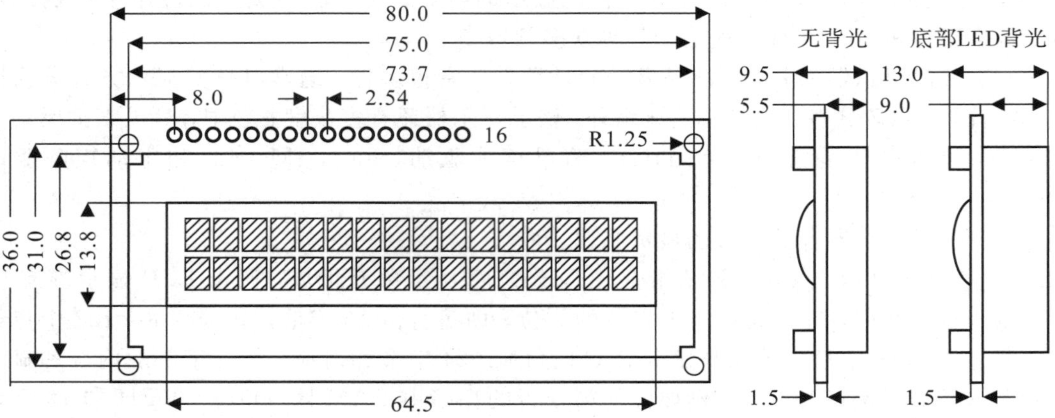

图 3-36　1602LCD 尺寸图

1602LCD 的主要技术参数如表 3-7 所示。

表 3-7　1602LCD 的主要技术参数表

显示容量	16×2 个字符
芯片工作电压	4.5～5.5 V
工作电流	2.0 mA(5.0 V)
模块最佳工作电压	5.0 V
字符尺寸	2.95 mm×4.35 mm(W×H)

1602LCD 采用标准的 14 脚(无背光)或 16 脚(带背光)接口，各引脚接口说明如表3-8所示。1602LCD 引脚功能说明如下：

第 1 脚：VSS 为电源。

第 2 脚：VDD 接 5V 正电源。

第 3 脚：VL 为液晶显示器对比度调整端。接电源时对比度最弱，接地时对比度最高，但对比度过高时会产生“鬼影”，使用时可以通过一个 10k 的电位器调整对比度。

第 4 脚：RS 为寄存器选择端。高电平时选择数据寄存器，低电平时选择指令寄存器。

第 5 脚：R/W 为读写信号线端。高电平时进行读操作，低电平时进行写操作。

当 RS 和 R/W 共同为低电平时可以写入指令或者显示地址；当 RS 为低电平、R/W 为高电平时可以读忙信号；当 RS 为高电平、R/W 为低电平时可以写入数据。

第 6 脚：E 端为使能端。当 E 端由高电平跳变成低电平时，液晶模块执行命令。

第 7～14 脚：D0～D7 为 8 位双向数据线。

第 15 脚：BLA 为背光源正极。

第 16 脚：BLK 为背光源负极。

表 3-8　1602LCD 引脚及功能说明表

编号	符号	引脚说明	编号	符号	引脚说明
1	VSS	电源地	9	D2	数据
2	VDD	电源正极	10	D3	数据
3	VL	液晶显示偏压	11	D4	数据
4	RS	数据/命令选择	12	D5	数据
5	R/W	读/写选择	13	D6	数据
6	E	使能信号	14	D7	数据
7	D0	数据	15	BLA	背光源正极
8	D1	数据	16	BLK	背光源负极

2）1602 液晶与单片机连接电路设计

本项目中采用的是带背光的 1602LCD，因此它的引脚为 16 脚，其与单片机的连接图如图 3-37 所示。

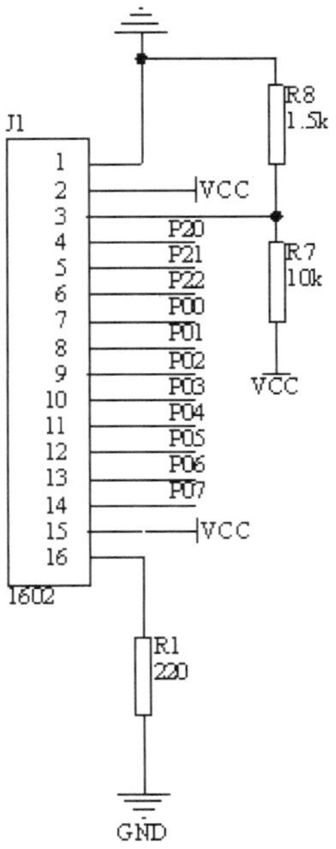

图 3-37　1602LCD 与单片机的连接图

4. 汽车倒车报警系统总体硬件电路设计

汽车倒车报警系统总体硬件电路如图 3 - 38 所示。

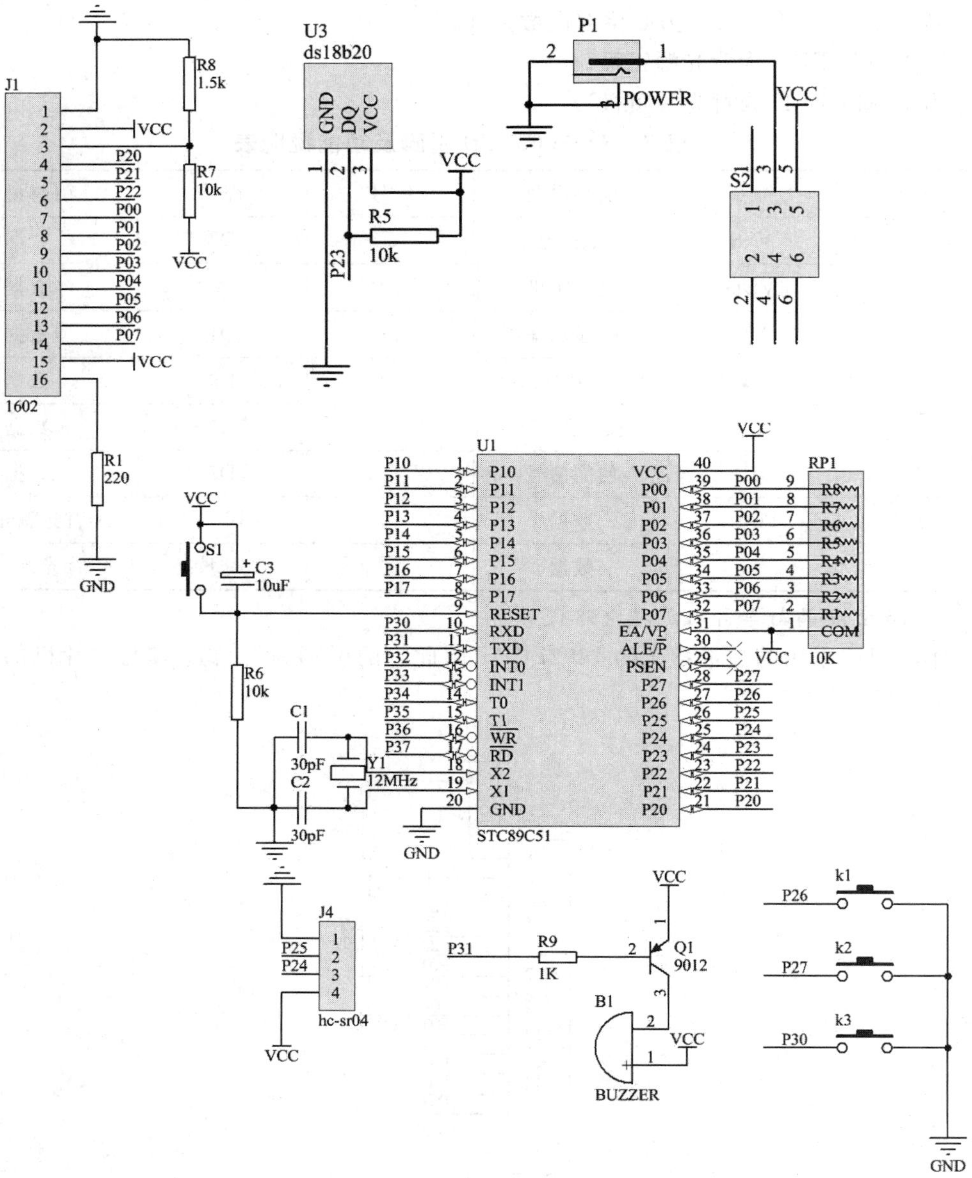

图 3 - 38　汽车倒车报警系统总体硬件电路图

任务 3　系统软件程序设计

系统程序主要包括主程序、显示数据子程序、报警子程序、按键子程序、超声波测距程序等。

1. 主程序的编制

主程序的主要功能是负责距离的显示、读出并处理 HC－RS04 的测量距离值，按键控制有效距离限制，当测量的值超过预设值时，蜂鸣器发声报警。

主程序流程图如图 3－39 所示。

2. 超声波测距程序的编制

超声波测距的主要功能就是获取超声波模块测量的结果，将此结果根据 DS18B20 检测到的温度值转化为对应的距离。超声波测距程序的流程图如图 3－40 所示。

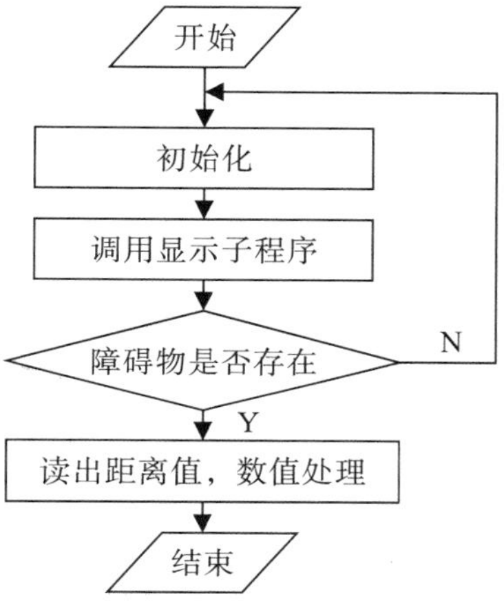

图 3－39　主程序流程图

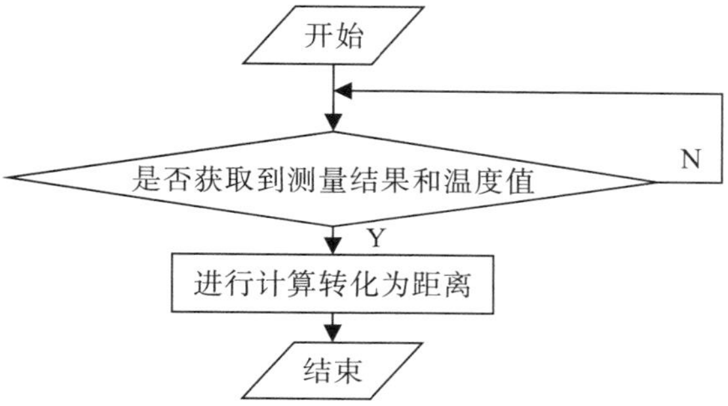

图 3－40　超声波测距程序的流程图

1）超声波测距的原理介绍

超声波是一种振动频率超过 20 kHz 的机械波，它可以沿直线传播，传播的方向性好，传播的距离也较远，当在介质中传播遇到障碍物时，在入射到它的反射面上就会产生反射波。由于超声波的以上几个特点，超声波被广泛应用于物体距离、厚度的测量等方面。而且，超声波的测量是一种比较理想的非接触式的测距方法。

当进行距离的测量时，由安装在同一水平线上的超声波发射器和接收器完成超声波的发射与接收，并且同时启动定时器进行计数。首先由超声波发射探头向倒车的方向发射超声波并同时启动定时器计时，超声波在空气中传播的途中一旦遇到障碍物后就会被反射回来，当接收探头收到反射波后就会发负脉冲到单片机使其立刻停止计时。这样，定时器就能够准确地记录下超声波发射点至障碍物之间往返传播所用的时间 t(s)。由于在常温下超声波在空气中的传播速度大约为 340 m/s，所以障碍物到发射探头之间的距离可以利用式(3－1)计算：

$$S=\frac{340\times t}{2}=170\times t \tag{3-1}$$

因为单片机内部定时器的计时实际上就是对机器周期 T 的计数，而本设计中时钟频率 f_{osc} 取 12 MHz，设计数值 N，有 $T=\frac{12}{f_{\text{osc}}}=1(\mu\text{s})=0.000001\ \text{s}$，$t=N\times T=N\times 0.000001$(s)，则

$$S=170\times N\times T=170\times\frac{N}{1000000}\ (\text{m})$$

在程序中按上式计算距离。

2) 超声波测距程序

从图 3-32 的 HC-SR04 时序图已知，对于 HC-SR04 的操作需要以下几步。

第一步：触发 HC-SR04，即需要给 HC-SR04 的 Trig 端一个持续约 10 μs 的高电平信号。这里用 Trig_HC_SR04()函数来实现，具体参考程序如下：

```
void  Trig_HC_SR04 ()                    //启动模块
  {
      TRIG=1;                            //启动一次模块
      _nop_();
      _nop_();
      _nop_();
      _nop_();
      _nop_();
      _nop_();
      _nop_();
      _nop_();
      _nop_();
      _nop_();
      _nop_();
      _nop_();
      _nop_();
      _nop_();
      _nop_();
      _nop_();
      _nop_();
      _nop_();
      _nop_();
      _nop_();
      TRIG=0;
}
```

第二步：需要获取从发射超声波到接收到返回信号的时间。经过前面一步，HC-SR04 会自动生成 8 个 40 kHz 的方波脉冲，当其遇到障碍物时，HC-SR04 会自动检测到返回信号，并且此时 HC-SR04 的 Echo 端会产生高电平，高电平持续的时间就是超声波从发射到返回所用的时间，这段时间就是需要获取的时间。这里可以利用定时器的计数功能来实现。

初始化 HC_SR04：Init_HC_SR04()，参考程序如下：

```
void  Init_HC_SR04()  //初始化
  {
    TMOD=0x01;        //设 T0 为方式 1，GATE=1
    TH0=0;
    TL0=0;
    ET0=1;            //允许 T0 中断
```

```
    EA=1;              //开启总中断
    TR0=0;
}
```

获取时间 T：Time_HC_SR04()，参考程序如下：

```
unsigned char Time_HC_SR04()   //获取时间
{
    unsigned char time;
    while(! ECHO);             //当 RX 为零时等待
    TR0=1;                     //开启计数
    while(ECHO);               //当 RX 为 1 计数并等待
    TR0=0;                     //关闭计数
    time=TH0 * 256+TL0;
    return time;
}
```

第三步：计算距离。在这里设计的程序会根据不同的温度计算距离。

根据不同温度计算距离：JS_HC_SR04(unsigned char WD, unsigned char time1)，参考程序如下：

```
int JS_HC_SR04(unsigned char WD, unsigned char time1)//根据不同的温度计算距离
{
    int L;
    L=time1 * (331.45+61 * WD/10/100)/200/10;
    //时间乘以(声速+温度补偿)温度补偿就是温度值
    return L;
}
```

3. 显示数据子程序的编制

显示数据子程序的主要功能是把超声波模块测量的结果经单片机处理完毕的距离显示在 LCD 液晶显示屏上。

显示数据子程序流程图如图 3-41 所示。

1) 1602LCD 的 RAM 地址映射及标准字库

1602 液晶内置了 DDRAM。DDRAM 就是显示数据 RAM，并用来寄存待显示的字符代码，共有 80 个字节，其地址与屏幕的对应关系如图 3-42 所示。

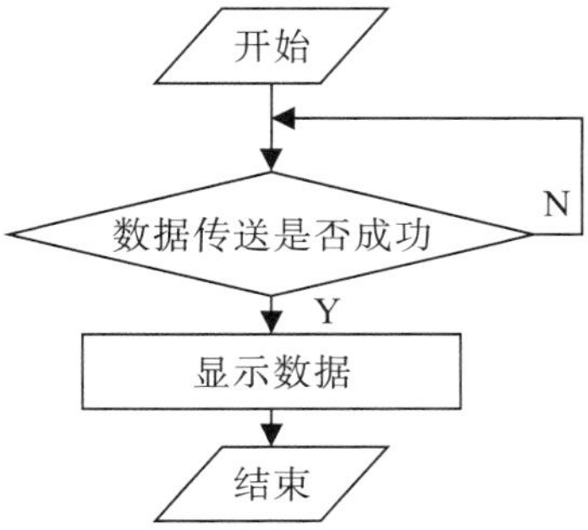

图 3-41　显示数据子程序流程图

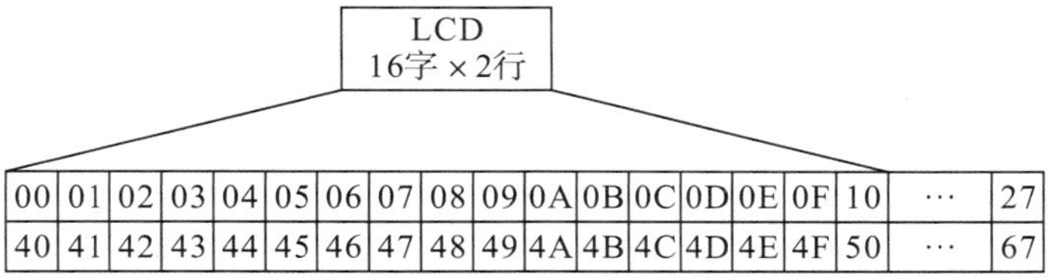

图 3-42　1602LCD 地址与屏幕的对应关系图

例如：想要在 1602LCD 屏幕的第二行第一列显示一个字符，我们从图中可知第二行第一个字符的地址是 40H，那么是否直接写入 40H 就可以将光标定位在第二行第一列的位置呢？这样不行，因为写入显示地址时要求最高位 D7 恒定为高电平 1，所以实际写入的数据应该是 01000000B(40H)＋10000000B(80H)＝11000000B(C0H)。

这里，我们已经知道如何确定要向 1602 液晶写的地址，现在还需要解决的是向这个地址写某个字符的问题。1602 液晶模块内部固化了字模存储器 CGROM 和 CGRAM。HD44780 内置了 192 个常用字符的字模，存放于字符产生器 CGROM（Character Generator ROM）中，另外还有 8 个允许用户自定义的字符产生 RAM，称为 CGRAM（Character Generator RAM）。图 3－43 说明了 CGROM 与字符的对应关系。

图 3－43　1602 液晶 CGROM 中字符与字模对应图

可以看出这些字符有：阿拉伯数字、英文字母的大小写、常用的符号和日文假名等，每一个字符都有一个固定的代码。

如果需要让 1602 液晶屏的第二行第一列显示 1 个字符“A”，就需要先写地址数据 C0H，再向此地址写字符“A”的代码 01000001B(41H)，这样就能看到字母“A”。

2）1602LCD 的指令说明

如何对 DDRAM 的内容和地址进行具体的操作呢？下面介绍 HD44780 的指令集及其设置说明。1602 液晶模块内部的控制器共有 11 条控制指令。

· 清屏指令。

指令功能	指 令 编 码									执行时间/ms
清屏	RS	R/W	D7	D6	D5	D4	D3	D2	D1	D0	1.64
	0	0	0	0	0	0	0	0	0	1	

功能：清屏，光标撤回到液晶显示屏的左上方，将地址计数器的值设置为 00H。

· 光标归位指令。

指令功能	指 令 编 码										执行时间/ms
光标归位	RS	R/W	D7	D6	D5	D4	D3	D2	D1	D0	1.64
	0	0	0	0	0	0	0	0	1	X	

功能：光标撤回到液晶显示屏的左上方，将地址计数器的值设置为 00H，保持 DDRAM 的内容不变。

· 进入模式设置指令。

指令功能	指 令 编 码										执行时间/μs
进入模式设置	RS	R/W	D7	D6	D5	D4	D3	D2	D1	D0	40
	0	0	0	0	0	0	0	1	I/D	S	

功能：光标和显示模式设置。其中：I/D 设置光标移动方向：高电平右移，低电平左移；S：屏幕上所有文字是否左移或者右移。高电平表示有效，低电平则无效。

· 显示开关控制指令。

指令功能	指 令 编 码										执行时间/μs
显示开关控制	RS	R/W	D7	D6	D5	D4	D3	D2	D1	D0	40
	0	0	0	0	0	0	1	D	C	B	

功能：控制显示器开/关、光标显示/关闭、光标是否闪烁。

D：D=H 显示功能开；D=L 显示功能关；

C：C=H 有光标；C=L 无光标；

B：B=H 光标不闪烁；B=L 光标闪烁。

· 设定显示屏或光标移动方向指令。

指令功能	指 令 编 码										执行时间/μs
设定显示屏或	RS	R/W	D7	D6	D5	D4	D3	D2	D1	D0	40
光标移动方向	0	0	0	0	0	1	S/C	R/L	X	X	

功能：使光标移位或使整个显示屏移位。

S/C=0，R/L=0：光标左移一格，且 AC 值减 1；

S/C=0，R/L=1：光标右移一格，且 AC 值加 1；

S/C=1，R/L=0：显示器上字符全部左移一格，但光标不动；

S/C=1，R/L=1：显示器上字符全部右移一格，但光标不动。

· 功能设定指令。

指令功能	指令编码										执行时间/μs
功能设定	RS	R/W	D7	D6	D5	D4	D3	D2	D1	D0	40
	0	0	0	0	1	DL	N	F	X	X	

功能：设定数据总线位数，显示行数及字型。

DL=0：数据总线为4位；DL=1：数据总线为8位；

N=0：显示1行；N=1：显示2行；

F=0：5×7点阵/每字符；F=1：5×10点阵/每字符。

· 设定CGRAM地址指令。

指令功能	指令编码										执行时间/μs
设CGRAM地址	RS	R/W	D7	D6	D5	D4	D3	D2	D1	D0	40
	0	0	0	1	CGRAM的地址(6位)						

功能：设定下一个要存入数据的CGRAM地址。

· 读取忙信号或AC地址指令。

指令功能	指令编码										执行时间/μs
读取忙信号或AC地址	RS	R/W	D7	D6	D5	D4	D3	D2	D1	D0	40
	0	1	FB	AC的地址(7位)							

功能：

(1) 读取忙碌信号BF的内容，BF=1：表示液晶显示器忙，暂时无法接收单片机发送来的数据或指令；BF=0：液晶显示器可以接收单片机发送来的数据或指令。

(2) 读取地址计数器(AC)的内容。

· 数据写入DDRAM或CGRAM指令。

指令功能	指令编码										执行时间/us
数据写入DDRAM或CGRA	RS	R/W	D7	D6	D5	D4	D3	D2	D1	D0	40
	1	0	要写入的数据D7～D0								

功能：

(1) 将字符码写入DDRAM，以使液晶显示屏显示出对应的字符。

(2) 将使用者自己设计的图形存入CGRAM。

· 从DDRAM或CGRAM读出数据指令。

指令功能	指令编码										执行时间/us
从DDRAM或CGRAM读出数据	RS	R/W	D7	D6	D5	D4	D3	D2	D1	D0	40
	1	1	要读出的数据D7～D0								

功能：读取DDRAM或CGRAM中的内容。

3) 1602LCD的基本操作时序

· 读状态：输入：RS=L，R/W=H，E=H 输出：D0—D7=状态字。

· 写指令：输入：RS=L，R/W=L，D0—D7=指令码，E=高脉冲输出：无。

· 读数据：输入：RS=H，R/W=H，E=H 输出：D0—D7=数据。

· 写数据：输入：RS=H，R/W=L，D0—D7=数据，E=高脉冲输出：无。

4) 1602LCD 程序举例

下面给出一个 1602LCD 应用的实例，该程序实现的功能是在 1602 液晶显示器的第一行显示静态字符，第二行在给定时间间隔内循环动态显示 ASCII 码表。

此例的仿真电路如图 3-44 所示。

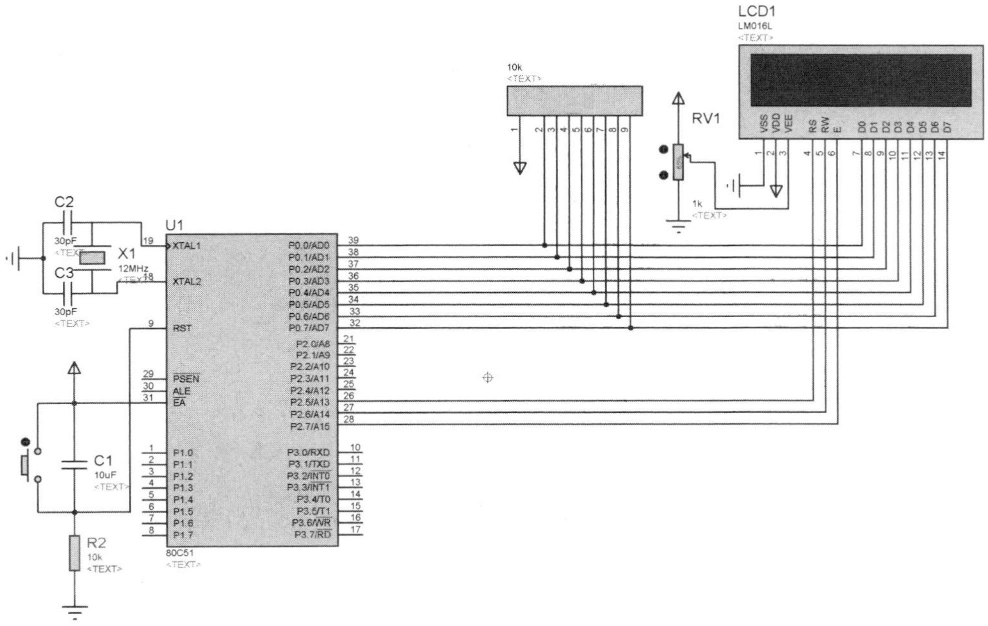

图 3-44　1602LCD 例子仿真电路图

此例的参考程序如下：

```
#include<reg52.h>
#define  uchar  unsigned  char
#define  uint  unsigned  int
//LCD 管脚声明
sbit LCDRS=P2^5;
sbit LCDRW=P2^6;
sbit LCDEN=P2^7;
//初始化时显示的内容
uchar code Init1[]="Temperature:   C";
//////////////////////函数声明////////////////////////////////////////
void Delay400Ms(void);                          //主函数内的长延时
void LCDdelay(uint z);                          //读写指令函数内的延时
void Delay5Ms(void);                            //1602 初始化函数的短延时
void LcdWriteData(char Data);                   //向 LCD 写数据
```

```
void LcdWriteCommand(uchar Com);                    //向 LCD 写命令
uchar LcdRadeStatus();                              //读 1602 的状态
uchar LcdRadeData();                                //读 1602 的数据
void WaitBusy();                                    //等待忙信号
void LocateXY(char posx, char posy);                //指定 LCD 被写位置
void LcdReset(void);                                //LCD 复位
void Display(uchar dd);
void DisplayOneChar(uchar x, uchar y, uchar Wdata); //在 LCD 指定位置显示一个字符
void ePutstr(uchar x, uchar y, uchar code * ptr);   //在 LCD 指定位置显示字符串子函数
/*******************主函数************************/
void main(void)
{
    uchar temp, i;
    Delay400Ms();           //长延时
    LcdReset();             //LCD 复位
    temp=32;
    ePutstr(0, 0, Init1);   //从 LCD 的(0, 0)位置开始的第一行，显示静态字符串 Init1
    for(i=0; i<9; i++) Delay400Ms();
    while(1)                //死循环
    {
        temp&=0x7f;         //保证显示 0～127 的 CGROM 字形码
        if(temp<32) temp=32;
        //从 SP 空格的 ASCII 后循环显示 33～127 的 CGROM 字形码
        Display(temp++); //由 CGROM 字形码标号显示相应字符后地址加 1
        Delay400Ms();
    }
}
/******************LCD 延时**********************/
void LCDdelay(uint z)
{
  uint x, y;
  for(x=z; x>0; x--)
    for(y=10; y>0; y--);
}
/*******************延时************************/
void Delay5Ms(void)  //短延时
{
    uint i=5552;
    while(i--);
}
/*******************延时************************/
void Delay400Ms(void)  //长延时
{
```

```
  uint i=5;
    uint j;
    while(i--)
    {  j=7269;
        while(j--);
    };
}
/***************写命令函数*********************/
void LcdWriteCommand(uchar Com)
{
    LCDRS=0;
    LCDRW=0;
    P0=Com;
    LCDdelay(5);
    LCDEN=1;
    LCDdelay(5);
    LCDEN=0;
}
/***************写数据函数*********************/
void LcdWriteData(uchar Data)
{
    LCDRS=1;
    LCDRW=0;
    P0=Data;
    LCDdelay(5);
    LCDEN=1;
    LCDdelay(5);
    LCDEN=0;
}
/**************读状态函数**********************/
uchar LcdRadeStatus()
{
    uchar status;
    LCDRS=0;
    LCDRW=1;
    status=P0;
    LCDdelay(5);
    LCDEN=1;
    LCDdelay(5);
    LCDEN=0;
    return (status);
}
/***************读数据函数*********************/
```

```
uchar LcdRadeData()
{
    uchar Data;
    LCDRS=1;
    LCDRW=1;
    Data=P0;
    LCDdelay(5);
    LCDEN=1;
    LCDdelay(5);
    LCDEN=0;
    return Data;
}
/*************等待忙信号函数**********************/
void WaitBusy()
{
    uchar busy;
    busy=LcdRadeStatus();
    while(busy==0x80);
}
/***********1602初始化函数************************/
void LcdReset(void)
{
  LcdWriteCommand(0x38);
//DL为1，N为1，F为0，设置LCD为8位2行5×7点阵显示
                                    //不等待忙标志
    Delay5Ms();
    LcdWriteCommand(0x38);
    Delay5Ms();
    LcdWriteCommand(0x38);
    Delay5Ms();
    LcdWriteCommand(0x38);    //设置LCD为8位2行5×7点阵显示
WaitBusy();
    LcdWriteCommand(0x08);    //D为0，C为0，B为0，设置显示器关、光标无、闪烁无
WaitBusy();
    LcdWriteCommand(0x01);    //清屏，置AC为0
WaitBusy();
    LcdWriteCommand(0x06);    //I/D为1，光标自动右移
WaitBusy();
    LcdWriteCommand(0x0c);    //D为1，C为0，B为0，设置显示器开、光标无、闪烁无
WaitBusy();
}
/***********指定LCD背写位置函数********************/
void LocateXY(char posx, char posy)        //指定LCD被写位置子函数posx—列；posy—行
```

```
{
    uchar tempb;
    tempb=posx&0xf;              //确保列数在0～15的范围内取值
    posy&=0x1;                   //确保行数在0和1之间取值
    if(posy) tempb|=0x40;        //若是第二行，DDRAM的地址必须加0x40
    tempb|=0x80;                 //形成DDRAM写入指令
    LcdWriteCommand(tempb);      //通知DDRAM准备写入数据
}
/*************显示一个字符函数*******************/
void DisplayOneChar(uchar x, uchar y, uchar Wdata)  //显示一个字符子程序
{
    LocateXY(x, y);
    LcdWriteData(Wdata);         //向DDRAM准备写入一个字符
}
/***********显示一个字符函数********************/
void Display(uchar dd)           //显示字符子程序
{
    uchar i;
    for(i=0; i<16; i++)          //在一行内全部显示
    {
      DisplayOneChar(i, 1, dd++);   //显示一个字符后，字形码自动增1
      dd&=0x7f;                     //保证在0～127的CGROM字形码范围内显示
      if(dd<32) dd=32;              //保证显示的字形码大于32
    }
}
/********在LCD指定位置显示字符串子函数*****************/
void ePutstr(uchar x, uchar y, uchar code *ptr)  //在LCD指定位置显示字符串子函数
{
    uchar i;
    for(i=0; i<16; i++)
    {   DisplayOneChar(x, y, ptr[i]);          //在LCD指定位置显示一个字符
        x++;
        if(x==16){x=0; }                       //若x为16已到行尾
    }
}
```

4. 报警子程序的编制

报警子程序的主要功能是在距离值超过预警值时，能够使蜂鸣器发声从而达到报警的目的。报警子程序流程图如图3-45所示。

5. 按键子程序

按键子程序的主要功能是有效距离可调，按一次功能键调整上限，再次按下功能键则调整下限，再次按下功能键则退出。按键子程序流程图如图3-46所示。

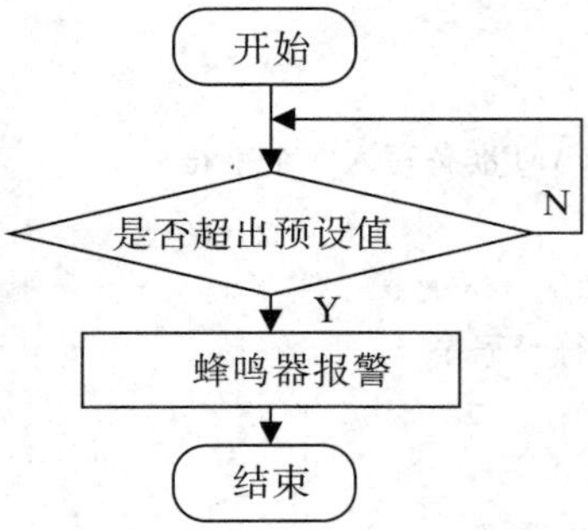

图 3-45　报警子程序流程图

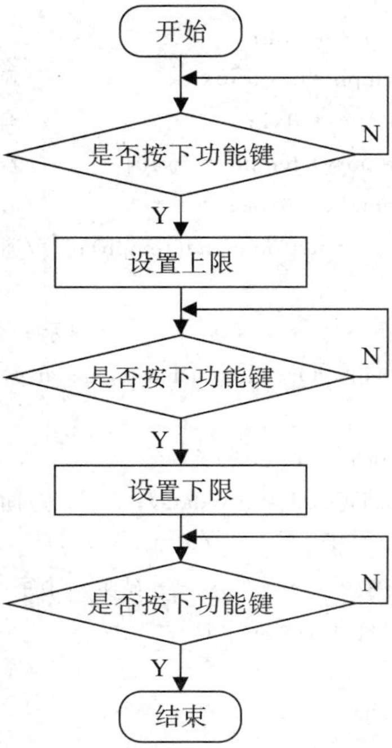

图 3-46　按键子程序流程图

6. 系统程序设计

本系统应用程序设计主要包含：超声波测距程序、1602 液晶显示程序、DS18B20 温度采集程序。系统程序由多个文件组成，如表 3-9 所示。

表 3-9　汽车倒车报警系统程序文件列表

文件名	完 成 功 能
HC_SR04. h	超声波测距端口定义及用到的函数声明
HC_SR04. c	超声波测距函数的定义
1602LCD. h	1602LCD 端口定义及用到的函数声明
1602LCD. c	1602LCD 函数定义
DS18B20. h	DS18B20 端口定义及用到的函数声明
DS18B20. c	DS18B20 函数的定义
KEY. h	键盘端口的定义及用到的函数声明
KEY. c	键盘扫描函数的定义
MAIN. c	主函数的定义

下面给出系统详细的程序代码。

(1) HC_SR04. h 超声波测距端口定义及用到的函数声明，其程序代码如下：

```
#ifndef HC_SR04_H
#define HC_SR04_H 1
```

```
    #include<reg51.h>
    #include<intrins.h>
    #ifndef HC_SR04_GLOBAL
        #define HC_SR04_EXT extern
    #else
        #define HC_SR04_EXT
    #endif
//——————————————超声波测距端口定义——————————————————————
sbit ECHO=P2^5;
sbit TRIG=P2^4;
//——————————————超声波测距函数声明——————————————————————
HC_SR04_EXT void  Init_HC_SR04();
HC_SR04_EXT unsigned char Time_HC_SR04();
HC_SR04_EXT int JS_HC_SR04(unsigned char WD, unsigned char time1);
HC_SR04_EXT void  Trig_HC_SR04();
#endif
```

(2) HC_SR04.c 超声波测距函数的定义，其程序代码如下：

```
#define HC_SR04_GLOBAL 1
#include "HC_SR04.h"
/************超声波传感器初始化*********************/
void  Init_HC_SR04()  //初始化
{
    TMOD=0x01;        //设 T0 为方式 1, GATE=1
    TH0=0;
    TL0=0;
    ET0=1;            //允许 T0 中断
    EA=1;             //开启总中断
    TR0=0;
}
/*********触发超声波传感器*************************/
void  Trig_HC_SR04()  //启动模块
{
    TRIG=1;           //启动一次模块
    _nop_();
    _nop_();
    _nop_();
    _nop_();
    _nop_();
    _nop_();
    _nop_();
    _nop_();
    _nop_();
    _nop_();
```

```
    _nop_();
    _nop_();
    _nop_();
    _nop_();
    _nop_();
    _nop_();
    _nop_();
    _nop_();
    _nop_();
    _nop_();
    _nop_();
    TRIG=0;
}
/**************获取时间************************/
unsigned char Time_HC_SR04()  //获取时间
{
    unsigned char time;
    while(! ECHO);               //当RX为零时等待
    TR0=1;                       //开启计数
    while(ECHO);                 //当RX为1时计数并等待
    TR0=0;                       //关闭计数
    time=TH0*256+TL0;
    TH0=0;
    TL0=0;
    return time;
}
/**********根据不同温度计算距离*********************///
int JS_HC_SR04(unsigned char WD, unsigned char time1)//根据不同的温度计算距离
{
    int L;
    //时间乘以(声速+温度补偿)温度补偿就是温度值
    L=time1*(331.45+61*WD/10/100)/200/10;
return L;
}
```

(3) 1602LCD.h 1602LCD端口定义及用到的函数声明，其程序代码如下：

```
#ifndef LCD1602_H
#define LCD1602_H 1
#include<reg51.h>
#define  uchar  unsigned  char
#define  uint  unsigned  int
#ifndef LCD1602_GLOBAL
#define LCD1602_EXT extern
#else
```

```
#define LCD1602_EXT
#endif
//——————————————1602LCD 端口定义———————————————————————
//LCD 管脚声明
sbit LCDRS=P2^0;
sbit LCDRW=P2^1;
sbit LCDEN=P2^2;
//——————————————1602LCD 函数声明———————————————————————
LCD1602_EXT void Delay400Ms(void);                //主函数内的长延时
LCD1602_EXT void LCDdelay(uint z);                //读写指令函数内的延时
LCD1602_EXT void Delay5Ms(void);                  //1602 初始化函数的短延时
LCD1602_EXT void LcdWriteData(char Data);         //向 LCD 写数据
LCD1602_EXT void LcdWriteCommand(uchar Com);      //向 LCD 写命令
LCD1602_EXT uchar LcdRadeStatus();                //读 1602 的状态
LCD1602_EXT void WaitBusy();                      //等待忙信号
LCD1602_EXT void LocateXY(char posx, char posy);  //指定 LCD 被写位置
LCD1602_EXT void LcdReset(void);                  //LCD 复位
LCD1602_EXT void Display(uchar dd);
//在 LCD 指定位置显示一个字符
LCD1602_EXT void DisplayOneChar(uchar x, uchar y, uchar Wdata);
//在 LCD 指定位置显示字符串子函数
LCD1602_EXT void ePutstr(uchar x, uchar y, uchar code *ptr);
//在 LCD 上显示温度和距离
LCD1602_EXT void Display_1602(unsigned char WD, unsigned char LE);
LCD1602_EXT void InitDisplay_1602();   //开机后 1602 液晶的初始化显示
LCD1602_EXT void Init_MaxMin();        //最大距离和最小距离初始化界面
LCD1602_EXT void Display_Max();        //最大距离调整界面
LCD1602_EXT void Display_Min();        //最小距离调整界面
#endif
```

(4) 1602LCD.c 1602LCD 函数定义，其程序代码如下：

```
#define LCD1602_GLOBAL 1
#include "LCD1602.h"
//1602 液晶 0—9 的字符编码 ma
unsigned char code Bianma[]={0x30, 0x31, 0x32, 0x33, 0x34, 0x35, 0x36, 0x37, 0x38,
0x39};
//初始化时显示的内容
uchar code Init1[]="      Tem:       ";
uchar code Init2[]="      Dis:      M";
//初始化时显示的内容
uchar code Init3[]="   Max———————   ";
uchar code Init4[]="   Min———————   ";
extern float Max, Min;
/*********LCD 延时*****************************/
```

```
void LCDdelay(uint z)
{
  uint x, y;
  for(x=z; x>0; x--)
    for(y=10; y>0; y--);
}
/***********延时*******************************/
void Delay5Ms(void)                        //短延时
{
    uint i=5552;
    while(i--);
}
/***********延时*******************************/
void Delay400Ms(void)                      //长延时
{
    uint i=5;
    uint j;
    while(i--)
    {  j=7269;
        while(j--);
    };
}
/***********写命令函数*******************************/
void LcdWriteCommand(uchar Com)
{
    LCDRS=0;
    LCDRW=0;
    P0=Com;
    LCDdelay(5);
    LCDEN=1;
    LCDdelay(5);
    LCDdelay(5);
    LCDEN=0;
}
/***********写数据函数*******************************/
void LcdWriteData(uchar Data)
{
    LCDRS=1;
    LCDRW=0;
    P0=Data;
    LCDdelay(5);
    LCDEN=1;
    LCDdelay(5);
```

```
    LCDEN=0;
}
/************读状态函数**************************/
uchar LcdRadeStatus()
{
    uchar status;
    LCDRS=0;
    LCDRW=1;
    status=P0;
    LCDdelay(5);
    LCDEN=1;
    LCDdelay(5);
    LCDEN=0;
    return (status);
}
/**********等待忙信号函数*************************/
void WaitBusy()
{
    uchar busy;
    busy=LcdRadeStatus();
    while(busy==0x80);
}
/************1602初始化函数***********************/
void LcdReset(void)
{
    LcdWriteCommand(0x38);
    Delay5Ms();
    LcdWriteCommand(0x38);
    Delay5Ms();
    LcdWriteCommand(0x38);
    Delay5Ms();
    //设置LCD为8位2行5×7点阵显示
    LcdWriteCommand(0x38);    WaitBusy();
    //D为0，C为0，B为0，设置显示器关、光标无、闪烁无
    LcdWriteCommand(0x08); WaitBusy();
    //清屏，置AC为0
    LcdWriteCommand(0x01);    WaitBusy();
    //I/D为1，光标自动右移
    LcdWriteCommand(0x06); WaitBusy();
    //D为1，C为0，B为0，设置显示器开、光标无、闪烁无
    LcdWriteCommand(0x0c); WaitBusy();
}
/**************指定LCD背写位置函数******************/
```

```
void LocateXY(char posx，char posy)  //指定 LCD 被写位置子函数 posx—列；posy—行
{
    uchar tempb;
    tempb=posx&0xf;               //确保列数在 0～15 的范围内取值
    posy&=0x1;                    //确保行数在 0 和 1 之间取值
    if(posy) tempb|=0x40;         //若是第二行，DDRAM 的地址必须加 0x40
    tempb|=0x80;                  //形成 DDRAM 写入指令
    LcdWriteCommand(tempb);       //通知 DDRAM 准备写入数据
}
/**********显示一个字符函数************************/
void DisplayOneChar(uchar x，uchar y，uchar Wdata)  //显示一个字符子程序
{
    LocateXY(x，y);
    LcdWriteData(Wdata);          //向 DDRAM 准备写入一个字符
}
/*************在 LCD 指定位置显示字符串子函数*************/
void ePutstr(uchar x，uchar y，uchar code *ptr)  //在 LCD 指定位置显示字符串子函数
{
    uchar i;
    for(i=0；i<16；i++)
    {
        DisplayOneChar(x，y，ptr[i]);        //在 LCD 指定位置显示一个字符
        x++;
        if(x==16){x=0；y^=1；}
        //若 x 为 16 已到行尾，换行使 x=0 重起一行
    }
}
/*************开机后 1602LCD 初始化显示函数**************/
void InitDisplay_1602()
{
    unsigned char i，j;
    for(i=0；i<16；i++)DisplayOneChar(i，0，Init1[i]);
    for(j=0；j<16；j++)DisplayOneChar(j，1，Init2[j]);
/*************1602LCD 显示温度和距离函数*************/
void Display_1602(unsigned char WD，unsigned char LE)
{
    InitDisplay_1602();
    DisplayOneChar(9，0，Bianma[(WD/100)%10]);
    DisplayOneChar(10，0，Bianma[(WD/10)%10]);
    DisplayOneChar(11，0，'.');
    DisplayOneChar(12，0，Bianma[WD%10]);
DisplayOneChar(13，0，0xdf);
    DisplayOneChar(14，0，0x43);
```

```
        DisplayOneChar(9, 1, Bianma[LE/1000]);
        DisplayOneChar(10, 1, '.');
        DisplayOneChar(11, 1, Bianma[LE/100%10]);
        DisplayOneChar(12, 1, Bianma[LE%10]);
}
/*************1602初始化最大化最小化调整界面**************/
void Init_MaxMin()
{
    unsigned char i, j;
    for(i=0; i<16; i++)DisplayOneChar(i, 0, Init3[i]);
    for(j=0; j<16; j++)DisplayOneChar(j, 1, Init4[j]);
    DisplayOneChar(9, 0, '2');
    DisplayOneChar(10, 0, '.');
    DisplayOneChar(11, 0, '0');
    DisplayOneChar(12, 0, '0');
    DisplayOneChar(13, 0, 'M');
    DisplayOneChar(9, 1, '0');
    DisplayOneChar(10, 1, '.');
    DisplayOneChar(11, 1, '5');
    DisplayOneChar(12, 1, '0');
    DisplayOneChar(13, 1, 'M');
}
/*************1602LCD距离最大值调整界面****************/
void Display_Max()
{
        unsigned char i, j;
        int T_Max;
        T_Max=Max*1000;
        for(i=0; i<16; i++)DisplayOneChar(i, 0, Init3[i]);
        for(j=0; j<16; j++)DisplayOneChar(j, 1, ' ');
        DisplayOneChar(9, 0, Bianma[T_Max/1000]);
        DisplayOneChar(10, 0, '.');
        DisplayOneChar(11, 0, Bianma[T_Max/100%10]);
        DisplayOneChar(12, 0, Bianma[T_Max%10]);
        DisplayOneChar(13, 0, 'M'); }
/**************1602LCD最小值调整界面****************/
void Display_Min()
{
        unsigned char i, j;
        int T_Min;
        T_Min=Min*1000;
        for(j=0; j<16; j++)DisplayOneChar(j, 0, ' ');
        for(i=0; i<16; i++)DisplayOneChar(i, 1, Init4[i]);
```

```
    DisplayOneChar(9, 1, Bianma[T_Min/1000]);
    DisplayOneChar(10, 1, '.');
    DisplayOneChar(11, 1, Bianma[T_Min/100%10]);
    DisplayOneChar(12, 1, Bianma[T_Min%10]);
    DisplayOneChar(13, 1, 'M');
}
```

(5) DS18B20.h DS18B20端口定义及用到的函数声明，其程序代码如下：

```
#ifndef DS18B20_H
#define DS18B20_H 1
#include<reg51.h>
#include<intrins.h>
#define  uchar  unsigned  char
#define  uint  unsigned  int
#ifndef DS18B20_GLOBAL
#define DS18B20_EXT extern
#else
#define DS18B20_EXT
#endif
//--------------DS18B20端口定义---------------------
sbit DQ = P2^3;                                   //DS18B20与单片机连接口
//--------------DS18B20函数声明---------------------
DS18B20_EXT void delay_18B20(unsigned int i);     //DS18B20延迟子函数(晶振12 MHz)
DS18B20_EXT void Init_DS18B20();                  //DS18B20初始化函数
DS18B20_EXT unsigned char DS18B20_ReadByte();//DS18B20读一个字节
DS18B20_EXT void DS18B20_WriteByte(unsigned char dat);  //DS18B20写一个字节
DS18B20_EXT void Read_Temprature();               //读取DS18B20当前温度
DS18B20_EXT unsigned char  Temprature_oper(); //温度转换
#endif
```

(6) DS18B20.c DS18B20函数的定义，其程序代码如下：

```
#define DS18B20_GLOBAL 1
#include "DS18B20.h"
    unsigned char TL, TH; //TL：读取温度值的低8位；TH：读取温度值的高8位
/***********DS18B20延迟子函数(晶振12MHz)************/
void delay_18B20(unsigned int i)
{
    while(i--);
}
/***********DS18B20初始化函数***********************/
void Init_DS18B20()
{
    unsigned char x=0;
    DQ = 1;
    delay_18B20(8);
```

```
    DQ=0;
    delay_18B20(80);
    DQ=1;
    delay_18B20(14);
    x=DQ;
    delay_18B20(20);
    while(x==1);
}
/************DS18B20读一个字节*********************/
unsigned char DS18B20_ReadByte()
{
    uchar i=0;
    uchar dat = 0;
    for (i=8; i>0; i--)
     {
          DQ = 1; _nop_(); _nop_();
          dat>>=1;
          DQ = 0; _nop_(); _nop_(); _nop_(); _nop_();
          DQ = 1; _nop_(); _nop_(); _nop_(); _nop_();
          if(DQ)dat|=0x80;
          delay_18B20(6);
    }
    DQ=1;
    return(dat);
}
/**************DS18B20写一个字节*******************/
void DS18B20_WriteByte(uchar dat)
{
    unsigned char i=0;
    for (i=8; i>0; i--)
    {
          DQ = 1; _nop_(); _nop_();
          DQ = 0; _nop_(); _nop_(); _nop_(); _nop_();
          DQ = dat&0x01; delay_18B20(6);
          dat=dat/2;
    }
    DQ=1;
    delay_18B20(1);
}
/**********读取DS18B20当前温度值*******************/
void Read_Temprature()
{
    Init_DS18B20();
```

```
    DS18B20_WriteByte(0xCC);      //跳过读序号列号的操作
    DS18B20_WriteByte(0x44);      //启动温度转换
    delay_18B20(1000);
    Init_DS18B20();
    DS18B20_WriteByte(0xCC);      //跳过读序号列号的操作
    //读取温度寄存器等(共可读9个寄存器),前两个就是温度
    DS18B20_WriteByte(0xBE); delay_18B20(1000);
    TL=DS18B20_ReadByte();        //先读的是温度值低位
    TH=DS18B20_ReadByte();        //接着读的是温度值高位
}
/***********温度处理函数*************************/
unsigned char  Temprature_oper()
{
    unsigned char temp_value;
    Read_Temprature();
    temp_value=(TH*256+TL)*0.625;
    return temp_value;
    }
```

(7) KEY.h键盘端口的定义及用到的函数声明,其程序代码如下:

```
#ifndef KEY_H
#define KEY_H 1
#include<reg51.h>
#define  uchar  unsigned  char
#define  uint  unsigned  int
#ifndef KEY_GLOBAL
#define KEY_EXT extern
#else
#define KEY_EXT
#endif
//-------------超声波测距端口定义--------------------
sbit K1=P2^6;
sbit K2=P2^7;
sbit K3=P3^0;
//--------------超声波测距函数声明--------------------
KEY_EXT void Delay_Key(uint x);  //等待
KEY_EXT void Key();              //按键检测
#endif
```

(8) KEY.c键盘扫描函数的定义,其程序代码如下:

```
#define KEY_GLOBAL 1
#include "KEY.h"
unsigned char mode=0, knum;
float Max=2, Min=0.5;
/************************************************/
```

```
void Delay_Key(uint x)
{
    uint i, j;
    for(i=x; i>0; i--)
    for(j=110; j>0; j--);
}
/************************按键搜索****************/
void Key()
{
    if(K1==0)
    {
        Delay_Key(5);
        if (K1==0)
        {
            while(K1==0);
            mode++;
            if(mode==4)mode=0;
        }
    }
    if(K2==0)
    {
        Delay_Key(5);
    if(K2==0)
        {
            if(mode==2)
            {
                Max=Max+0.1;
        if(Max==5)Max=5;
        }
        if(mode==3)
        {
            Min=Min+0.1;
            if(Min>Max)Min=Max;
        }
      }
    }
    if(K3==0)
    {
        Delay_Key(5);
        if(K3==0)
        {
            if(mode==2)
            {
```

```
                Max=Max-0.1;
                if(Max<Min)Max=Min;
            }
            if(mode==3)
            {
                Min=Min-0.1;
                if(Min==0)Min=0;
              }
            }
        }
    }
```

(9) MAIN.c 主函数的定义，其程序代码如下：

```
/***************头文件的引用**********************/
#include"LCD1602.h"
#include"HC_SR04.h"
#include"DS18B20.h"
#include "KEY.h"
/***************变量的定义***********************/
unsigned char temp=0;    //存放采集的温度值
unsigned char time_hr;   //存超声波传感器的时间
int Length;              //存放测量距离
unsigned int t, k;       //t用于控制定时器的定时时间
extern unsigned char mode;
extern int Max, Min;
/***************蜂鸣器位定义*********************/
sbit Feng=P3^1;
/***************函数声明************************/
void Init_Main();
void FengStart();
void FengStop();
/***************主函数**************************/
void main(void)
{
    Init_Main();
    while(1)
    {
        Key();
        if(mode==0)
        {
            Display_1602(temp, Length);
            for(k=0; k<5; k++)Delay400Ms();
          FengStop();
        }
```

```
        if(mode! =0)
        {
            if(mode==1)Init_MaxMin();
            if(mode==2)Display_Max();
            if(mode==3)Display_Min();
            for(k=0; k<5; k++)Delay400Ms();
          FengStop();
        }
        if(Length>=Max||Length<=Min)FengStart();
        else FengStop();
    }
}
void Init_Main()
{
    TMOD=0x10;
    TH1=0x3c;
    TL1=0xb0;
    ET1=1;
    EA=1;
    TR1=1;
    Feng=1;
    Init_HC_SR04();                    //初始化超声波传感器
    Delay400Ms();                      //液晶初始化前需要较长时间的延时才能上电
    LcdReset();                        //1602 液晶的初始化
    Display_1602(temp, Length);        //液晶初始化显示界面
}
void FengStart()
{
    Feng=0;
    }
void FengStop()
{
    Feng=1;
}
void timer0()interrupt 3
{
    TH1=0x3c;
    TL1=0xb0;
    t++;
    if(t==20)
    {    t=0;
        Trig_HC_SR04();
        time_hr=Time_HC_SR04();
```

```
        temp=Temprature_oper();
        Length=JS_HC_SR04(temp, time_hr);
    }
}
```

7. 系统仿真电路设计

汽车倒车报警系统的仿真电路如图 3-47 所示。

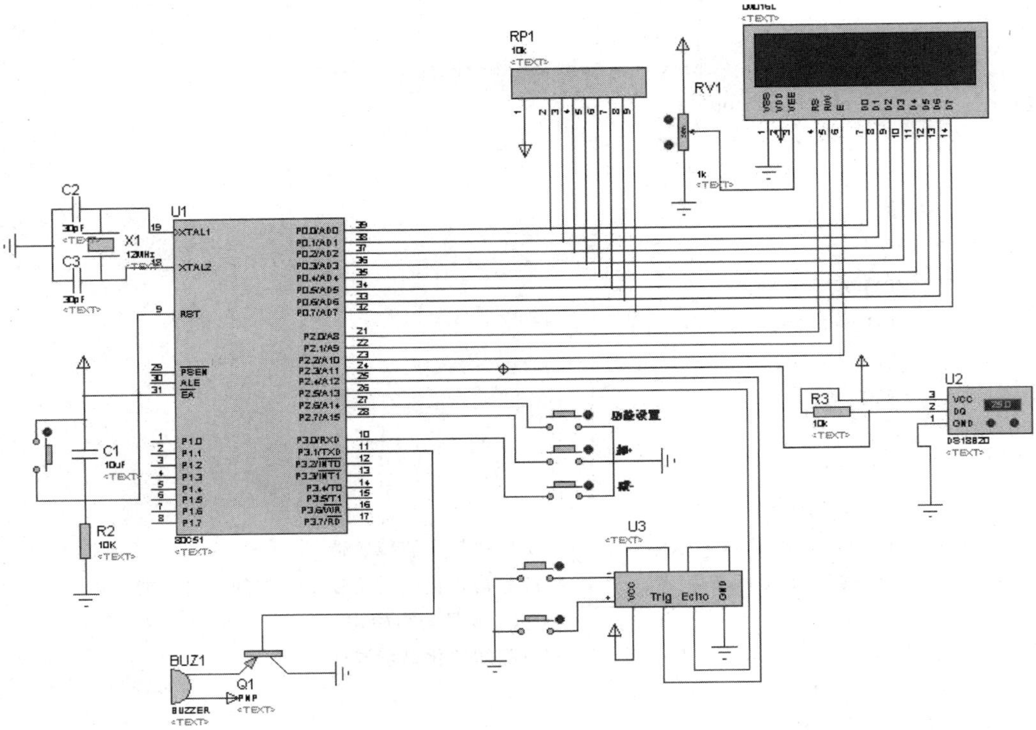

图 3-47 汽车倒车报警系统的仿真电路图

提示：在 Proteus 软件中并没有超声波传感器模块，此仿真电路中采用的超声波传感器模块是用单片机来模拟超声波模块，所以在使用的时候需要下载 .hex 文件到该模块中。所需的 .hex 文件在本篇提供给的例子文件夹里，名字为“HC-SR04. hex”。

项目扩展任务

请读者在理解本项目的基础上以组或个人为单位，在原有功能的基础上，实现不同距离范围内，用不同频率的声音进行报警提示功能。要求完成如下任务：

- 完成系统硬件电路的制作；
- 完成系统的程序的设计、仿真调试；
- 完成项目技术报告的制作。

项目 8　带有红外遥控的电子密码锁的设计与制作

在日常的生活和工作中，住宅与部门的安全防范、文件档案、财务报表以及一些个人资料的保存多以加锁的办法来实现保密。若使用传统的机械式钥匙开锁，人们常需携带多把钥匙，使用极不方便，且钥匙丢失后安全性即大打折扣。具有防盗报警等功能的电子密码锁代替密码量少、安全性差的机械式密码锁已是必然趋势。随着科学技术的不断发展，人们对日常生活中的安全保险器件的要求越来越高。为满足人们对锁的使用要求，增加其安全性，用密码代替钥匙的密码锁应运而生。密码锁具有安全性高、成本低、功耗低、易操作、记住密码即可开锁等优点。

目前使用的电子密码锁大部分都是基于单片机技术的，以单片机为主要器件，其编码器与解码器的生成为软件方式。

本系统由 STC89C51 单片机系统（主要是 STC89C51 单片机最小系统）、4×4 矩阵键盘、LCD1602 显示和报警系统等组成，具有设置、修改六位用户密码，超次报警、超次锁定、密码错误报警等功能（本设计由 P0 口控制 LCD 显示，密码正确显示 OPEN，密码错误显示 ERROR。超过三次输入错误自动锁定。由 P1 口控制矩阵键盘含有 0～9 数字键和 A～D功能键）。除上述基本的密码锁功能外，该系统还添加遥控功能。

1. 项目目标

(1) 理解 24C02 的工作原理。

(2) 理解红外接收模块的原理。

(3) 理解继电器的工作原理。

(4) 对照 24C02、HS0038 红外一体化接收头的数据手册，理解对它们进行读和写的软件编制方法。

(5) 理解密码修改等功能的程序。

(6) 在完成以上 5 点目标的基础上，根据“项目扩展任务”中提出的问题和要求，以组或个人为单位，在规定时间里完成扩展项目任务。

2. 项目要求

基于单片机的电子密码锁，可以实现以下功能：

(1) 管理员的密码为“131420”，当输入此密码时，用户可以以管理员的身份进行密码修改，此时密码默认为“000000”。

(2) 设计开锁密码为六位，为了防止密码被窃取，要求输入密码时在 LCD 屏幕上显示 * 号。

(3) 4×4 的矩阵键盘其中包括 0～9 数字键、*、# 和 A～D 功能键，其中 ABC 无定义，* 号键为取消当前操作，# 键为确认，D 键为修改密码。

(4) LCD 能够在密码正确时显示 OPEN，密码错误时显示 ERROR，输入密码时显示 INPUT　PASSWORD。

(5) 输入密码错误超过限定的三次，电子密码锁定。

(6) 本产品具备报警功能，当输入密码错误时蜂鸣器响并且 LED 灯亮。

(7) 密码可以由用户自己修改设定(只支持 6 位密码)，修改密码之前必须再次输入密码，在输入新密码时候需要二次确认，以防止误操作。

(8) 输入正确的密码，继电器闭合，可以随意驱动负载。

(9) 密码具有红外遥控器输入功能，和按键功能一样，这样用户操作更加方便。

(10) LCD 的亮度随光线的强弱自动进行调节。

任务 1　系统方案选择和论证

1. 带有红外遥控的电子密码锁总体方案的选择

方案一：采用数字电路控制。

用以 74LS112 双 JK 触发器构成的数字逻辑电路作为密码锁的核心控制，共设了 9 个用户输入键，其中只有 4 个是有效的密码按键，其他的都是干扰按键，若按下干扰键，键盘输入电路自动清零，原先输入的密码无效，需要重新输入；如果用户输入密码的时间超过 10 秒(一般情况下，用户不会超过 10 秒，若用户觉得不便，还可以修改)，电路将报警 20 秒，若电路连续报警三次，电路将锁定键盘 2 分钟，防止他人的非法操作。采用数字电路设计的方案好处就是设计简单，但控制的准确性和灵活性差，故本项目不采用。

方案二：采用 STC89C51 为核心的单片机控制方案。

选用单片机 STC89C51 作为本设计的核心元件，利用单片机灵活的编程设计和丰富的 I/O 端口，以及其控制的准确性，实现基本的密码锁功能。在单片机的外围电路外接输入键盘用于密码的输入和一些功能的控制，外接 LCD1602 显示器用于显示作用，其原理如图 3－48 所示。

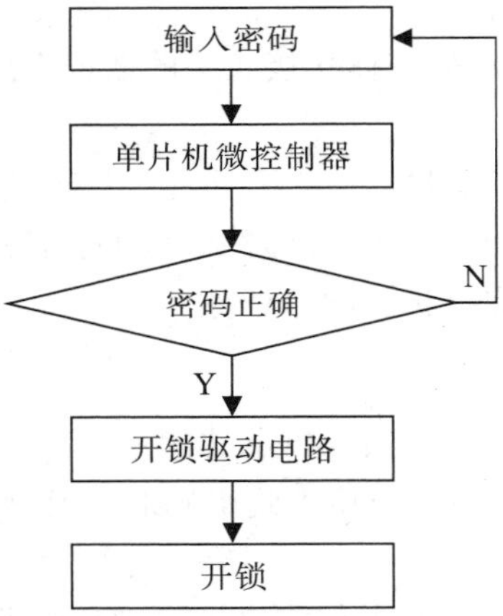

图 3－48　单片机控制密码锁原理图

可以看出，方案二控制灵活、准确性好，且保密性强，还具有扩展功能，根据实际生活的需要，此次设计采用此方案

2. 带有红外遥控的电子密码锁总体结构设计

本设计主要由单片机、矩阵键盘、液晶显示器和密码存储等部分组成。其中矩阵键盘用于输入数字密码和实现各种功能。由用户通过连接单片机的矩阵键盘输入密码，后经过单片机将用户输入的密码与自己保存的密码进行对比，从而判断密码是否正确，然后控制

引脚的高低电平传到开锁电路或者报警电路控制开锁还是报警，实际使用时只要将单片机的负载由继电器换成电子密码锁的电磁铁吸合线圈即可，当然也可以用继电器的常开触点去控制电磁铁吸合线圈。

本系统硬件部分由单片机最小系统模块(单片机、晶振电路、复位电路)、电源模块、键盘模块、红外模块、密码存储模块、显示模块、报警模块、开锁模块组成，其原理框图如图 3-49 所示。

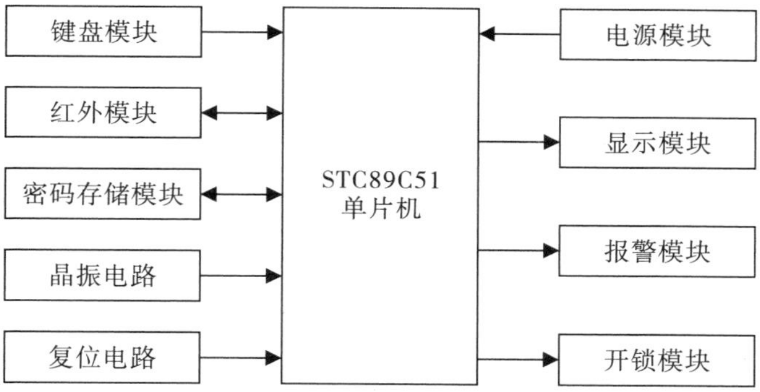

图 3-49　带有红外遥控的电子密码锁系统原理框图

3. 系统中应用的关键技术

基于单片机的带有红外遥控的电子密码锁在设计时需要解决以下 6 个方面的问题：

(1) 理解 24C02 的工作原理。

(2) 理解红外接收模块的原理。

(3) 理解继电器的工作原理。

(4) 对照 24C02、HS0038 红外一体化接收头的数据手册，理解对它们进行读和写的软件编制方法。

(5) 如何实现上述项目任务中所描述的密码修改等功能。

(6) 如何实现 LCD 的亮度随光线的强弱自动进行调节。

任务 2　系统硬件电路设计

通过前面的介绍已经知道，本系统硬件部分由单片机最小系统模块(单片机、晶振电路、复位电路)、电源模块、键盘模块、红外模块、密码存储模块、显示模块、报警模块、开锁模块组成。现对各个模块的电路分别进行设计。

1. 单片机最小系统模块电路的设计

1) 单片机 STC89C51 简介

STC89C51 是一种低功耗、高性能 CMOS 8 位微控制器，具有 4K 在系统可编程(ISP) Flash 存储器。在单芯片上，拥有灵巧的 8 位 CPU 和在系统可编程 Flash，使得 STC89C51 为众多嵌入式控制应用系统提供高灵活、超有效的解决方案。STC89C51 具有以下标准功能：4K 字节 Flash，512 字节 RAM，32 位 I/O 线，看门狗定时器，2 个 16 位定时器/计数器，一个 6 向量 2 级中断结构，全双工串行口。另外，STC89C51 可降至 0 Hz 静态逻辑操作，支持2种软件可选择节电模式。空闲模式下，CPU停止工作，允许RAM、定时器/计数器、串口、中断继续工作。掉电保护方式下，RAM内容被保存，振荡器被冻结，单片机停止一切工作，直到下一个中断或硬件复位为止。最高运作频率35 MHz，6T/12T可选。STC89C51主要功能如表3-10所示，其DIP封装如图3-50所示。

表3-10 STC89C51主要功能表

兼容MCS51指令系统	4K可反复擦写Flash ROM
32个双向I/O口	256×8bit内部RAM
2个16位可编程定时/计数器中断	时钟频率0～24 MHz
2个串行中断	可编程UART串行通道
2个外部中断源	6个中断源
2个读写中断口线	3级加密位
低功耗空闲和掉电模式	软件设置睡眠和唤醒功能

STC89C51引脚介绍：

(1) 主电源引脚(2根)。

VCC(Pin40)：电源输入，接+5 V电源；

GND(Pin20)：接地线。

(2) 外接晶振引脚(2根)。

XTAL1(Pin19)：片内振荡电路的输入端；

XTAL2(Pin18)：片内振荡电路的输出端。

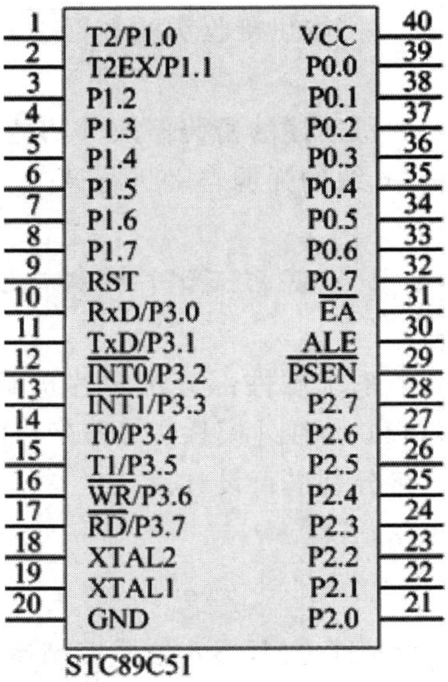

图3-50 STC89C51 DIP封装图

(3) 控制引脚(4根)。

RST(Pin9)：复位引脚，引脚上出现2个机器周期的高电平将使单片机复位；

ALE(Pin30)：地址锁存允许信号；

$\overline{\text{PSEN}}$(Pin29)：外部存储器读选通信号；

$\overline{\text{EA}}$(Pin31)：程序存储器的内外部选通，接低电平从外部程序存储器读指令，如果接高电平则从内部程序存储器读指令。

(4) 可编程输入/输出引脚(32 根)。STC89C51 单片机有 4 组 8 位的可编程 I/O 口，分别位 P0、P1、P2、P3 口，每个口有 8 位(8 根引脚)，共 32 根。

P0 口(Pin39～Pin32)：8 位双向 I/O 口线，名称为 P0.0～P0.7；

P1 口(Pin1～Pin8)：8 位准双向 I/O 口线，名称为 P1.0～P1.7；

P2 口(Pin21～Pin28)：8 位准双向 I/O 口线，名称为 P2.0～P2.7；

P3 口(Pin10～Pin17)：8 位准双向 I/O 口线，名称为 P3.0～P3.7。

2) 单片机 STC89C51 最小系统

最小系统包括单片机及其所需的必要的电源、时钟、复位等部件，能使单片机始终处于正常的运行状态。电源、时钟等电路是使单片机能运行的必备条件，可以将最小系统作为应用系统的核心部分，通过对其进行存储器扩展、A/D 扩展等，使单片机完成较复杂的功能。

STC89C51 是片内有 ROM/EPROM 的单片机，因此，这种芯片构成的最小系统简单、可靠。用 STC89C51 单片机构成最小应用系统时，只要将单片机接上时钟电路和复位电路即可，结构如图 3－51 所示，由于集成度的限制，最小应用系统只能用作一些小型的控制单元。

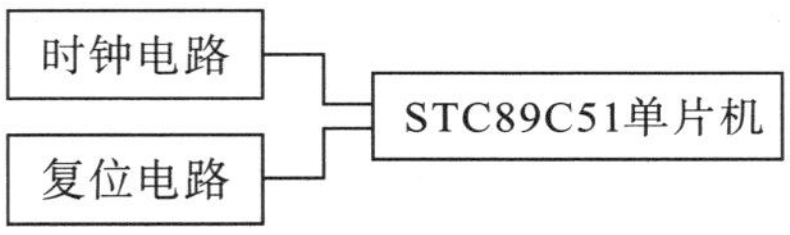

图 3－51 单片机最小系统原理框图

(1) 时钟电路。STC89C51 单片机的时钟信号通常由两种方式产生：一是内部时钟方式，二是外部时钟方式。内部时钟电路如图 3－52 所示。在 STC89C51 单片机内部有一振荡电路，只要在单片机的 XTAL1(18)和 XTAL2(19)引脚外接石英晶体(简称晶振)，就构成了自激振荡器，并在单片机内部产生时钟脉冲信号。图中电容 C1 和 C2 的作用是稳定频率和快速起振，电容值在 5～30 pF，典型值为 30 pF。晶振 CYS 的振荡频率范围在 1.2～12 MHz 间选择，典型值为 12 MHz 和 6 MHz。

(2) 复位电路。当在 STC89C51 单片机的 RST 引脚引入高电平并保持 2 个机器周期时，单片机内部就执行复位操作(若该引脚持续保持高电平，单片机就处于循环复位状态)。

最简单的上电自动复位电路中，上电自动复位是通过外部复位电路的电容充放电来实现的，只要 VCC 的上升时间不超过 1 ms，就可以实现自动上电复位。

除了上电复位外，有时还需要按键手动复位，本设计中用的是按键手动复位。按键手动复位有电平方式和脉冲方式两种，其中电平复位是通过 RST(9)端与电源 VCC 接通而实现的，如图 3－53 所示。

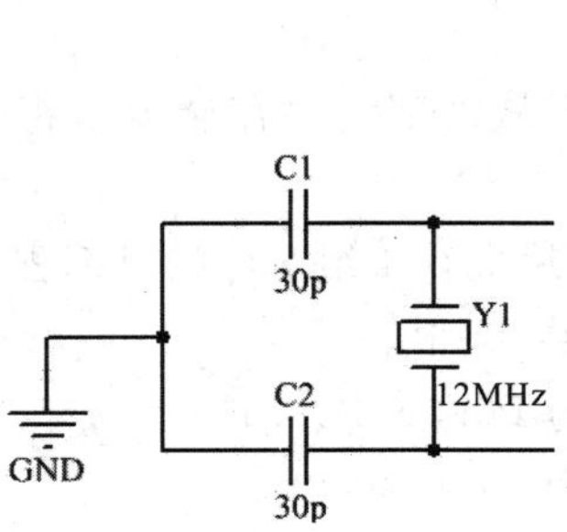

图 3-52　STC89C51 内部时钟电路

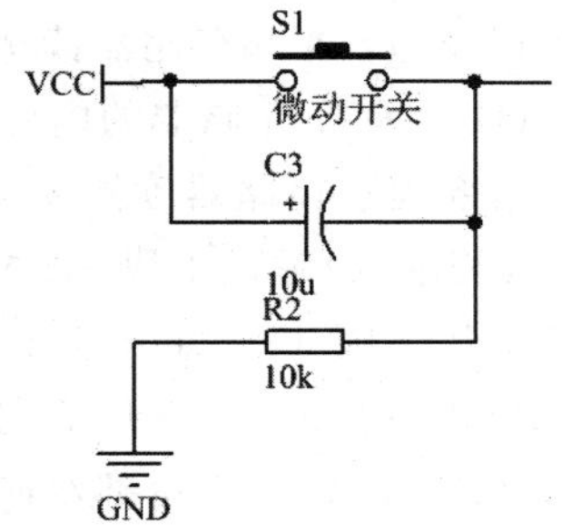

图 3-53　STC89C51 复位电路图

(3) 最小系统电路。STC89C51 单片机最小系统电路如图 3-54 所示。

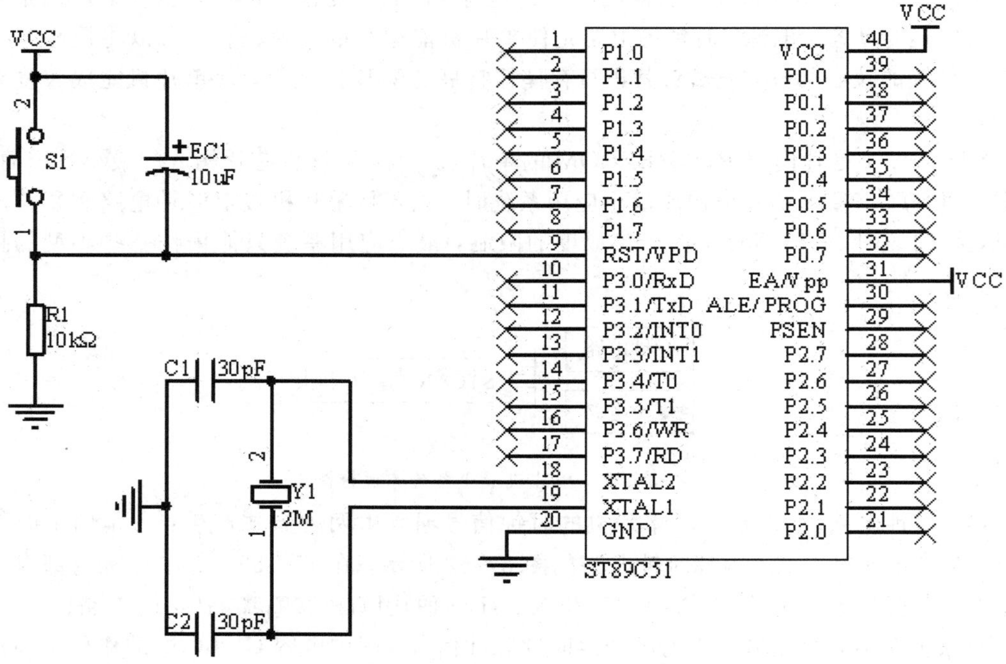

图 3-54　STC89C51 单片机最小系统电路图

2. 密码存储模块电路的设计

1) AT24C02 存储芯片简介

AT24C02 是美国 Atmel 公司开发的低功耗 CMOS 型 EEPROM，内含 256×8 位存储空间，具有工作电压宽(2.5～5.5 V)、擦写次数多(大于 10000 次)、写入速度快(小于 10 ms)、抗干扰能力强、数据不易丢失、体积小等特点。而且它采用了 I2C 总线式进行数据读写的串行器件，占用很少的资源和 I/O 线，并且支持在线编程，数据实时的存取十分方便。图 3-55 分别展示了贴片式和直插式两种封装类型的 24C02 的引脚排布情况。各引脚的名称及功能如表 3-11 所示。

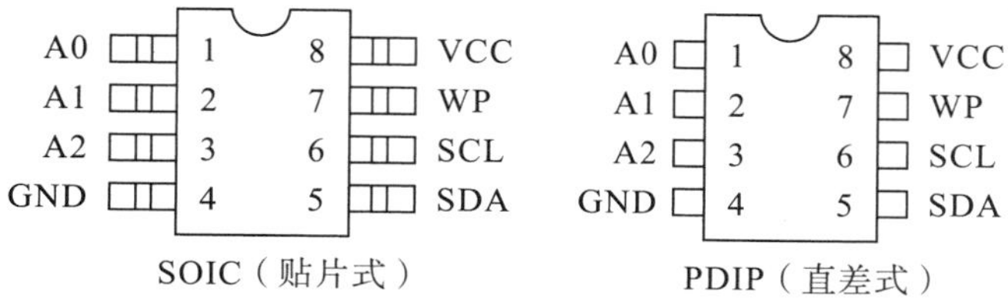

图 3-55　24C02 的两种引脚图

表 3-11　24C02 引脚的名称及主要功能表

管脚名称	主要功能
A0、A1、A2	器件地址选择
SDA	串行数据/地址
SCL	串行时钟
WP	写保护
VCC	+1.8V～+6V
VSS	接地

2）AT24C02 与 STC89C51 单片机连接电路设计

图 3-56 为 AT24C02 与 STC89C51 单片机连接电路图。

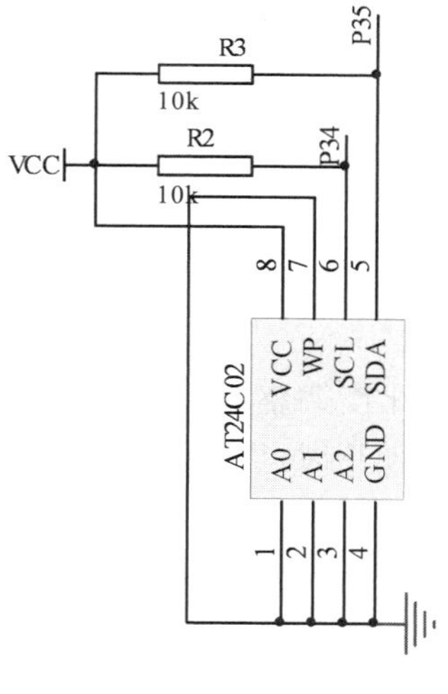

图 3-56　AT24C02 的电路接线图

图中 AT24C02 的 1、2、3 脚是三条地址线，用于确定芯片的硬件地址，这些输入脚用于多个器件级联时设置器件的地址，如果只有一个 AT24C02 被总线寻址，那么这三个地址输入脚(A0、A1、A2)可以悬空或连接到 VSS，此时地址为 0。由于本项目中只用了一块 AT24C02，所以 A0、A1、A2 的连接选择了三个端口连接到 VSS，地址为 0。

图中 AT24C02 的 4、8 脚分别是 VSS 和 VCC，所以分别接地和电源。

图中 AT24C02 的 5 脚 SDA 为串行数据输入/输出，数据通过这条双向 I2C 总线串行传送，该端口为一个开漏输出管脚。

图中AT24C02的6脚SCL为串行时钟输入线，用于产生AT24C02所需要的数据发送或接收的时钟，该端口是一个输入管脚。

在电路设计时，SDA和SCL都需要和正电源间各接一个10 kΩ的上拉电阻。

图中AT24C02的7脚为WP为写保护，如果WP管脚接到VCC，所有的内容都被写保护(只能读)，当WP管脚接到VSS或悬空，则允许器件进行正常的读/写操作。所以在本设计中，WP需要接地。

3. LCD显示模块电路的设计

1) LCD1602液晶的简介

在日常生活中，液晶显示器并不陌生。液晶显示模块已作为很多电子产品的通用器件，如在计算器、万用表、电子表及很多家用电子产品中都可以看到，显示的主要是数字、专用符号和图形。在单片机的人机交互界面中，一般的输出方式有以下几种：发光管、LED数码管、液晶显示器。发光管和LED数码管比较常用，软硬件都比较简单。

LCD1602A是一种工业字符型液晶，能够同时显示16×2，即32个字符(16列2行)。在单片机系统中应用晶液显示器作为输出器件有以下几个优点：

(1) 由于液晶显示器每一个点在收到信号后就一直保持那种色彩和亮度，恒定发光，而不像阴极射线管显示器(CRT)那样需要不断地刷新新亮点，因此，液晶显示器画质高且不会闪烁。

(2) 液晶显示器都是数字式的，且与单片机系统的接口更加简单可靠，操作更加方便。

(3) 液晶显示器通过显示屏上的电极控制液晶分子状态来达到显示的目的，在重量上比相同显示面积的传统显示器要轻得多。

(4) 相对而言，液晶显示器的功耗主要消耗在其内部的电极和驱动IC上，因而耗电量比其他显示器要少得多。

引脚说明如下：

第1脚：VSS为地电源。

第2脚：VDD接5 V正电源。

第3脚：VL为液晶显示器对比度调整端，接正电源时对比度最弱，接地时对比度最高，对比度过高时会产生“鬼影”，使用时可以通过一个10 kΩ的电位器调整对比度。

第4脚：RS为寄存器选择，高电平时选择数据寄存器，低电平时选择指令寄存器。

第5脚：R/W为读写信号线，高电平时进行读操作，低电平时进行写操作。当RS和R/W都为低电平时，可以写入指令或者显示地址；当RS为低电平、R/W为高电平时，可以读忙信号；当RS为高电平、R/W为低电平时，可以写入数据。

第6脚：E端为使能端，当E端由高电平跳变成低电平时，液晶模块执行命令。

第7～14脚：D0～D7为8位双向数据线。

第15脚：背光源正极。

第16脚：背光源负极。

2) LCD1602液晶连接电路设计

1602液晶模块的第3脚VL为液晶显示器对比度调整端，使用时可以通过一个10 kΩ的电位器调整对比度。但在本设计中，没有采用10 kΩ的电位器，而是直接用两个电阻R8

和 R9，通过两个电阻的分压来实现最佳对比度，其中，R9 的取值范围为 200 Ω～1.5 kΩ。

1602 液晶模块的第 15 脚和第 16 脚分别是背光源正极和背光源负极，按理来讲，只要 15 脚接 VCC，16 脚接 GND 就可以，但是在本设计中第 15 脚接 VCC，第 16 脚没有直接接地，而是设计成了如图 3-57 所示的电路，这样设计的目的是希望能够实现 1602 液晶的亮度随光线自动调节的功能。这部分电路的原理是：R7 为一个光敏电阻，当光线较弱的时候光敏电阻 R7 的阻值增大，同时再调节 RT 电位器的阻值，使得三极管的基极获得一个最理想的电压值而导通，从而实现 1602 液晶的第 16 脚接地，通过这种方式来达到 1602 液晶亮度随光线自动调节的目的。

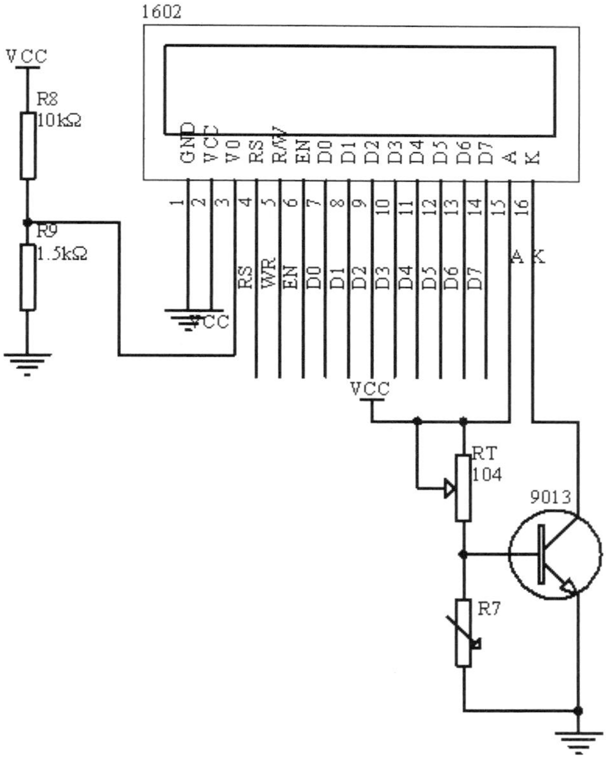

图 3-57　液晶显示模块电路图

4. 键盘模块电路的设计

本设计采用行列式键盘，同时也能减少键盘与单片机接口时所占用的 I/O 线的数目，在按键比较多的时候，通常采用这种方法。在矩阵式键盘中，每条水平线和垂直线在交叉处不直接连通，而是通过一个按键加以连接。这样，一个端口（如 P1 口）就可以构成 4×4＝16 个按键，相比直接将端口线用于键盘多出了一倍，而且线数越多，区别越明显，比如再多加一条线就可以构成 20 键的键盘，而直接用端口线则只能多出一键（9 键）。由此可见，在需要的键数比较多时，采用矩阵法来做键盘是合理的。图 3-58 为本设计的键盘整体模框图。

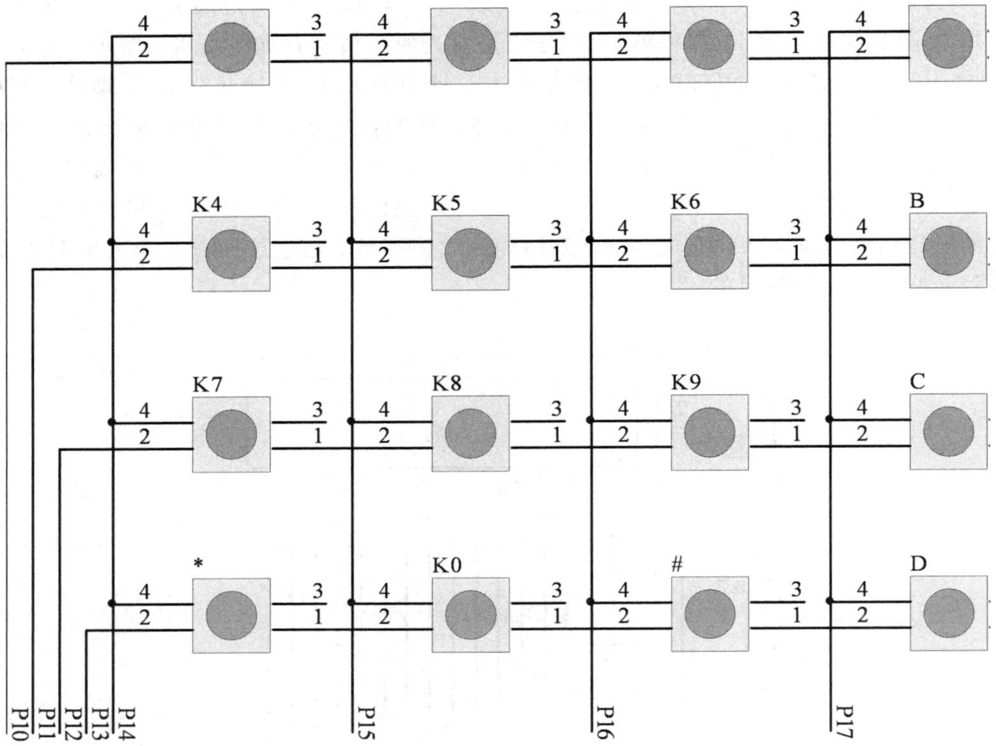

图 3-58　键盘整体模框图

5. 报警模块电路的设计

蜂鸣器是一种一体化结构的电子讯响器，采用直流电压供电，广泛应用于计算机、打印机、复印机、报警器、电子玩具、汽车电子设备、电话机、定时器等电子产品中作发声器件。

1）蜂鸣器的分类及工作原理

蜂鸣器主要分为压电式蜂鸣器和电磁式蜂鸣器两种类型。蜂鸣器在电路中用字母“H”或“HA”(旧标准用“FM”、“LB”、“JD”等)表示。

压电式蜂鸣器主要由多谐振荡器、压电蜂鸣片、阻抗匹配器及共鸣箱、外壳等组成，有的压电式蜂鸣器外壳上还装有发光二极管。多谐振荡器由晶体管或集成电路构成。压电蜂鸣片由锆钛酸铅或铌镁酸铅压电陶瓷材料制成，在陶瓷片的两面镀上银电极，经极化和老化处理后，再与黄铜片或不锈钢片粘在一起。

当接通电源后(1.5～15 V 直流工作电压)，多谐振荡器起振，输出 1.5～2.5 kHz 的音频信号，阻抗匹配器推动压电蜂鸣片发声。

电磁式蜂鸣器：由振荡器、电磁线圈、磁铁、振动膜片及外壳等组成。

当电磁式蜂鸣器在接通电源以后，振荡器所产生的音频信号电流就会通过电磁线圈，使得电磁线圈产生磁场，这时振动膜片就会在电磁线圈和磁铁的相互作用下，周期性地发生振动了。

2）报警模块电路的设计

蜂鸣器驱动电路一般都包含：一个三极管、一个蜂鸣器、一个限流电阻。

蜂鸣器为发声元件，在其两端施加直流电压(有源蜂鸣器)或者方波(无源蜂鸣器)就可以发声，其主要参数是外形尺寸、发声方向、工作电压、工作频率、工作电流、驱动方式(直流/方波)等，这些都可以根据需要来选择。本设计采用有源蜂鸣器，其电路图如图3－59所示。图中的三极管Q1起开关作用，其基极的低电平使三极管饱和导通，使蜂鸣器发声；而基极的高电平则使三极管关闭，蜂鸣器停止发声。

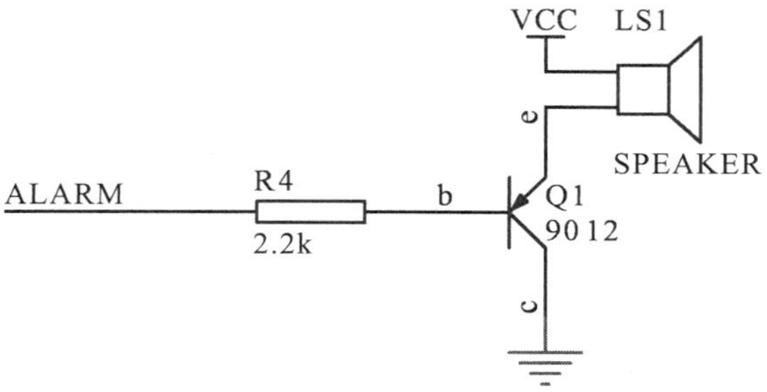

图3－59　报警模块电路图

6. 开锁模块电路的设计

在本设计中，开锁模块采用的是电磁继电器，当密码输入正确时，电磁继电器触点吸合，此时就会听到“啪”的一声，同时LED灯点亮，来模拟此时的“密码正确，门打开”。

1) 继电器的介绍

电磁继电器一般由铁芯、线圈、衔铁、触点簧片等组成。只要在线圈两端加上一定的电压，线圈中就会流过一定的电流，从而产生电磁效应，衔铁就会在电磁力吸引的作用下克服返回弹簧的拉力吸向铁芯，从而带动衔铁的动触点与静触点(常开触点)吸合。当线圈断电后，电磁的吸力也随之消失，衔铁就会在弹簧的反作用力下返回原来的位置，使动触点与原来的静触点(常闭触点)释放。这样吸合、释放，从而达到了电路中导通、切断的目的。对于继电器的“常开、常闭”触点，可以这样来区分：继电器线圈未通电时处于断开状态的静触点，称为“常开触点”；处于接通状态的静触点称为“常闭触点”。继电器一般有两股电路，低压控制电路和高压工作电路。

2) 开锁模块电路的设计

图3－60电路中的继电器起开关作用，同时继电器是通过PNP型三极管驱动的。当阈值超过设定时，单片机会由高电平跳变成低电平，即KEY＝0(低电平)，这样三极管导通从而继电器吸合。如果需要增加负载(电子锁)，则在继电器的端子1和3接锁就可以了。

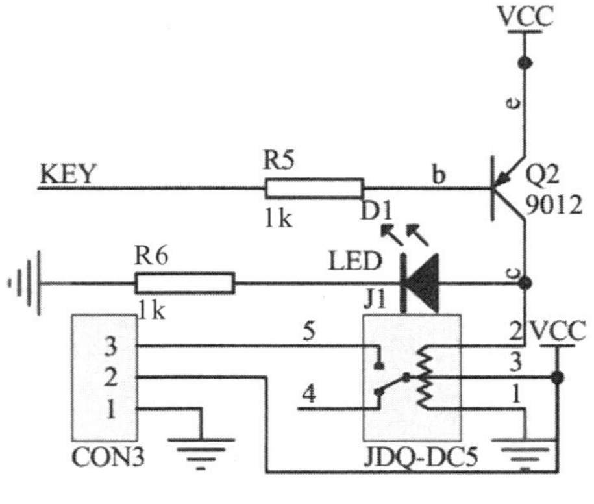

图3－60　开锁模块电路图

7. 电源模块电路的设计

此系统的供电采用的是用5 V的USB电源线接板子上的DC电源接口直接供电，所以在制作该系统时需要焊接一个DC电源插口，如图3－61所示，一个自锁开关，如图3－62所示，电源模块电路设计如图3－63所示。

图 3-61　DC电源插口实物图

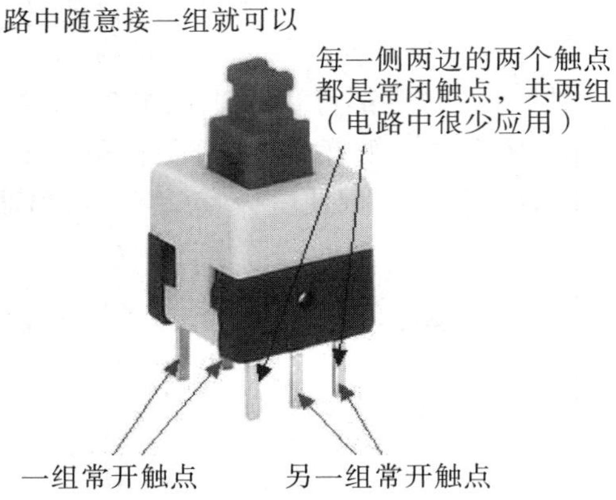

图 3-62　自锁开关实物图

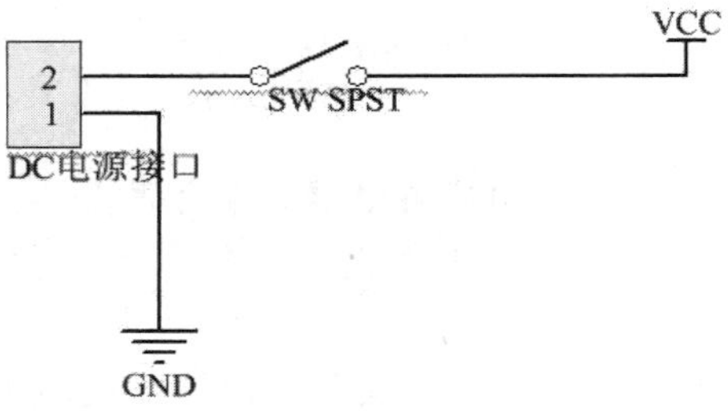

图 3-63　电源模块电路图

8. 红外模块电路的设计

红外线是太阳光线中众多不可见光线中的一种，由德国科学家霍胥尔于1800年发现，又称为红外热辐射，他将太阳光用三棱镜分解开，在各种不同颜色的色带位置上放置了温度计，试图测量各种颜色的光的加热效应。结果发现，位于红光外侧的那支温度计升温最快，因此得到结论：在太阳光谱中，红光的外侧必定存在看不见的光线，这就是红外线。太阳光谱上红外线的波长大于可见光线，波长为0.75～1000 μm。红外线可分为三部分，即近红外线，波长为0.75～1.50 μm；中红外线，波长为1.50～6.0 μm；远红外线，波长为6.0～1000 μm。

红外线遥控是目前使用很广泛的一种通信和遥控技术。由于红外线遥控装置具有体积小、功耗低、功能强、成本低等特点，因而继彩电、录像机之后，录音机、音响设备、空调机以及玩具等其他小型电器装置上也纷纷采用红外线遥控。工业设备中，在高压、辐射、有毒气体、粉尘等环境下，采用红外线遥控能有效地隔离电气干扰。

1）红外遥控电路的介绍

红外遥控的发射电路采用红外发光二极管来发出经过调制的红外光波；红外接收电路由红外接收二极管、三极管或硅光电池组成，它们将红外发射器发射的红外光转换为相应的电信号，再送入后置放大器。

发射机一般由指令键（或操作杆）、指令编码系统、调制电路、驱动电路、发射电路等几部分组成。当按下指令键或推动操作杆时，指令编码电路产生所需的指令编码信号，指令编码信号对载体进行调制，再由驱动电路进行功率放大后由发射电路向外发射经调制的指令编码信号。

接收电路一般由接收电路、放大电路、解调电路、指令译码电路、驱动电路、执行电路(机构)等几部分组成。接收电路将发射器发出的已调制的编码指令信号接收下来，进行放大后送入解调电路，解调电路将已调制的指令编码信号解调出来，即还原为编码信号。指令译码器对编码指令信号进行译码，最后由驱动电路来驱动执行电路实现各种指令的操作控制。

2）红外模块电路的设计

本项目采用红外无线遥控模块套件，该套件包括红外遥控器、38 kHz 红外接收管。红外遥控器实物如图 3-64 所示，该红外遥控器是一种集红外线接收和放大整形于一体，不需要任何外接元件，就能完成从红外线接收到输出与 TTL 电平信号兼容的所有工作，而体积又很小巧，它适合于各种红外线遥控和红外线数据传输，发射距离可以达到 8 m，非常适合在室内操控各种设备。38 kHz 红外接收管实物如图 3-65 所示，其中从左到右引脚依次为 1～3 号：1 脚—数据端；2 脚—地端；3 脚—电源端。

图 3-64 红外遥控器实物图

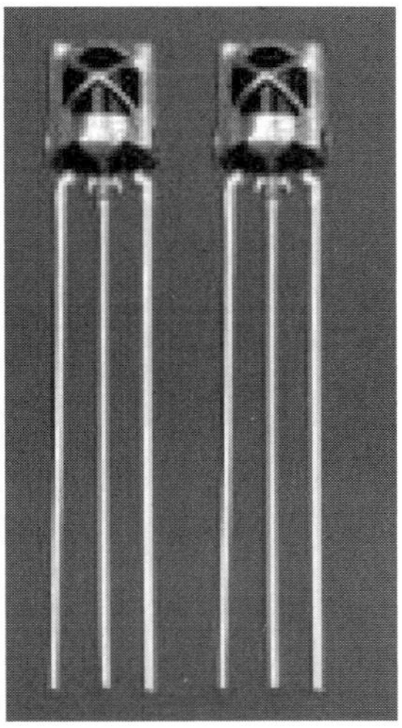

图 3-65 38kHz 红外接收管实物图

红外模块电路的设计主要是红外接收电路的设计，如图 3-66 所示。

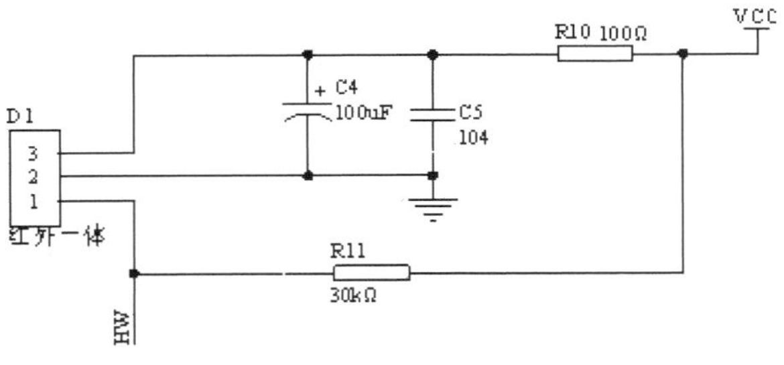

图 3-66 红外接收电路连接图

9. 系统总体电路的设计

系统的总体电路如图 3-67 所示。

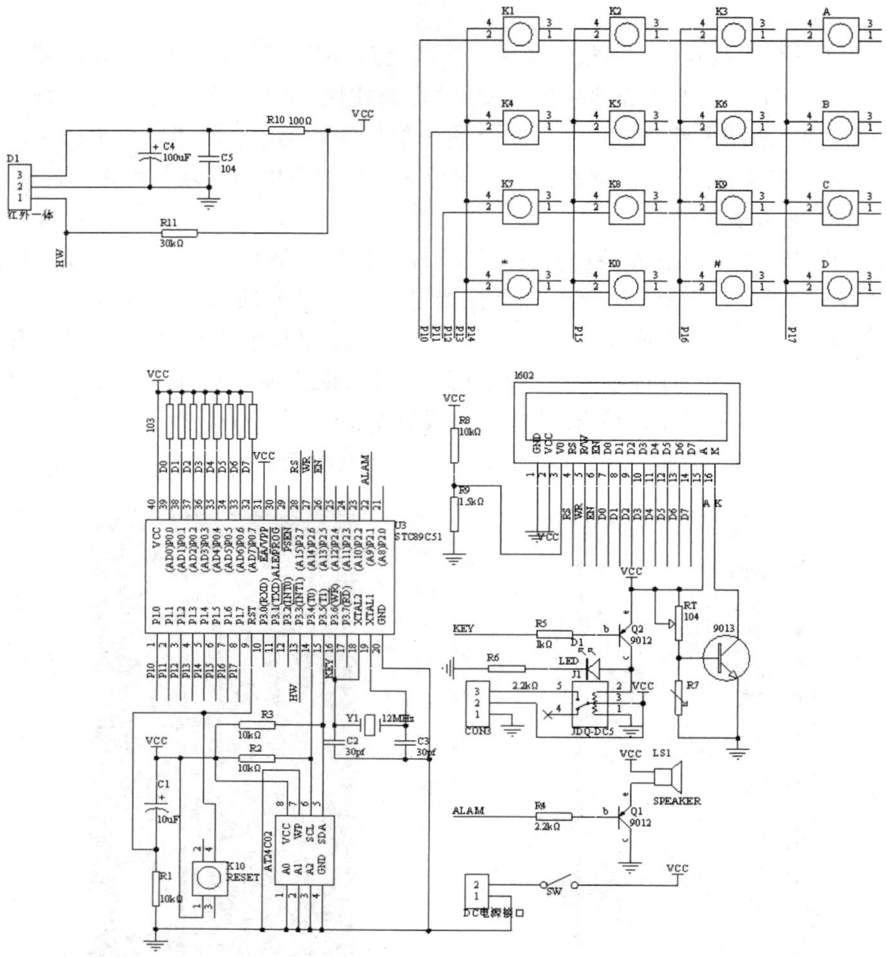

图 3-67　带红外遥控的电子密码锁电路原理图

任务3　系统软件程序设计

本系统的软件设计由主程序、初始化程序、LCD显示程序、键盘扫描程序、按键功能程序、密码设置程序、EEPROM读写程序和延时程序等组成。由于设计是分模块化进行的，所以子程序是整体软件系统的组成部分，子程序不但可以使程序化整为零，使其复杂简单化，同时也方便阅读、修改等。每个功能模块都有自己的子程序，在本设计中是用LCD显示数据，所以就要用到显示子程序，设计中用的是矩阵键盘，所以就要用到键盘扫描子程序，此外还有显示初始化子程序、LCD忙检测子程序、关闭状态显示子程序、开锁状态显示子程序、密码输入及修改状态显示子程序、密码输入错误后的提示子程序等。

1. 核心模块程序流程图设计

1）主程序模块

主程序设计流程图如图3-68所示。

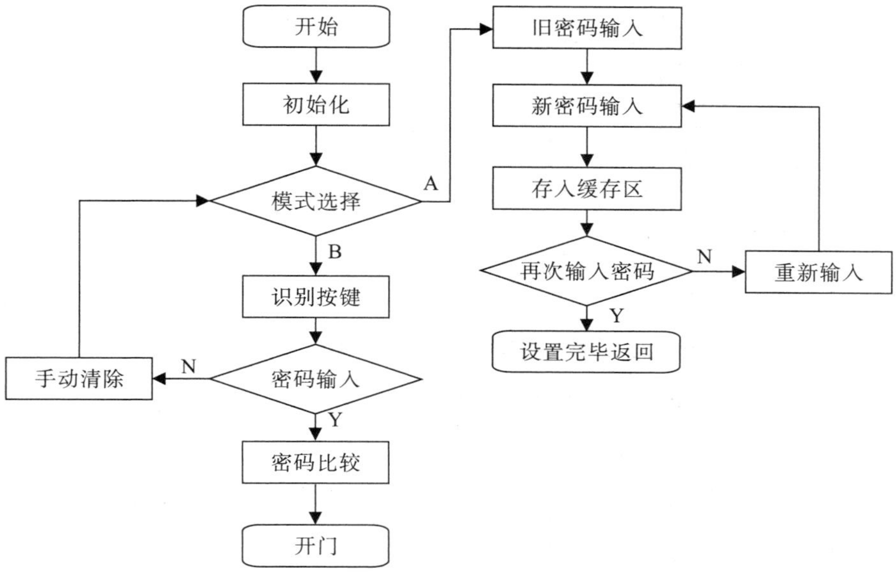

图 3-68　主程序的流程图

2）键盘扫描子程序

键盘扫描子程序的流程图如图 3-69 所示。

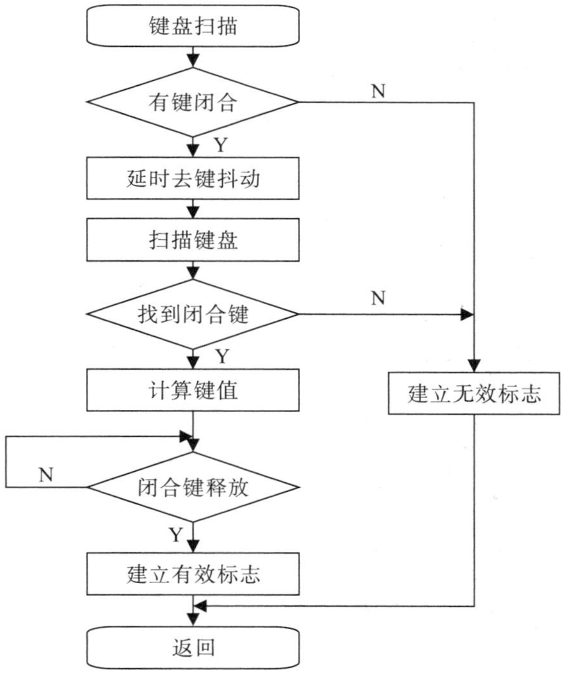

图 3-69　键盘扫描子程序的流程图

3）系统模块密码设置子程序

图 3-70 为密码设置子程序流程图。

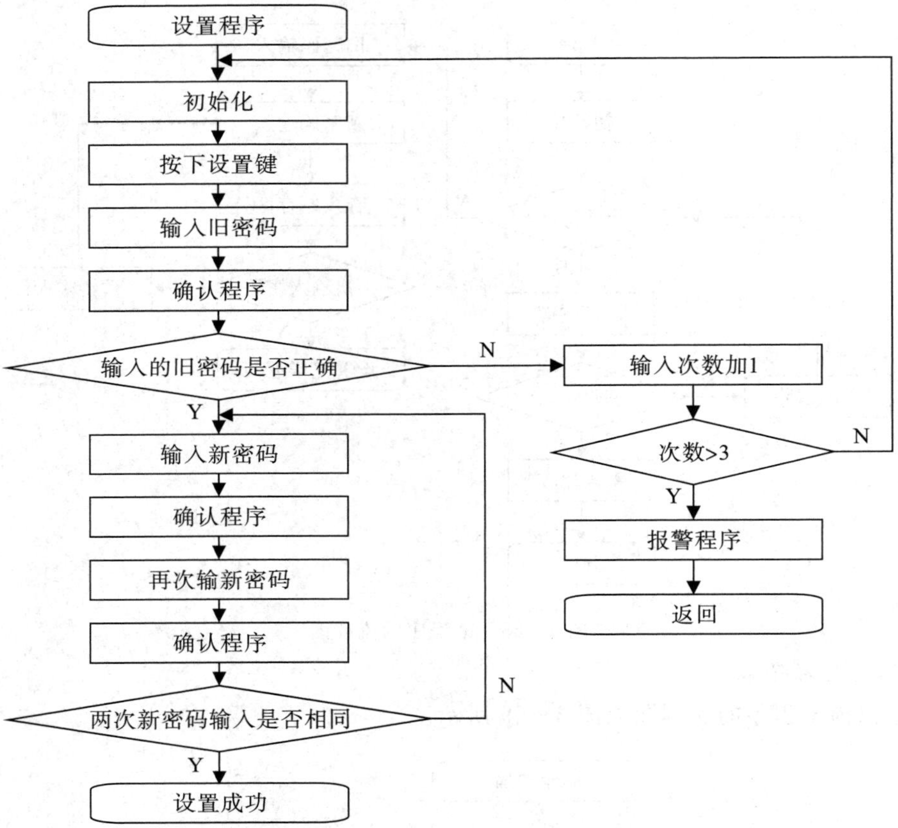

图 3-70　密码设置子程序流程图

4）开锁子程序

图 3-71 为开锁子程序流程图。

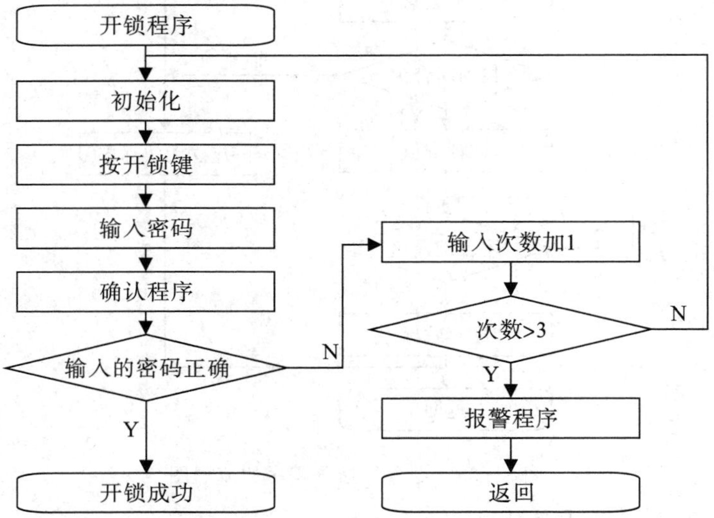

图 3-71　开锁子程序流程图

2. 新增模块运用举例

1) 24C02 的操作程序举例

24C02 是一个非挥发 EEPROM 存储器器件，采用的是 IIC 总线技术。24C02 主要应用于一些掉电后还要保存数据的场合，并使保存的数据在下一次运行时还能够调出。

在写 24C02 程序前，我们需要清楚地知道：

· 一块 24C02 中有 256 个字节的存储空间。

· AT24C02 中带有片内地址寄存器。每写入或读出一个数据字节后，该地址寄存器自动加 1，以实现对下一个存储单元的读写。所有字节均以单一操作方式读取。为降低总的写入时间，一次操作可写入多达 8 个字节的数据。

· IIC 总线协议定义：只有在总线空闲时才允许启动数据传送。在数据传送过程中，当时钟线为高电平时，数据线必须保持稳定状态，不允许有跳变；时钟线为高电平时，数据线的任何电平变化将被看做总线的起始或停止信号。

下面举个例子来介绍对 24C02 的读、写控制。24C02 采用的是 IIC 总线，是一种 2 线总线，在这里我们用 I/O 来模拟这种总线，在本设计中将 24C02 的两条总线接在了 P3.4 和 P3.5 上，因此，使用前必须先定义，定义如下：

```
sbit Scl=P3^4; //24C02 串行时钟
sbit Sda=P3^5; //24C02 串行数据
```

(1) 24C02 有严格的操作时序，因此在编程的时候要严格按照时序进行编程，而且每个读写操作都有时间要求，如表 3-12 所示。

表 3-12 24C02 读写周期范围

符号	参数	1.8 V，2.5 V		4.5 V～5.5 V		单位
		最小	最大	最小	最大	
F_{SCL}	时钟频率		100		400	kHz
T_1	SCL，SDA 输入的噪声抑制时间		200		200	ns
t_{AA}	SCL 变低至 SDA 数据输出及应答信号		3.5		1	μs
t_{BUF}	新的发送开始前总线空闲时间	4.7		1.2		μs
$t_{HD:STA}$	起始信号保持时间	4		0.6		μs
t_{LOW}	时钟低电平周期	4.7		1.2		μs
t_{HGH}	时钟高电平周期	4		0.6	μs	
$t_{SU:STA}$	起始信号建立时间	4.7		0.6		μs
$t_{HD:DAT}$	数据输入保持时间	0		0		ns
$t_{UL:DAT}$	数据输入建立时间	50		50		ns
t_R	SDA 及 SCL 上升时间		1		0.3	μs
t_F	SDA 及 SCL 下降时间		300		300	ns
$t_{SU:STO}$	停止信号建立时间	4		0.6		μs
t_{DH}	数据输出保持时间	100		100		ns

因此，这里需要定义两个延时函数来实现要求的操作时间。两个函数所使用的地方和

功能是不相同的，定义如下：

```
void Delay(){  ;  ;}
void Delay1(unsigned char x)
{
    unsigned int i;
    for(i=0; i<x; i++);
}
```

(2) 起始条件。时钟线保持高电平期间，数据线电平从高到低的跳变作为 IIC 总线的起始信号。参考程序如下：

```
void Start()
{
    SDA=1;    //发送起始条件的数据信号
Delay();
    SCL=1;    //发送起始条件的时钟信号
Delay();
    SDA=0;    //发送起始信号
Delay();
    SCL=0;    //钳住 IIC 总线，准备发送或接收数据
Delay();
}
```

(3) 结束条件。时钟线保持高电平期间，数据线电平从低到高的跳变作为 IIC 总线的起始信号。参考程序如下：

```
//结束条件
void Stop()
{
    SDA=0;    //发送结束条件的数据信号
Delay();
    SCL=1;    //发送结束条件的时钟信号
Delay();
    SDA=1;    //发送结束信号
Delay();
}
```

(4) 应答信号。IIC 总线传送数据时，每成功地传送一个字节数据后，接收器必须产生一个应答信号。应答的器件在第 9 个时钟周期时将 SDA 线拉低，表示其已接收到一个 8 位数据。参考程序如下：

```
void Ack()  //IIC 总线时钟或应答信号
{
    unsigned char i=0;
    SCL=1;
Delay();
    while ((SDA==1)&&(i<250))
        i++;
```

```
    SCL=0;
Delay();
}
```

(5) 写操作。在字节写模式下，主器件发送起始命令和从器件地址信息给从器件，在从器件产生应答信号后，主器件发送从器件的字节地址，主器件在收到从器件的另外一个应答信号后，再发送数据到被寻址的存储单元，从器件再次应答，并在主器件产生停止信号后开始内部数据的擦写，在擦写过程中，从器件不再应答主器件的任何请求。

参考程序如下：

```
void Write1Byte24c02(unsigned char j)//实现一个字节数据写入 24C02 中
    void Write1ByteAdd24c02(unsigned char address, unsigned char info)//向 24C02 指定地址实现 1 个字节数据的写入
    void WrtieNByteAdd24c02 (uchar Data[], uchar Address, uchar Num)//向 24C02 指定地址实现多个字节数据的写入
void Write1Byte24c02(unsigned char j)  //写一个字节
{
    unsigned char i, temp;
    temp=j;
    for (i=0; i<8; i++)
temp=temp<<1;
SCL=0;
Delay();
    SDA=CY; //最高位移入 PSW 寄存器 CY 位中
Delay();
    SCL=1;
Delay();
    }
    SCL=0;
Delay();
    SDA=1;
Delay();
}

//向 24C02 的地址 address 中写入一个字节的数据 info
voidWrite1ByteAdd24c02 (unsigned char address, unsigned char info)
{
Start();
    Write1Byte24c02(WriteDeviceAddress);
Ack();
    Write1Byte24c02(address);
Ack();
    Write1Byte24c02(info);
Ack();
```

```
Stop();
    Delay1(50);
}

//向2402的地址address中写入多个字节的数据
void WriteNByteAdd24c02 (uchar Data[], uchar Address, uchar Num)
{
    uchar i;
    uchar * PData;
    PData=Data;
    for(i=0; i<Num; i++)
    {
        Start();
        Write1Byte24c02(WriteDeviceAddress);
        Ack();
        Write1Byte24c02(Address+i);
        Ack();
        Write1Byte24c02( * (PData+i));
        Ack();
        Stop();
        Delay1(50);
    }
}
```

(6) 读操作。对24C02的读操作有三种不同的方式，立即地址读、选择读和连续读。

立即地址读：24C02的地址计数器内容为最后操作字节的地址加1，即如果上次读/写的操作地址为N，则立即读的地址从地址N+1开始。

选择读：允许主器件对寄存器的任意字节进行读操作。

连续读：通过立即读或者选择读操作启动，在24C02发送完一个8位字节数据后，主器件产生一个应答信号来响应，告知24C02主器件需要更多的数据，对应每个主机产生的应答信号24C02都将发送一个8位数据，直到主器件不发送应答信号而发送停止信号时结束此操作。

参考程序如下：

```
unsigned char Read1Byte24c02()//读24C02中实现8bit数据
unsigned char Read1ByteAdd24c02(unsigned char address)//实现从24C02中一个地址读出一
                                                        个字节数据数据
void ReadNByteAdd24c02(uchar Data[], uchar Address, uchar Num)//从24C02的地址
                                                        address中读出多个字节的数据
unsigned char Read1Byte24c02()  //读一个字节
{
    unsigned char i, j, k=0;
    SCL=0;
Delay();
```

```
    SDA=1;
    for (i=0; i<8; i++)
    {
Delay();
    SCL=1;
Delay();
        if (SDA==1)
            j=1;
        else
            j=0;
        k=(k<<1)|j;             //将 8 个独立的位放在一个字节中
        SCL=0;
    }
Delay();
    return(k);
}
//从 24C02 的地址 address 中读取一个字节的数据
unsigned char Read1ByteAdd24c02 (unsigned char address)
{
    unsigned char i;
Start();
    Write1Byte24c02(WriteDeviceAddress);
    Ack() ;
    Write1Byte24c02(address);
Ack() ;
    Start();
    Write1Byte24c02(ReadDviceAddress);
Ack() ;
    i=Read1Byte24c02();
Stop();
    Delay1(10);
    return(i);
}
//从 2402 的地址 address 中读出多个字节的数据
void ReadNByteAdd24c02(uchar Data[], uchar Address, uchar Num)
{
    uchar i;
    uchar * PData;
    PData=Data;
    for(i=0; i<Num; i++)
    {
        Start();
          Write1Byte24c02(WriteDeviceAddress);
```

```
            Ack();
              Write1Byte24c02(Address+i);
            Ack();
            Start();
              Write1Byte24c02(ReadDviceAddress);
            Ack();
              *(PData+i)=Read1Byte24c02();
              SCL=0;
            Ack();
            Stop();
        }
    }
```

例子：写入一个字节数值0x88到24C02的0x02位置，再在下一刻读出这个字节到P2口来验证结果，操作结束后，P10灯会亮起，仿真电路如图3-72所示。

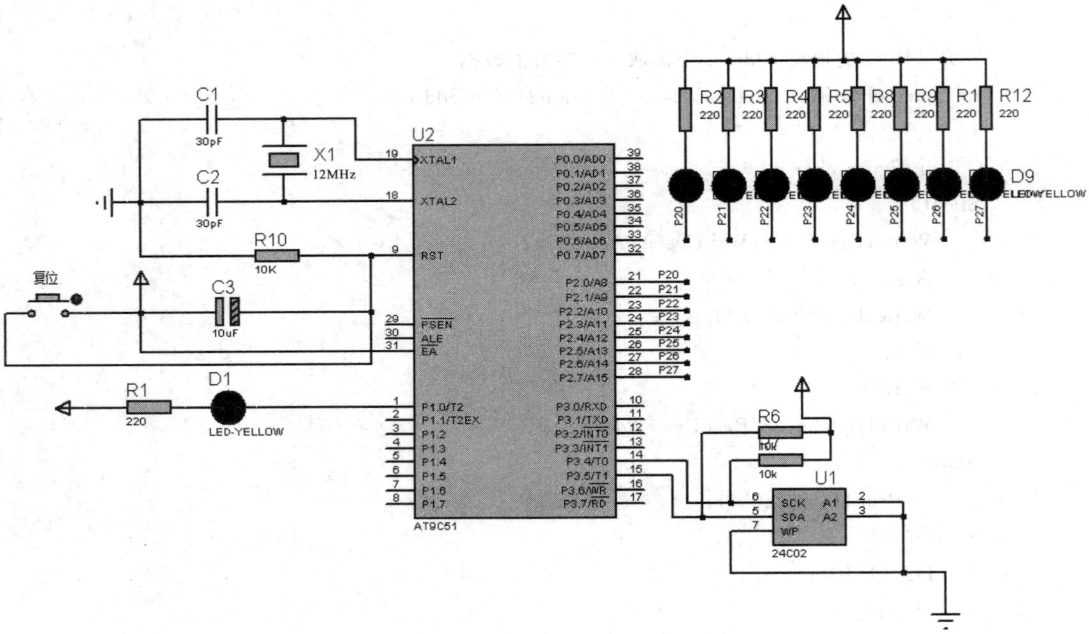

图3-72 24C02例子仿真电路图

参考程序如下：

```
    #include <reg51.h>                    //包括一个51标准内核的头文件
    #include <intrins.h>
    #define uchar unsigned char           //定义一下方便使用
    #define uint unsigned int
    #define ulong unsigned long

    #define WriteDeviceAddress 0xa0       //定义器件在IIC总线中的地址
    #define ReadDeviceAddress 0xa1
```

```
sbit SCL=P3^4;
sbit SDA=P3^5;
sbit P10=P1^0;
//////////////////////////////////////////////////////////////////////
//延时
void Delay()
{  ;   ;}
//////////////////////////////////////////////////////////////////////
void Delay1(unsigned char x)
{
    unsigned int i;
    for(i=0; i<x; i++);
}  Delay();
//////////////////////////////////////////////////////////////////////
void Init_IIC()                       //总线初始化，拉高释放总线
{
    SCL=1;
    Delay();
    SDA=1;
    Delay();
}
//////////////////////////////////////////////////////////////////////
//起始条件
void Start()
{
    SDA=1;                            //发送起始条件的数据信号
    Delay();
    SCL=1;                            //发送起始条件的时钟信号
    Delay();
    SDA=0;                            //发送起始信号
    Delay();
    SCL=0;                            //钳住 IIC 总线，准备发送或接收数据
    Delay();
}
//////////////////////////////////////////////////////////////////////
//结束条件
void Stop()
{
    SDA=0;                            //发送结束条件的数据信号
    Delay();
    SCL=1;                            //发送结束条件的时钟信号
    Delay();
    SDA=1;                            //发送结束信号
```

```
    Delay();
}
//////////////////////////////////////////////////////////////////
void Ack()                          //IIC 总线时钟或应答信号
{
    unsigned char i=0;
    SCL=1;
    Delay();
    while ((SDA==1)&&(i<250))
        i++;
    SCL=0;
    Delay();
}
//////////////////////////////////////////////////////////////////
void Write1Byte24c02(unsigned char j) //写一个字节
{
    unsigned char i, temp;
    temp=j;
    for (i=0; i<8; i++)
    {
        temp=temp<<1;
        SCL=0;
        Delay();
        SDA=CY;                     //最高位移入 PSW 寄存器的 CY 位中
        Delay();
        SCL=1;
        Delay();
    }
    SCL=0;
    Delay();
    SDA=1;
    Delay();
}
//////////////////////////////////////////////////////////////
//向 24C02 的地址 address 中写入一个字节的数据 info
void Write_Add(unsigned char address, unsigned char info)
{
    Start();
    Write1Byte24c02(WriteDeviceAddress);
    Ack();
    Write1Byte24c02(address);
    Ack();
    Write1Byte24c02(info);
```

```
    Ack();
    Stop();
    Delay1(50);
}
////////////////////////////////////////////////////////////
unsigned char Read1Byte24c02()          //读一个字节
{
    unsigned char i, j, k=0;
    SCL=0;
    Delay();
    SDA=1;
    for (i=0; i<8; i++)
    {
    //在这种行列式矩阵键盘非键盘编码的单片机系统中，键盘处理程序首先执行等待按键并确认有无按键按下的程序段。
        Delay();
        SCL=1;
        Delay();
        if (SDA==1)
            j=1;
        else
            j=0;
        k=(k<<1)|j;                     //将8个独立的位放在一个字节中
        SCL=0;
    }
    Delay();
    return(k);
}
////////////////////////////////////////////////////////////
//从24C02的地址address中读取一个字节的数据
unsigned char Read_Add(unsigned char address)
{
    unsigned char i;
    Start();
    Write1Byte24c02(WriteDeviceAddress);
    Ack() ;
    Write1Byte24c02(address);
    Ack() ;
    Start();
    Write1Byte24c02(ReadDviceAddress);
    Ack() ;
    i=Read1Byte24c02();
    Stop();
```

```
        Delay1(10);
        return(i);
    }
    ///////////////////////////////////////////////////////////////////
    //试验写入一个字节到 24C02 中
    void main(void) //主程序
    {
        uchar c2;
        Init_IIC();
        Write_Add(0x02, 0x88);
        Delay1(100);
        c2=Read_Add(0x02);
        P2=c2;
        if(P2! =0xff)P10=0;
        while(1);   //程序挂起
    }
```

2）红外遥控模块操作举例

红外遥控模块包括两部分：红外发射部分和红外接收部分。红外发射部分就是红外遥控器，红外接收部分就是1838一体红外接收头。1838一体红外接收头是我们最常用的红外接收元器件，广泛应用于电视机、空调、冰箱及电视机顶盒等需要红外遥控的电器上。在图3-66中，我们已经知道1838一体红外接收头有三个引脚1、2、3，分别是OUT、GND、VCC，其中OUT端接单片机的I/O口。当你拿着红外遥控器对准红外接收头按下时，红外接收头的OUT引脚将会发生变化，不同的按键按下，OUT引脚的变化不一样，而这种变化是由遥控器决定的。1838一体红外接收头只是起到接收信号和解码的作用，因此我们首先要了解红外遥控器的编码原理。

(1) 红外遥控器的编码基本原理。

遥控发射器专用芯片很多，采用的遥控码格式也不一样，较普遍的有两种，一种是NEC标准，一种是PHILPS标准，这里我们以运用比较广泛、解码比较容易的NEC标准为例说明编码原理(一般家庭用的DVD、VCD、音响都使用这种编码方式)。

当红外遥控器的一个键按下超过36 ms，振荡器使芯片激活，将发射一组NEC红外遥控编码，该编码由引导码、16位定制码(8位定制码、8位定制码的反码)和16位数据码(8位数据码、8位数据码的反码)组成。

说明：

· 引导码是一个遥控码的起始部分，用于通知红外遥控信号的来临，由一个9 ms的高电平(起始码)和一个4.5 ms的低电平(结果码)组成。

· 16位定制码，一般用来识别红外遥控器，能区别不同的电器设备，防止不同机种的遥控码互相干扰，也就是说，假定你家空调遥控器的定制码是88，电视机遥控器的定制码是55，那么空调遥控器就对电视机不起作用。

· 16位数据码分为8位操作码(功能码)及其反码，其中，8位操作码(功能码)用来识别用户的功能，反码用于核对数据是否接收准确。

这种遥控码具有以下特征：采用脉宽调制的串行码，以脉宽 0.565 ms、间隔 0.56 ms、周期 1.125 ms 的组合表示二进制的"0"；以脉宽 0.565 ms、间隔 1.685 ms、周期 2.25 ms 的组合表示二进制的"1"，其波形如图 3 - 73 所示。即发射数据时 0 用"0.56 ms 高电平＋0.565 ms 低电平＝1.125 ms"表示，数据 1 用"高电平 0.56 ms＋低电平 1.69 ms＝2.25 ms"表示。即发射码"0"表示发射 38 kHz 的红外线 0.56 ms，停止发射 0.565 ms，发射码"1"表示发射 38 kHz 的红外线 0.56 ms，停止发射 1.69 ms。

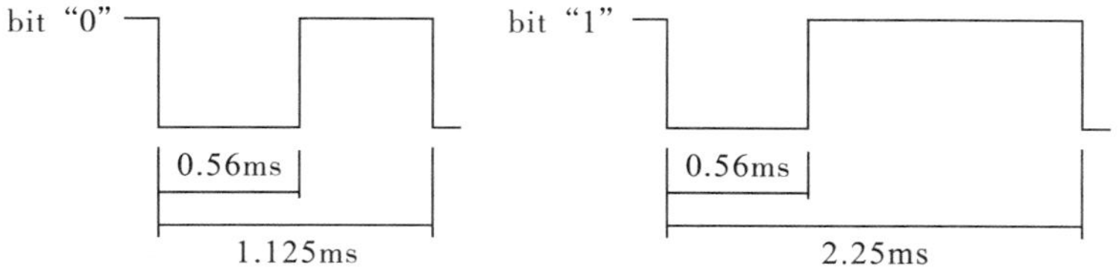

图 3 - 73　脉宽调制的串行码波形图

需要注意的是：当一体化接收头收到 38 kHz 红外信号时，红外一体化接收头的输出波形与发射波形是反向的，即首先是 9 ms 的低电平，然后是 4.5 ms 的高电平，再是定制码和数据码。

如果用户按下某个键一直不松开，将会发送重发码。重发码跟在遥控码后面，它是由 9 ms 低电平＋2.5 ms 高电平＋560 μs 低电平＋97 ms 的高电平组成的。可以看出，当单片机观察到 9 ms 低电平时，后面如果是 4.5 ms 高电平就是遥控码，如果后面是 2.5 ms 高电平就是重发码。

(2) 单片机红外遥控器的解码程序举例。

利用单片机实现对红外遥控器的解码关键在于单片机如何检测这些脉冲并计算大小，其基本思路是：把红外接收头的 OUT 引脚与单片机的外部中断引脚相连，并将外部中断设置为低电平触发方式，用定时器记录每次电平跳变之间的时间，通过判断时间来获取这些码值，进而判断遥控器按下了哪个键。

下面列举一个例子，来进一步说明这部分程序的编写思路。

本例实现的功能是：用两位集成数码管显示遥控器键值(从左往右，第 1 位数码管显示的值代表的是键值的高 4 位；第 2 位数码管显示的值代表的是键值的低 4 位)。参考程序如下：

```
#include<reg51.h>
#define uchar  unsigned char
#define uint unsigned int
#define Imax 14000
#define Imin 8000
#define Inum1 1450
#define Inum2 700
#define Inum3 3000
sbit IR_Out = P3^2; //1838 接收头 OUT 端接单片机的 P3.2(int0)
uchar TC;
uchar DM[]={0x3f, 0x06, 0x5b, 0x4f, 0x66, 0x6d, 0x7d, 0x07, 0x7f, 0x6f, 0x77, 0x7c,
0x39, 0x5e, 0x79, 0x71}; //共阴极数码管 0～F 的段码值
```

```
uchar IRCOM[4]={0x00, 0x00, 0x00, 0x00};
uchar SHOW[2]={0, 0};
/////////////////////////////////////////////
//定义数组 IRCOM，分别装解码后得到的数据
//IRCOM[0]  8 位定制码
//IRCOM[1]  8 位定制码反码
//IRCOM[2]  8 位数据码
//IRCOM[3]  8 位数据码的反码
/////////////////////////////////////////////
uchar i=0; //32 位数据个数计数
bit MC=0; //接收 32 位数据(16 位定制码+16 位数据码)开始标志位(1：开始)
bit IrOK=0; //接收正确标志位(1：正确)
/////////////////////////////////////////////
//延时函数
void Delay(uchar i)
{
    uchar j, k;
    for(j=i; j>0; j--)
        for(k=125; k>0; k--);
}
/////////////////////////////////////////////
//初始化函数
void IR_init(void)
{
    IR_Out=1;
    P0=0x00;
    TMOD = 0x11;
    TH0=0x00;
    TL0=0x00;
    ET0=1;
    TR0=1;
    IT0 = 1;        //外部中断 0，下降沿触发
    EX0 = 1;        //准许外部中断
    EA = 1;         //CPU 准许中断
}
/////////////////////////////////////////////
//数码管显示函数
void Display()
{
    P2=0xff;
    P1=DM[SHOW[1]];
    P2=0xfd;
    Delay(5);
```

```
    P2=0xff;
    P1=DM[SHOW[0]];
    P2=0xfe;
    Delay(5);
}
/*..........................................................*/
void main()
{
    uint a;
    IR_init();
    while(1)
    {
        if(IrOK==1)
        {
            SHOW[0]=IRCOM[2]&0x0f; //取键码的低四位的值
            SHOW[1]=IRCOM[2]>>4; //高四位的值
            IrOK=0;
        }
        for(a=100; a>0; a--)
        {
            Display();
        }
    }
}
/////////////////////////////////////////////////
//外部中断服务函数
void IR_CODE() interrupt 0
{
    TR0=1;
    TC=TH0*256+TH0; //提取中断时间间隔时长
    TH0=0;
    TL0=0; //定时器重新置0
    if((TC>Imin)&&(TC<Imax))//引导码判断
    {
        i=0;
        MC=1;
        return;
    }
    if(MC==1)
    {
        if((TC>Inum1)&&(TC<Inum3))
        {
            IRCOM[i/8]=IRCOM[i/8]>>1|0x80;
```

```
            i++;
        }
        if((TC>Inum2)&&(TC<Inum1))
        {
            IRCOM[i/8]=IRCOM[i/8]>>1;
            i++;
        }
        if(i==32)
        {
            MC=0;
            i=0;
            if(IRCOM[2]==~IRCOM[3])IrOK=1;
            else IrOK=0;
          }
        }
    }
```

3. 系统整体程序设计

系统的整体参考程序如下：

```
#include <REG51.h>
#include<intrins.h>
#define LCM_Data   P0
#define uchar unsigned char
#define uint   unsigned int
//#define w 6                                    //定义密码位数
//时间计算
#define Imax 14000                               //此处是晶振为11.0592时的取值
#define Imin 8000                                //如用其他频率的晶振时
#define Inum1 1450                               //要改变相应的取值
#define Inum2 700
#define Inum3 3000

sbit lcd1602_rs=P2^5;
sbit lcd1602_rw=P2^6;
sbit lcd1602_en=P2^7;
sbit Scl=P3^4;                                   //24C02串行时钟
sbit Sda=P3^5;                                   //24C02串行数据
sbit ALAM = P2^1;                                //报警
sbit KEY = P3^6;                                 //开锁
sbit open_led=P2^2;                              //开锁指示灯

bit  operation=0;                                //操作标志位
bit  pass=0;                                     //密码正确标志
```

```
bit  ReInputEn=0;                                    //重置输入充许标志
bit  s3_keydown=0;                                   //3秒按键标志位
bit  key_disable=0;                                  //锁定键盘标志
unsigned char countt0, second;                       //t0中断计数器，秒计数器
unsigned char Im[4]={0x00, 0x00, 0x00, 0x00};        //解码变量
//全局变量
uchar f;
unsigned char m, Tc;
unsigned char IrOK;
unsigned char code a[]={0xFE, 0xFD, 0xFB, 0xF7};           //控盘扫描控制表
unsigned char code start_line[]= {"password:       "};
unsigned char code name[]= {"===Coded Lock==="};           //显示名称
unsigned char code Correct[]= {"     correct    "};        //输入正确
unsigned char code Error[]= {"     error      "};          //输入错误
unsigned char code codepass[]= {"      pass      "};
unsigned char code LockOpen[]= {"      open      "};       //OPEN
unsigned char code SetNew[]= {"SetNewWordEnable"};
unsigned char code Input[]= {"input:          "};          //INPUT
unsigned char code ResetOK[]= {"ResetPasswordOK "};
unsigned char code initword[]= {"Init password..."};
unsigned char code Er_try[]= {"error, try again!"};
unsigned char code again[]= {"input again     "};

unsigned char InputData[6];                                //输入密码暂存区
unsigned char CurrentPassword[6]={1, 3, 1, 4, 2, 0};       //当前密码值
unsigned char TempPassword[6];
unsigned char N=0;                                         //密码输入位数记数
unsigned char ErrorCont;                                   //错误次数计数
unsigned char CorrectCont;                                 //正确输入计数
unsigned char ReInputCont;                                 //重新输入计数
unsigned char code initpassword[6]={0, 0, 0, 0, 0, 0};
//==============5 ms延时========================
void Delay5Ms()
{
    unsigned int TempCyc = 5552;
    while(TempCyc--);
}
//============400 ms延时========================
void Delay400Ms()
{
    unsigned char TempCycA = 5;
    unsigned int TempCycB;
    while(TempCycA--)
```

```
        {
            TempCycB=7269;
            while(TempCycB--);
        }
}
//====================24C02=====================
void mDelay(uint t) //延时
{
    uchar i;
    while(t--)
    {
        for(i=0; i<125; i++)
        {; }
    }
}
void Nop()  //空操作
{
    _nop_();
    _nop_();
_nop_();
    _nop_();
}
/*起始条件*/
void Start(void)
{
    Sda=1;
    Scl=1;
    Nop();
    Sda=0;
    Nop();
}
/*停止条件*/
void Stop(void)
{
    Sda=0;
    Scl=1;
    Nop();
    Sda=1;
    Nop();
}
/*应答位*/
void Ack(void)
{
```

```
    Sda=0;
    Nop();
    Scl=1;
    Nop();
    Scl=0;
}
/*反向应答位*/
void NoAck(void)
{
    Sda=1;
    Nop();
    Scl=1;
    Nop();
    Scl=0;
}
/*发送数据子程序，Data 为要求发送的数据*/
void Send(uchar Data)
{
    uchar BitCounter=8;
    uchar temp;
    do
    {
        temp=Data;
        Scl=0;
        Nop();
        if((temp&0x80)==0x80)
        Sda=1;
        else
        Sda=0;
        Scl=1;
        temp=Data<<1;
        Data=temp;
        BitCounter--;
    }
    while(BitCounter);
    Scl=0;
}
/*读一字节的数据，并返回该字节值*/
uchar Read()
{
    uchar temp=0;
    uchar temp1=0;
    uchar BitCounter=8;
```

```
        Sda=1;
        do
        {
            Scl=0;
            Nop();
            Scl=1;
            Nop();
            if(Sda)
            temp=temp|0x01;
            else
            temp=temp&0xfe;
            if(BitCounter-1)
            {
                temp1=temp<<1;
                temp=temp1;
            }
            BitCounter--;
        }while(BitCounter);
        return(temp);
    }
    void WrToROM(uchar Data[], uchar Address, uchar Num)
    {
        uchar i;
        uchar *PData;
        PData=Data;
        for(i=0; i<Num; i++)
        {
            Start();
            Send(0xa0);
            Ack();
            Send(Address+i);
            Ack();
            Send(*(PData+i));
            Ack();
            Stop();
            mDelay(20);
        }
    }
    void RdFromROM(uchar Data[], uchar Address, uchar Num)
    {
        uchar i;
        uchar *PData;
        PData=Data;
```

```
    for(i=0; i<Num; i++)
    {
        Start();
        Send(0xa0);
        Ack();
        Send(Address+i);
        Ack();
        Start();
        Send(0xa1);
        Ack();
        *(PData+i)=Read();
        Scl=0;
        NoAck();
        Stop();
    }
}
//==================LCD1602===================
#define yi 0x80
//LCD 第一行的初始位置，因为 LCD1602 字符地址首位 D7 恒定为 1(100000000=80)
#define er 0x80+0x40 //LCD 第二行初始位置(因为第二行第一个字符位置地址是 0x40)
//------------------延时函数，后面经常调用-------------
void delay(uint xms)//延时函数，有参函数
{
    uint x, y;
    for(x=xms; x>0; x--)
    for(y=110; y>0; y--);
}
//---------------------写指令---------------------
void write_1602com(uchar com)//****液晶写入指令函数****
{
    lcd1602_rs=0;   //数据/指令选择置为指令
    lcd1602_rw=0;   //读写选择置为写
    P0=com;         //送入数据
    delay(1);
    lcd1602_en=1;   //拉高使能端，为制造有效的下降沿做准备
    delay(1);
    lcd1602_en=0;   //en 由高变低，产生下降沿，液晶执行命令
}
//---------------------写数据---------------------
void write_1602dat(uchar dat)  //***液晶写入数据函数****
{
    lcd1602_rs=1;   //数据/指令选择置为数据
    lcd1602_rw=0;   //读写选择置为写
```

```
    P0=dat;          //送入数据
    delay(1);
    lcd1602_en=1;    //en 置高电平，为制造下降沿做准备
    delay(1);
    lcd1602_en=0;    //en 由高变低，产生下降沿，液晶执行命令
}
/————————————————————初始化—————————————————————
void lcd_init()
{
    write_1602com(0x01); //清显示
    write_1602com(0x38); //设置液晶工作模式，意思：16*2 行显示，5*7 点阵，8 位数据
    write_1602com(0x0c); //开显示不显示光标
    write_1602com(0x06); //整屏不移动，光标自动右移
}
//================将按键值编码为数值================
unsigned char coding(unsigned char m1, unsigned char hh)
{
    unsigned char k;
if(IrOK==1)
    {
        IrOK=0;
        switch(m1)
        {
            case (0x0c): k=1; break;
            case (0x18): k=2; break;
            case (0x5e): k=3; break;
//case (0xff): k='A'; break; //
            case (0x08): k=4; break;
            case (0x1c): k=5; break;
            case (0x5a): k=6; break;
//case (0x82): k='B'; break;   //
            case (0x42): k=7; break;
            case (0x52): k=8; break;
            case (0x4a): k=9; break;
//case (0x84): k='C'; break; //
            case (0x43): k='*'; break;    //撤消
            case (0x16): k=0; break;
            case (0x15): k='#'; break;    //确认键
            case (0x0d): k='D'; break;    //重设密码
            case (0x45): k='A'; break; //
            case (0x47): k='A'; break; //
            case (0x44): k='A'; break; //
            case (0x40): k='A'; break; //
```

```
            case (0x07): k='A'; break; //
            case (0x09): k='A'; break; //
            case (0x19): k='A'; break; //
//          default: ;
        }
    }
    else
    {
        switch(hh)
        {
            case (0x11): k=1; break;
            case (0x21): k=2; break;
            case (0x41): k=3; break;
            case (0x81): k='A'; break;
            case (0x12): k=4; break;
            case (0x22): k=5; break;
            case (0x42): k=6; break;
            case (0x82): k='B'; break;
            case (0x14): k=7; break;
            case (0x24): k=8; break;
            case (0x44): k=9; break;
            case (0x84): k='C'; break;
            case (0x18): k='*'; break;
            case (0x28): k=0; break;
            case (0x48): k='#'; break;
            case (0x88): k='D'; break;
//          default: ;
        }
    }
    return(k);
}
//===================按键检测并返回按键值============
unsigned char keynum()
{
    unsigned char row, col, i;
    P1=0xf0;
    if((P1&0xf0)!=0xf0)
    {
        Delay5Ms();
        Delay5Ms();
        if((P1&0xf0)!=0xf0)
        {
        row=P1^0xf0;    //确定行线
```

```
                i=0;
                P1=a[i];   //精确定位
                while(i<4)
                {
                    if((P1&0xf0)! =0xf0)
                    {
                        col=~(P1&0xff);    //确定列线
                        break;             //已定位后提前退出
                    }
                    else
                    {
                        i++;
                        P1=a[i];
                    }
                }
            }
            else
            {
                return 0;
            }

            while((P1&0xf0)! =0xf0);
            return (row|col); //行线与列线组合后返回
        }
        else return 0; //无键按下时返回0
}
//=================一声提示音，表示有效输入============
void OneAlam()
{
    ALAM=0;
    Delay5Ms();
    ALAM=1;
}
//=================二声提示音，表示操作成功============
void TwoAlam()
{
    ALAM=0;
    Delay5Ms();
    ALAM=1;
    Delay5Ms();
    ALAM=0;
    Delay5Ms();
    ALAM=1;
```

```
}
//==================三声提示音，表示错误=============
void ThreeAlam()
{
    ALAM=0;
    Delay5Ms();
    ALAM=1;
    Delay5Ms();
    ALAM=0;
    Delay5Ms();
    ALAM=1;
    Delay5Ms();
    ALAM=0;
    Delay5Ms();
    ALAM=1;
}
//====显示输入的N个数字，用H代替以便隐藏=================
void DisplayOne()
{
    write_1602com(yi+5+N);
    write_1602dat('*');
}
//=========================显示提示输入==========
void DisplayChar()
{
    unsigned char i;
    if(pass==1)
    {
        //DisplayListChar(0, 1, LockOpen);
        write_1602com(er);
        for(i=0; i<16; i++)
        {
            write_1602dat(LockOpen[i]);
        }
    }
    else
    {
        if(N==0)
        {
            //DisplayListChar(0, 1, Error);
            write_1602com(er);
            for(i=0; i<16; i++)
            {
```

```
                write_1602dat(Error[i]);
            }
        }
        else
        {
            //DisplayListChar(0, 1, start_line);
            write_1602com(er);
            for(i=0; i<16; i++)
            {
                write_1602dat(start_line[i]);
            }
        }
    }
}
void DisplayInput()
{
    unsigned char i;
    if(CorrectCont==1)
    {
        //DisplayListChar(0, 0, Input);
        write_1602com(er);
        for(i=0; i<16; i++)
        {
            write_1602dat(Input[i]);
        }
    }
}
//================重置密码====================
void ResetPassword()
{
    unsigned char i;
    unsigned char j;
    if(pass==0)
    {
        pass=0;
        DisplayChar();
        ThreeAlam();
    }
    else
    {
    if(ReInputEn==1)
        {
            if(N==6)
```

```
{
    ReInputCont++;
    if(ReInputCont==2)
    {
        for(i=0; i<6; )
        {
            if(TempPassword[i]==InputData[i])
                //将两次输入的新密码作对比
                i++;
            else
            {
                //DisplayListChar(0, 1, Error);
                write_1602com(er);
                for(j=0; j<16; j++)
                {
                    write_1602dat(Error[j]);
                }
                ThreeAlam();   //错误提示
                pass=0;
                ReInputEn=0;  //关闭重置功能
                ReInputCont=0;
                DisplayChar();
        break;
            }
        }
        if(i==6)
        {
            //DisplayListChar(0, 1, ResetOK);
            write_1602com(er);
            for(j=0; j<16; j++)
            {
                write_1602dat(ResetOK[j]);
            }

            TwoAlam(); //操作成功提示
            WrToROM(TempPassword, 0, 6); //将新密码写入24C02存储
            ReInputEn=0;
        }
        ReInputCont=0;
        CorrectCont=0;
    }
    else
    {
```

```
                    OneAlam()；
                    //DisplayListChar(0，1，again)；         //显示再次输入一次
                    write_1602com(er)；
                    for(j=0；j<16；j++)
                    {
                        write_1602dat(again[j])；
                    }
                    for(i=0；i<6；i++)
                    {
                        TempPassword[i]=InputData[i]；
                        //将第一次输入的数据暂存起来
                    }
                }
            N=0；//输入数据位数计数器清零
            }
          }
      }
}
//============输入密码错误超过三次，报警并锁死键盘==========
void Alam_KeyUnable()
{
    P1=0x00；
    {
ALAM=~ALAM；
        Delay5Ms()；
    }
}
//==============取消所有操作====================
void Cancel()
{
    unsigned char i；
    unsigned char j；
    //DisplayListChar(0，1，start_line)；
    write_1602com(er)；
    for(j=0；j<16；j++)
    {
        write_1602dat(start_line[j])；
    }
    TwoAlam()；//提示音
    for(i=0；i<6；i++)
    {
        InputData[i]=0；
    }
```

```
    KEY=1;                  //关闭锁
    ALAM=1;                 //报警关
    operation=0;            //操作标志位清零
    pass=0;                 //密码正确标志清零
    ReInputEn=0;            //重置输入充许标志清零
    ErrorCont=0;  //密码错误输入次数清零
    CorrectCont=0; //密码正确输入次数清零
    ReInputCont=0; //重置密码输入次数清零
    open_led=1;
    s3_keydown=0;
    key_disable=0;
    N=0;           //输入位数计数器清零
}
//============确认键，并通过相应标志位执行相应功能==========
void Ensure()
{
    unsigned char i, j;
    RdFromROM(CurrentPassword, 0, 6);   //从 24C02 里读出存储密码
    if(N==6)
    {
    if(ReInputEn==0)                    //重置密码功能未开启
        {
            for(i=0; i<6; )
            if(CurrentPassword[i]==InputData[i])
            {
                i++;
            }
            else
            {
                i=7;
                ErrorCont++;
                if(ErrorCont>=3&&KEY==1)
                //错误输入计数达三次时，报警并锁定键盘
                {
                    write_1602com(er);
                    for(i=0; i<16; i++)
                    {
                        write_1602dat(Error[i]);
                    }
                    Alam_KeyUnable();
                    TR0=1; //开启定时
                    key_disable=1; //锁定键盘
                    pass=0;
```

```
                break;
            }
        }
    }
    if(i==6)
    {
        CorrectCont++;
        if(CorrectCont==1)  //正确输入计数，当只有一次正确输入时，开锁
        {
            //DisplayListChar(0, 1, LockOpen);
            write_1602com(er);
            for(j=0; j<16; j++)
            {
                write_1602dat(LockOpen[j]);
            }
            TwoAlam();          //操作成功提示音
            ErrorCont=0;
            KEY=0;              //开锁
            pass=1;             //置正确标志位
            TR0=1;              //开启定时
            open_led=0;         //开锁指示灯亮
            for(j=0; j<6; j++)  //将输入清除
            {
                InputData[i]=0;
            }
        }
        else//当两次正确输入时，开启重置密码功能
        {
            //DisplayListChar(0, 1, SetNew);
            write_1602com(er);
            for(j=0; j<16; j++)
            {
                write_1602dat(SetNew[j]);
            }
            TwoAlam();          //操作成功提示
            ReInputEn=1;        //允许重置密码输入
            CorrectCont=0;      //正确计数器清零
        }
    }
    else//当第一次使用或忘记密码时可以用131420对其密码初始化
    {
if((InputData[0]==1)&&(InputData[1]==3)&&(InputData[2]==1)&&
(InputData[3]==4)&&(InputData[4]==2)&&(InputData[5]==0))
```

```
                {
                    WrToROM(initpassword, 0, 6);   //强制将初始密码写入 24C02 存储
                    //DisplayListChar(0, 1, initword); //显示初始化密码
                    write_1602com(er);
                    for(j=0; j<16; j++)
                    {
                        write_1602dat(initword[j]);
                    }
                    TwoAlam();
                    Delay400Ms();
                    TwoAlam();
                    N=0;
                }
                else
                {
                    //DisplayListChar(0, 1, Error);
                    write_1602com(er);
                    for(j=0; j<16; j++)
                    {
                        write_1602dat(Error[j]);
                    }
                    ThreeAlam(); //错误提示音
                    pass=0;
                }
            }
        }
        else//当已经开启重置密码功能时，按下开锁键
        {
            //DisplayListChar(0, 1, Er_try);
            write_1602com(er);
            for(j=0; j<16; j++)
            {
                write_1602dat(Er_try[j]);
            }
            ThreeAlam();
        }
    }
    else
    {
        //DisplayListChar(0, 1, Error);
        write_1602com(er);
        for(j=0; j<16; j++)
        {
```

```
                write_1602dat(Error[j]);
            }

            ThreeAlam(); //错误提示音
            pass=0;
        }
        N=0;        //将输入数据计数器清零，为下一次输入作准备
        operation=1;
    }
//====================主函数====================
void main()
{
    unsigned char KEY, NUM;
    unsigned char i, j;
    P1=0xFF;
    EA=1;
    TMOD=0x11;
    IT1=1;      //下降沿有效
    EX1=1;      //外部中断1开
    TH0=0;      //T0赋初值
    TL0=0;
    TR0=0;      //t0开始计时
    TL1=0xB0;
    TH1=0x3C;
    ET1=1;
    TR1=0;
    Delay400Ms();               //启动等待，等LCM进入工作状态
    lcd_init();                 //LCD初始化
    write_1602com(yi);          //日历显示固定符号从第一行第0个位置之后开始显示
    for(i=0; i<16; i++)
    {
        write_1602dat(name[i]);//向液晶屏写日历显示的固定符号部分
    }
    write_1602com(er);          //时间显示固定符号写入位置，从第2个位置后开始显示
    for(i=0; i<16; i++)
    {
        write_1602dat(start_line[i]);   //写显示时间固定符号，两个冒号
    }
    write_1602com(er+9);                //设置光标位置
    write_1602com(0x0f);                //设置光标为闪烁
    Delay5Ms();                         //延时片刻(可不要)
    N=0;                                //初始化数据输入位数
    while(1)
```

```
{
    if(key_disable==1)
        Alam_KeyUnable();
    else
        ALAM=1; //关报警
    KEY=keynum();
    if(KEY!=0||IrOK==1)
    {
        if(key_disable==1)
        {
            second=0;
        }
        else
        {
            NUM=coding(Im[2], KEY);
            {
                switch(NUM)
                {
                    case ('A'): ; break;
                    case ('B'): ; break;
                    case ('C'): ; break;
                    case ('D'): ResetPassword(); break; //重新设置密码
                    case ('*'): Cancel(); break; //取消当前输入
                    case ('#'): Ensure(); break; //确认键
                    default:
                    {
                        //DisplayListChar(0, 1, Input);
                        write_1602com(er);
                        for(i=0; i<16; i++)
                        {
                            write_1602dat(Input[i]);
                        }
                        operation=0;
                        if(N<6)
                //当输入的密码少于6位时，接收输入并保存，大于6位时则无效
                        {
                            OneAlam(); //按键提示音
                            //DisplayOneChar(6+N, 1, '*');
                            for(j=0; j<=N; j++)
                            {
                                write_1602com(er+6+j);
                                write_1602dat('*');
                            }
```

```
                        InputData[N]=NUM;
                        N++;
                    }
                    else//输入数据位数大于6后，忽略输入
                    {
                        N=6;
                        break;
                    }
                }
            }
        }
    }
  }
 }
}
//**************中断服务函数**********************
void  time1_int() interrupt 3
{
    TL1=0xB0;
    TH1=0x3C;
    countt0++;
    if(countt0==20)
    {
        countt0=0;
        second++;
        if(pass==1)
        {
            if(second==1)
            {
                open_led=1; //关指示灯
                TR1=0; //关定时器
                TL1=0xB0;
                TH1=0x3C;
                second=0;
            }
        }
        else
        {
            if(second==3)
            {
                TR1=0;
                second=0;
                key_disable=0;
```

```
                s3_keydown=0;
                TL1=0xB0;
                TH1=0x3C;
            }
            else
                TR1=1;
        }
    }
}
//外部中断解码程序_外部中断 0
void intersvr1() interrupt 2 using 1
{
    TR0=1;
    Tc=TH0 * 256+TL0; //提取中断时间间隔时长
    TH0=0;
    TL0=0;   //定时中断重新置零
    if((Tc>Imin)&&(Tc<Imax))
    {
        m=0;
        f=1;
        return;
    }  //找到起始码
    if(f==1)
    {
        if(Tc>Inum1&&Tc<Inum3)
        {
            Im[m/8]=Im[m/8]>>1|0x80; m++;
        }
        if(Tc>Inum2&&Tc<Inum1)
        {
            Im[m/8]=Im[m/8]>>1; m++; //取码
        }
        if(m==32)
        {
            m=0;
            f=0;
            if(Im[2]==~Im[3])
            {
                IrOK=1;
                TR0=0;
            }
            else IrOK=0;   //取码完成后判断读码是否正确
        }  //准备读下一码
```

```
        }
    }
```

4. 系统仿真电路设计

带红外遥控的电子密码锁系统的仿真电路如图 3-74 所示。

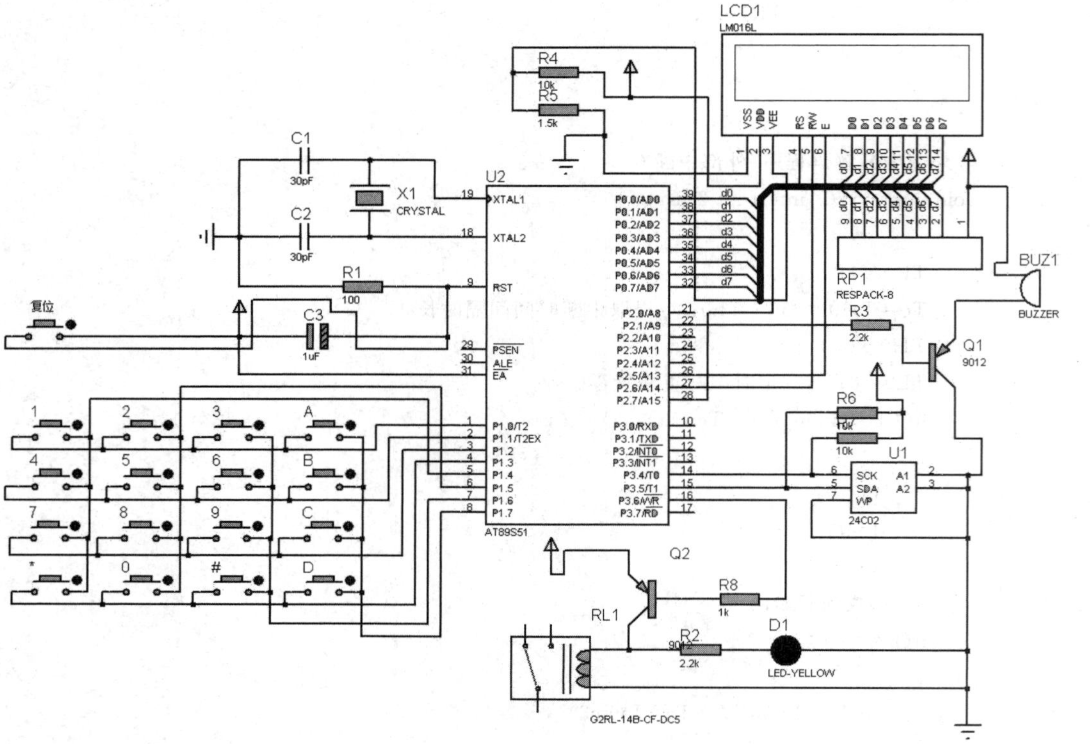

图 3-74　带红外遥控的电子密码锁系统的仿真电路图

提示： 在 Proteus 软件中没有红外遥控模块，因此此仿真电路中无法仿真红外部分。

项目扩展任务

请读者在理解本项目的基础上以组或个人为单位，要求完成如下任务：

- 完成系统硬件电路的制作；
- 完成系统程序的设计、仿真调试；
- 完成项目技术报告的制作。

项目9 12864液晶显示的数字电子万年历系统的设计与制作

21世纪是数字化技术高速发展的时代，而单片机在这个时代扮演着极为重要的角色。单片机芯片的微小体积和低成本，可广泛地嵌入到如玩具、家用电器、机器人、仪器仪表、汽车电子系统、工业控制单元、办公自动化设备、金融电子系统、舰船、个人信息终端及通讯产品中，成为现代电子系统中最重要的智能化工具。基于单片机的电子万年历综合了时钟和日历的功能，将二者融为一体，在显示时间的同时还能显示日期和年、月，它通过单片机来读取时钟芯片的时间、日期，然后送给显示设备显示出来。

本系统采用STC89C52单片机作为核心，该单片机功耗小，能在5V的低压下工作。采用DS1302时钟芯片，它具有使用寿命长、误差小的优点，可以对年、月、日、时、分、秒进行计时，还具有闰年补偿等多种功能，同时采用12864液晶直观的数字显示，可以同时显示年、月、日、星期、时、分、秒、温度和农历等信息，还具有时间校准等功能。此万年历具有读取方便、显示直观、功能多样、电路简洁、成本低廉等诸多优点，符合电子仪器仪表的发展趋势，具有广阔的市场前景。

1. 项目目标

(1) 理解12864液晶的结构和显示的基本原理。

(2) 理解时钟芯片DS1302的结构和原理。

(3) 对照时钟芯片DS1302的数据手册，理解实现时钟的软件编制方法。

(4) 对照12864液晶的数据手册，理解实现时钟的软件编制方法。

(5) 在实现以上4点目标的基础上，根据"项目扩展任务"中提出的问题和要求，以组或个人为单位，在规定的时间内完成扩展项目任务。

2. 项目要求

本项目所研究的电子万年历是单片机控制技术的一个具体应用，主要研究内容包括以下几个方面：

(1) 选用电子万年历芯片时，应重点考虑功能实在、使用方便、单片存储、低功耗、抗断电的器件。

(2) 根据选用的电子万年历芯片设计外围电路和单片机的接口电路。

(3) 在硬件设计时，结构要尽量简单实用、易于实现，使系统电路尽量简单。

(4) 根据硬件电路图，在开发板上完成器件的焊接。

(5) 根据设计的硬件电路，编写控制STC89C52芯片的单片机程序。

(6) 通过编程、编译、调试，把程序下载到单片机上运行，并实现本设计的功能。

(7) 在硬件电路和软件程序设计时，主要考虑提高人机界面的友好性，方便用户操作等因素。

任务 1 系统方案设计与论证

单片机电子万年历的制作有多种方法，可供选择的器件和运用的技术也有很多种。所以，系统的总体设计方案应在满足系统功能的前提下，充分考虑系统使用的环境，所选的结构要简单实用、易于实现，器件的选用着眼于合适的参数、稳定的性能、较低的功耗以及低廉的成本。按照系统设计的要求，初步确定系统由单片机最小系统模块(STC89C52 单片机、晶振电路、复位电路)、电源模块、时钟模块、12864 液晶显示模块、键盘接口模块、温度测量模块和报警模块共六个模块组成，其总体方案设计图如图 3－75 所示。

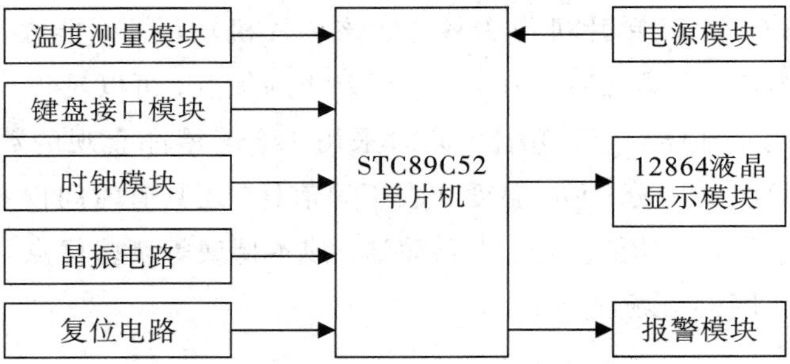

图 3－75 12864 显示的数字电子万年历系统总体方案设计图

1. 系统各模块方案论证

1) 单片机芯片设计与论证

方案一：采用 51 系列单片机作为系统控制器。

51 系列单片机算术运算功能强，软件编程灵活、自由度大，可用软件编程实现各种算法和逻辑控制。由于其功耗低、体积较小、技术成熟和成本低等优点，而且抗干扰性能好，在各个领域应用广泛。

方案二：采用凌阳系列单片机作为系统控制器。

凌阳系列单片机可以实现各种复杂的逻辑功能，模块大、密度高，它将所有器件集成在一块芯片上，缩小了体积，提高了稳定性。凌阳系列单片机提高了系统的处理速度，适合作为大规模实时系统的控制核心。

由于 51 系列单片机价格比凌阳系列低得多，且本设计不需要很高的处理速度，因此从经济和方便使用角度考虑，本设计选择了方案一。

2) 按键控制模块设计与论证

方案一：采用矩阵键盘，由于按键多可实现数值的直接键入，但在系统中需要 CPU 不间断地对其端口进行扫描。

方案二：采用独立按键，查询简单，程序处理简单，可节省 CPU 资源。

因系统中所需按键不多，为了释放更多的 CPU 占用时间，操作方便，故采用方案二。

3) 时钟模块设计与论证

方案一：直接采用单片机定时计数器提供秒信号，使用程序实现年、月、日、星期、时、分、秒计数。采用此种方案虽然减少了芯片的使用，节约了成本，但是实现的时间误差较大。

方案二：采用 DS1302 为计时时钟芯片。该芯片是串行电路，与单片机接口简单，但需另备电池和 32.768kHz 晶振，因焊接工艺和晶振质量等原因会导致精度降低。

方案三：采用 DS12C887 为计时时钟芯片。该芯片与单片机采用 8 位并口通信，传递信息速度快。自带有锂电池和晶振，外部掉电后，其内部时间信息还能够保持 10 年之久，因电路被封装在一起，可以保证很高的精度和抗干扰能力，而且芯片功能丰富，可以通过内部寄存器设置闹钟，并产生闹钟中断。

由于 DS1302 时钟芯片计数时间精度高，具有闰年补偿功能且价格经济实惠，故采用方案二。

4）温度采集模块设计与论证

方案一：采用温度传感器(如热敏电阻或 AD590)，再经 A/D 转换得到数字信号，精度较准，但价格昂贵，电路较复杂。

方案二：采用数字式温度传感器 DS18B20，它能直接读出被测温度，并且可根据实际要求通过简单的编程实现 9～12 位的数字值读数方式，但准确度不高，误差最大达 2℃。

因为 DS18B20 温度芯片采用单总线访问，降低了成本和制作难度，且可节省单片机资源，故采用方案二。

5）显示模块设计与论证

方案一：采用静态显示方法，静态显示模块的硬件制作较复杂且功耗大，要用到多个移位寄存器，但不占用端口，只需两根串口线输出。

方案二：采用动态显示方法，动态显示模块的硬件制作简单，段扫描和位扫描各占用一个端口，总需占用单片机 14 个端口，采用间断扫描法功耗小、硬件成本低及整个硬件系统体积相对减小。

方案三：采用 LCD 的方法，具有硬件制作简单、可直接与单片机接口、显示内容多、功耗小、成本低等优点，LCD12864 可显示很多个字符，缺点是显示不够大。

比较以上三种方案：方案一硬件复杂、体积大、功耗大；方案二硬件简单、功耗小；方案三硬件简单、显示内容多、功耗小、成本低。本系统设计要求达到功耗小、体积小、成本低、显示信息多等要求，权衡三种方案，选择方案三。

2. 系统中应用的关键技术

基于单片机的 12864 液晶显示的数字电子万年历在设计时需要解决以下 4 个方面的问题：

(1) 理解 12864LCD 的工作原理。

(2) 理解 DS1302 时钟芯片的原理。

(3) 对照 DS1302 时钟芯片、12864LCD 的数据手册，理解对它们进行读和写的软件编制方法。

(4) 如何利用 12864 液晶实现上述项目任务中所描述的时间显示、温度显示、闹钟设置、定时提醒、时间设置等功能。

任务 2　系统硬件电路设计

根据上述所确定的系统方案构想，下面介绍系统硬件电路的具体设计。

1. 单片机最小系统模块电路的设计

1) STC89C52单片机简介

单片机的主要特点如下：

(1) 有优异的性能价格比。

(2) 集成度高、体积小，有很高的可靠性。单片机把各功能部件集成在一块芯片上，内部采用总线结构，减少了各芯片之间的连线，大大提高了单片机的可靠性和抗干扰能力。另外，其体积小，对于强磁场环境易于采取屏蔽措施，适合在恶劣环境下工作。

(3) 控制功能强。为了满足工业控制的要求，一般单片机的指令系统中均有极丰富的转移指令、I/O口的逻辑操作以及位处理功能。单片机的逻辑控制功能及运行速度均高于同一档次的微机。

(4) 低功耗、低电压，便于生产便携式产品。

(5) 外部总线增加了I2C(Inter-Integrated Circuit)及SPI(Serial Peripheral Interface)等串行总线方式，进一步缩小了体积，简化了结构。

(6) 单片机的系统扩展和系统配置较典型、规范，容易构成各种规模的应用系统。

STC89C52单片机引脚排布图如图3-76所示。

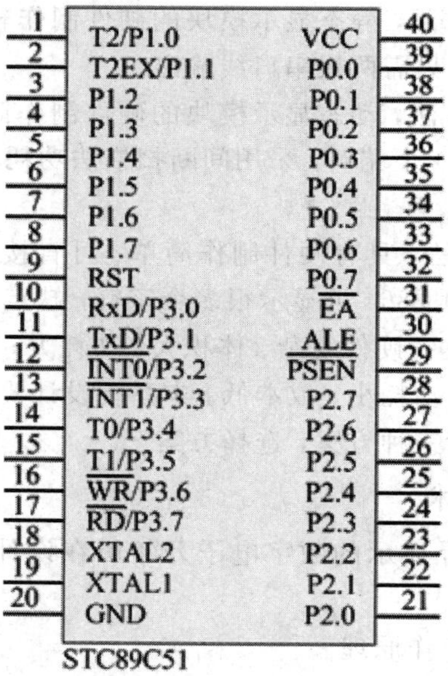

图3-76 STC89C52单片机引脚排布图

STC89C52引脚介绍如下：

(1) 主电源引脚(2根)。

VCC(Pin40)：电源输入，接+5V电源。

GND(Pin20)：接地线。

(2) 外接晶振引脚(2根)。

XTAL1(Pin19)：单芯片系统时钟的反相放大器输入端。

XTAL2(Pin18)：系统时钟的反相放大器输出端，一般在设计上只要在XTAL1和

XTAL2 上接上一只石英振荡晶体系统就可以工作了，此外，还可以在两引脚与地之间加入一 20pF 的小电容，可以使系统更稳定，避免噪声干扰而死机。

(3) 控制引脚(4 根)。

RST(Pin9)：复位引脚，引脚上出现 2 个机器周期的高电平将使单片机复位。

ALE(Pin30)：ALE 是英文“Address Latch Enable”的缩写，表示地址锁存器启用信号。STC89C52 可以利用这只引脚来触发外部的 8 位锁存器(如 74LS373)，将端口 0 的地址总线(A0～A7)锁进锁存器中，因为 STC89C52 是以多工的方式送出地址及数据的。平时在执行程序时，ALE 引脚的输出频率约是系统工作频率的 1/6，因此可以用来驱动其他周边晶片的时基输入。

$\overline{\text{PSEN}}$(Pin29)：PSEN 为“Program Store Enable”的缩写，其意为程序存储启用，当 8051 被设成读取外部程序代码工作模式时(EA＝0)，会送出此信号以便取得程序代码，通常这只脚接到 EPROM 的 OE 脚。STC89C52 可以利用 PSEN 及 RD 引脚分别启用存于外部的 RAM 与 EPROM，使得数据存储器与程序存储器可以合并在一起而共用 64K 的地址范围。

$\overline{\text{EA}}$(Pin31)：EA 为英文“External Access”的缩写，表示存取外部程序代码之意，低电平动作，即当此引脚接低电平后，系统会取用外部的程序代码(存于外部 EPROM 中)来执行程序。因此在 8031 及 8032 中，EA 引脚必须接低电平，因为其内部无程序存储器空间。如果是使用 8751 内部程序空间，此引脚要接高电平。此外，在将程序代码烧录至 8751 内部 EPROM 时，可以利用此引脚来输入 21 V 的烧录高压(Vpp)。

(4) 可编程输入/输出引脚(32 根)。STC89C52 单片机有 4 组 8 位的可编程 I/O 口，分别为 P0、P1、P2、P3 口，每个口有 8 位(8 根引脚)，共 32 根。

P0 口(Pin39～Pin32)：端口 0 是一个 8 位宽的开路基极(Open Drain)双向输出入端口，共有 8 个位，P0.0 表示位 0，P0.1 表示位 1，以此类推。其他三个 I/O 端口(P1、P2、P3)则不具有此电路组态，而是内部有一提升电路，P0 当作 I/O 用时可以推动 8 个 LS 的 TTL 负载。

P1 口(Pin1～Pin8)：端口 1 也是具有内部提升电路的双向 I/O 端口，其输出缓冲器可以推动 4 个 LS TTL 负载，同样地，若将端口 1 的输出设为高电平，便是由此端口来输入数据。如果是使用 8052 或是 8032 的话，P1.0 又当作定时器 2 的外部脉冲输入脚，而 P1.1 可以有 T2EX 功能，可以作外部中断输入的触发脚位。

P2 口(Pin21～Pin28)：端口 2 是具有内部提升电路的双向 I/O 端口，每一个引脚可以推动 4 个 LS TTL 负载，若将端口 2 的输出设为高电平，此端口便能当成输入端口来使用。P2 除了当作一般 I/O 端口使用外，若是在 STC89C52 扩充外接程序存储器或数据存储器时，也提供地址总线的高字节 A8～A15，这个时候 P2 便不能当作 I/O 来使用了。

P3 口(Pin10～Pin17)：端口 3 也具有内部提升电路的双向 I/O 端口，其输出缓冲器可以推动 4 个 TTL 负载，同时许多工具有其他额外的特殊功能，包括串行通信、外部中断控制、计时计数控制及外部数据存储器内容的读取或写入控制等。

其引脚分配如下：

P3.0：RXD，串行通信输入。

P3.1：TXD，串行通信输出。

P3.2：$\overline{INT0}$，外部中断0输入。

P3.3：$\overline{INT1}$，外部中断1输入。

P3.4：T0，计时计数器0输入。

P3.5：T1，计时计数器1输入。

P3.6：$\overline{WR}$，外部数据存储器的写入信号。

P3.7：$\overline{RD}$，外部数据存储器的读取信号。

RST：复位输入。当振荡器复位器件时，要保持RST脚两个机器周期的高电平时间。

2）单片机STC89C52最小系统

最小系统包括单片机及其所需的电源、时钟、复位等部件，能使单片机始终处于正常的运行状态。电源、时钟等电路是使单片机能运行的必备条件，可以将最小系统作为应用系统的核心部分，通过对其进行存储器扩展、A/D扩展等，使单片机完成较复杂的功能。

STC89C52是片内有ROM/EPROM的单片机，因此，这种芯片构成的最小系统简单、可靠。用STC89C52单片机构成最小应用系统时，只要将单片机接上时钟电路和复位电路即可，结构如图3-77所示，由于集成度的限制，最小应用系统只能用作一些小型的控制单元。

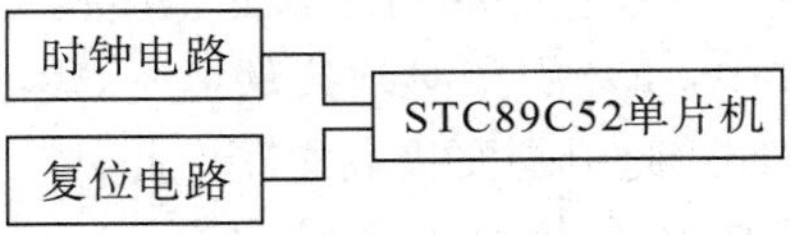

图3-77　单片机最小系统原理框图

（1）时钟电路。STC89C52单片机的时钟信号通常由两种方式产生：一是内部时钟方式，二是外部时钟方式。内部时钟电路如图3-78所示。在STC89C52单片机内部有一振荡电路，只要在单片机的XTAL1(19)和XTAL2(18)引脚外接石英晶体(简称晶振)，就构成了自激振荡器并在单片机内部产生时钟脉冲信号。图中电容C1和C2的作用是稳定频率和快速起振，电容值为5～30 pF，典型值为30 pF。晶振CYS的振荡频率范围在1.2～12 MHz间选择，典型值为12 MHz和6 MHz。

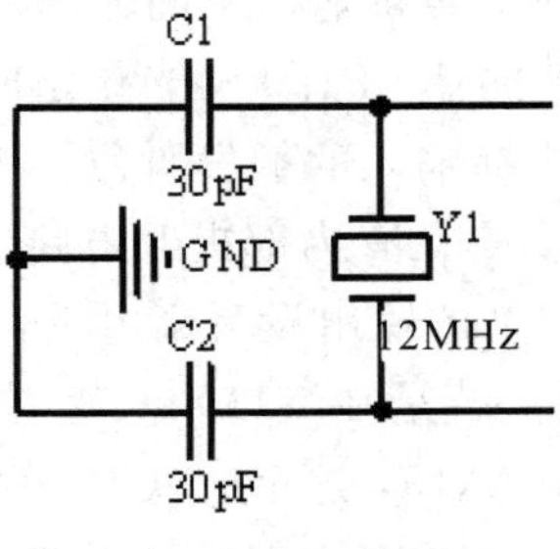

图3-78　STC89C52内部时钟电路

（2）复位电路。当在STC89C52单片机的RST引脚引入高电平并保持2个机器周期时，单片机内部就执行复位操作(若该引脚持续保持高电平，单片机就处于循环复位状态)。

最简单的上电自动复位电路中，上电自动复位是通过外部复位电路中电容的充放电来实现的。只要VCC的上升时间不超过1ms，就可以实现自动上电复位。

除了上电复位外，有时还需要按键手动复位。本设计采用的是按键手动复位。按键手动复位有电平方式和脉冲方式两种，其中电平复位是通过RST(9)端与电源VCC接通而实现的，如图3-79所示。

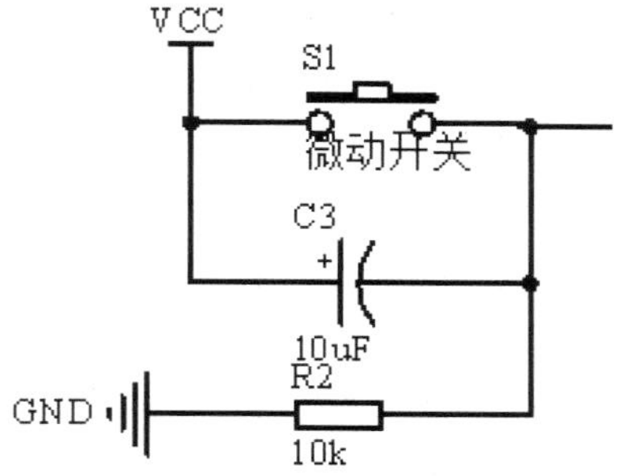

图3-79　STC89C52复位电路图

(3) 最小系统电路。STC89C52单片机最小系统电路如图3-80所示。

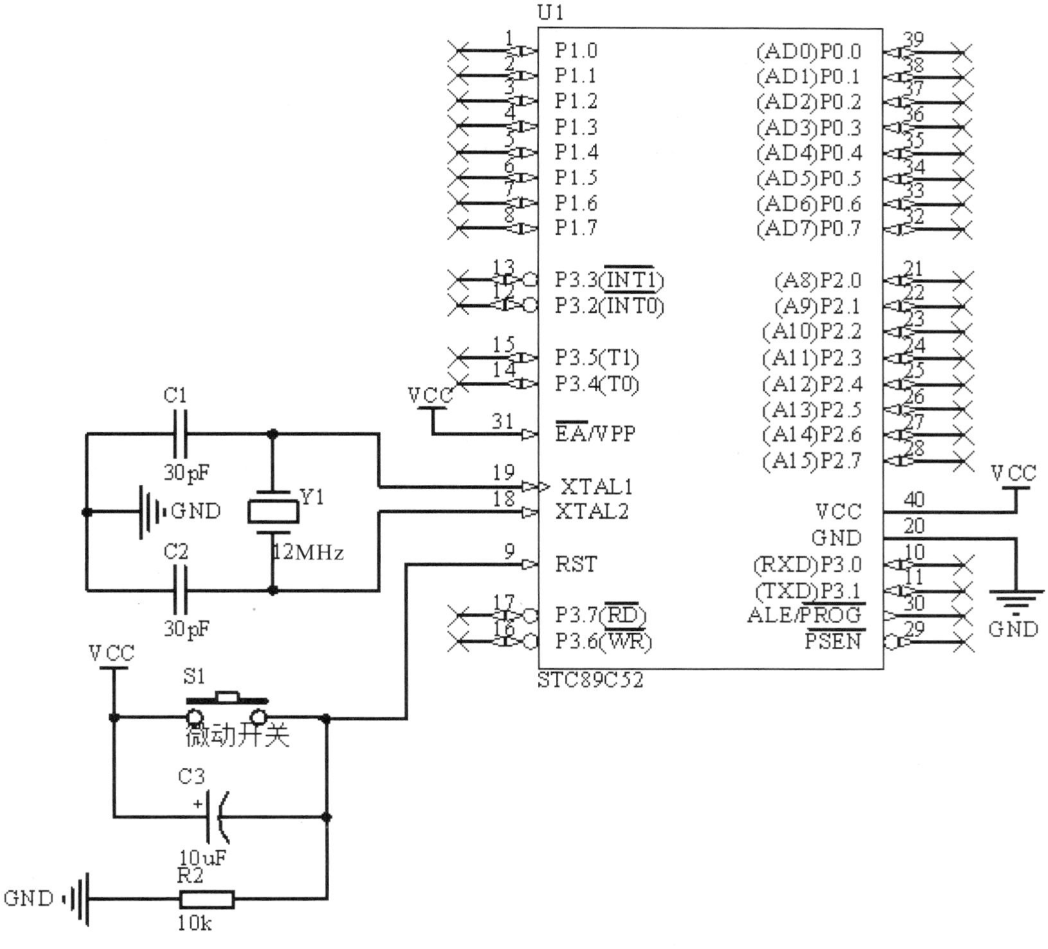

图3-80　STC89C52单片机最小系统电路图

2. 时钟模块电路的设计

1）DS1302性能简介

DS1302是Dallas公司生产的一种实时时钟芯片。它通过串行方式与单片机进行数据传送，能够向单片机提供包括秒、分、时、日、月、年等在内的实时时间信息，并可对月末日期、闰年天数自动进行调整；它还拥有用于主电源和备份电源的双电源引脚，在主电源关闭的情况下，也能保持时钟的连续运行。另外，它还能提供31字节用于高速数据暂存的RAM。

DS1302时钟芯片内主要包括移位寄存器、控制逻辑电路、振荡器。DS1302与单片机系统的数据传送依靠RST、I/O、SCLK三根端线即可完成。其工作过程可概括为：首先系统RST引脚驱动至高电平，然后在SCLK时钟脉冲的作用下，通过I/O引脚向DS1302输入地址/命令字节，随后再在SCLK时钟脉冲的配合下，从I/O引脚写入或读出相应的数据字节。因此，其与单片机之间的数据传送是十分容易实现的，DS1302的引脚排列及内部结构图如图3-81所示，其引脚说明如表3-13所示。

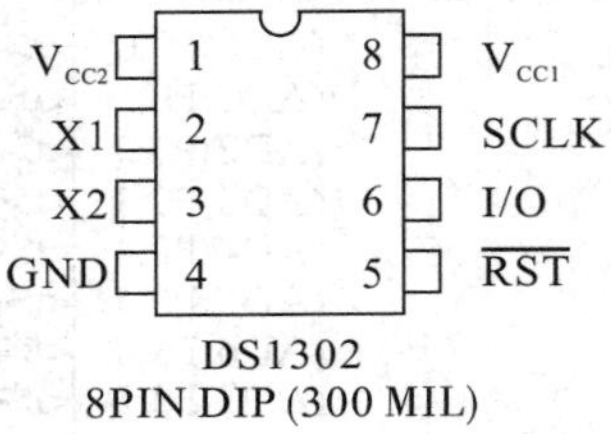

图3-81　DS1302管脚图

表3-13　DS1302引脚说明

X1，X2	32.768 kHz晶振引脚
GND	地线
RST	复位端
I/O	数据输入/输出端口
SCLK	串行时钟端口
V_{CC1}	慢速充电引脚
V_{CC2}	电源端

2）DS1302接口电路设计

图3-82为时钟芯片DS1302与MCU的接口电路，其中V_{CC1}为后备电源，V_{CC2}为主电源。V_{CC1}在单电源与电池供电的系统中提供低电源并提供低功率的电池备份。V_{CC2}在双电源系统中提供主电源，在这种运用方式中V_{CC1}连接到备份电源，以便在没有主电源的情况下能保存时间信息以及数据。

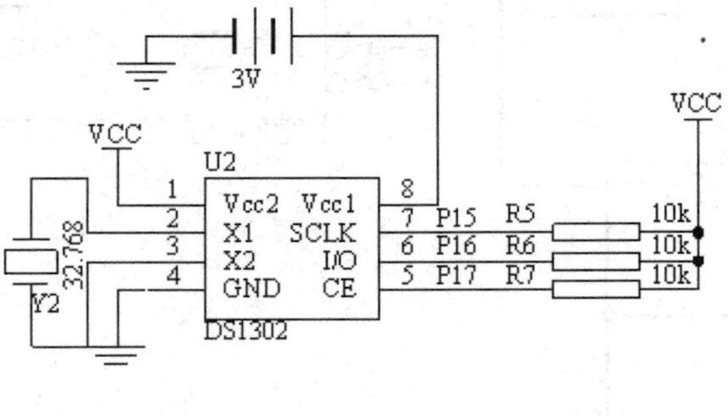

图3-82　DS1302与MCU接口电路图

DS1302由V_{CC1}或V_{CC2}两者中较大者供电。当V_{CC2}大于$V_{CC1}+0.2$ V时，V_{CC2}给DS1302供电。当V_{CC2}小于V_{CC1}时，DS1302由V_{CC1}供电。

3. 温度模块电路的设计

1）DS18B20 性能的简介

DS18B20 温度传感器是美国 DALLAS 半导体公司最新推出的一种改进型智能温度传感器，与传统的热敏电阻等元件相比，它能直接读出被测温度，并且可根据实际要求通过简单的编程实现 9～12 位的数字值读数方式。现场温度直接以“一线总线”的数字方式传输，大大提高了系统的抗干扰性，适合于恶劣环境的现场温度测量，如环境控制、设备或过程控制、测温类消费电子产品等。与前一代产品不同，新的产品支持 3～5.5 V 的电压，使系统设计更灵活、方便，其性能特点可归纳如下：

(1) 独特的单线接口，仅需要一个端口引脚进行通信；

(2) 测温范围在 −55～125℃，分辨率最大可达 0.0625℃；

(3) 采用了 3 线制与单片机相连，减少了外部硬件电路；

(4) 零待机功耗；

(5) 可通过数据线供电，电压范围在 3.0～5.5 V；

(6) 用户可定义的非易失性温度报警设置；

(7) 报警搜索命令识别并标志超过程序限定温度(温度报警条件)的器件；

(8) 负电压特性，电源极性接反时，温度计不会因发热烧毁，只是不能正常工作。

2）DS18B20 连接电路设计

如图 3-83 所示，该系统采用数字式温度传感器 DS18B20，具有测量精度高、电路连接简单的特点，此类传感器仅需要一条数据线进行数据传输，用 P3.7 与 DS18B20 的 DQ 口连接，VCC 接电源，GND 接地。DS18B20 的工作电流约为 1 mA，VCC 一般为 5 V，则电阻 R＝5V/1mA＝5 kΩ，目前用的电阻一般不是可调电阻，只是固定阻值，市场上只有那么几个型号。其中，DS18B20 接有电源，只需要一个上拉电阻即可稳定地工作。这个电阻通常比较大，我们选择 10 kΩ 的电阻来起到上拉作用，使之为高电平，保护后续电路。

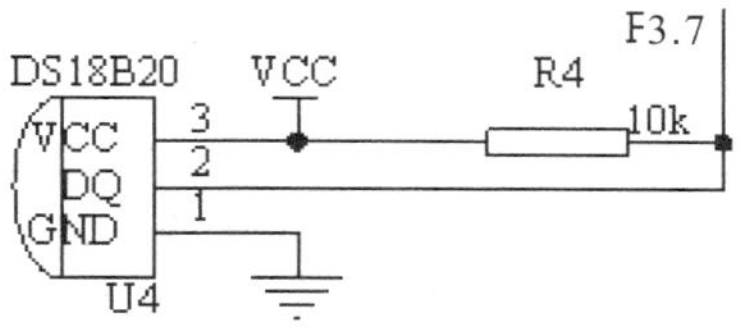

图 3-83　温度传感器 DS18B20 接口电路图

4. 12864 液晶显示模块电路的设计

系统的显示器部分是由 HD61202 液晶显示控制驱动器和 LCD12864 液晶显示器组成的，下面对其分别进行介绍。

1）液晶显示控制驱动器的特点

HD61202 液晶显示控制驱动器是一种带有驱动输出的图形液晶显示控制器，它可直接与 8 位微处理器相连，也可与 HD61203 配合对液晶屏进行行、列驱动，组成液晶显示驱动控制系统。

(1) 内藏 64×64＝4096 位显示 RAM，RAM 中每位数据对应 LCD 屏上一个点的亮、暗状态；

(2) HD61202 是列驱动器，具有 64 路列驱动输出；

(3) HD61202 读、写操作时序与 68 系列微处理器相符，因此它可直接与 68 系列微处理器接口相连；

（4）HD61202 的占空比为 1/32～1/64。

2）液晶显示控制驱动器的引脚功能

引脚 CS1、CS2、CS3 为芯片的片选端；引脚 E 为读写使能信号，它在下降沿时数据被锁存入 HD61202；在 E 高电平期间，数据被读出；R/W 为读写选择信号，当它为 1 时为读选通，为 0 时为写选通；DB0～DB7 为数据总线；RST 为复位信号，复位信号有效时，关闭液晶显示，使显示起始行为 0，RST 可跟 MCU 相连，由 MCU 控制；也可直接接 VDD，使之不起作用。HD61202 的引脚功能如表 3－14 所示。

表 3－14　HD61202 的引脚功能

引脚符号	状态	引脚名称	功　　能
CS1，CS2，CS3	输入	芯片片选端	CS1 和 CS2 低电平选通，CS3 高电平选通
E	输入	读写使能信号	在 E 下降沿，数据被锁存（写）入 HD61202；在 E 高电平期间，数据被读出
R/W	输入	读写选择信号	R/W＝1 为读选通；R/W＝0 为写选通
RS	输入	数据、指令选择信号	RS＝1 为数据操作；RS＝0 为写指令或读状态
DB0～DB7	三态	数据总线	
RST	输入	复位信号	复位信号有效时，关闭液晶显示，使显示起始行为 0，RST 可跟 MCU 相连，由 MCU 控制；也可直接接 VDD，使之不起作用

3）LCD12864 的电路结构特点

LCD12864 是使用 HD61202 及其兼容控制驱动器作为列驱动器，同时使用 HD61203 作为行驱动器的液晶模块。由于 HD6120 不与 MPU 发生联系，只要提供电源就能产生行驱动信号和各种同步信号，比较简单，因此这里就不作介绍了。下面主要介绍 LCD12864 的逻辑电路图。LCD12864 共有两片 HD61202 及其兼容控制驱动器和一片 HD61203，如图 3－84 所示。

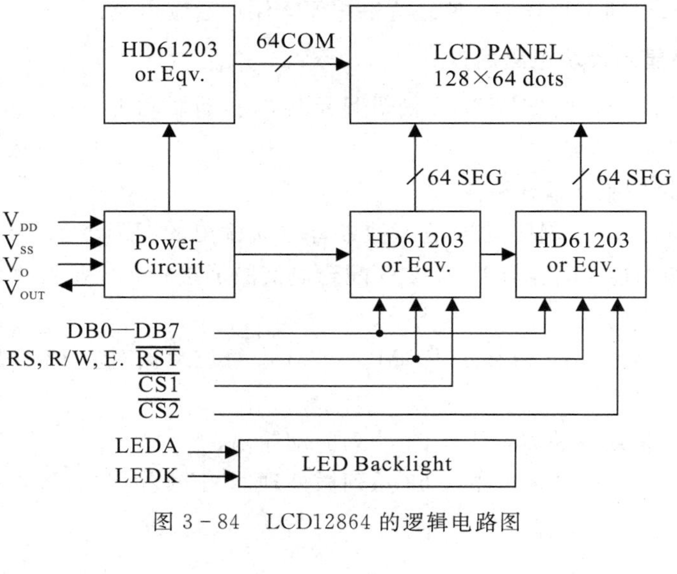

图 3－84　LCD12864 的逻辑电路图

在 LCD12864 中，两片 HD61202 的 ADC 均接高电平，RST 也接高电平，这样在使用 LCD12864 时就不必再考虑这两个引脚的作用。$\overline{CSA}$ 跟 HD61202(1)的 $\overline{CS1}$ 相连；$\overline{CSB}$ 跟 HD61202(2)的 CS1 相连，因此 $\overline{CSA}$、$\overline{CSB}$ 选通组合信号为 $\overline{CSA}$，$\overline{CSB}$ =01 选通(1)，$\overline{CSA}$，$\overline{CSB}$ =10 选通(2)。对于 LCD12864，只要供给 V_{DD}、V_{SS}和 V_o 即可，HD61202 和 HD61203 所需的电源将由模块内部电路在 V_{DD}和 V_o、V_{SS}的作用下产生。

4) LCD12864 的应用

下面是以单片机 89C52 为例机的接口电路，控制电路为直接访问方式的接口电路，其接口电路图如图 3-85 所示。

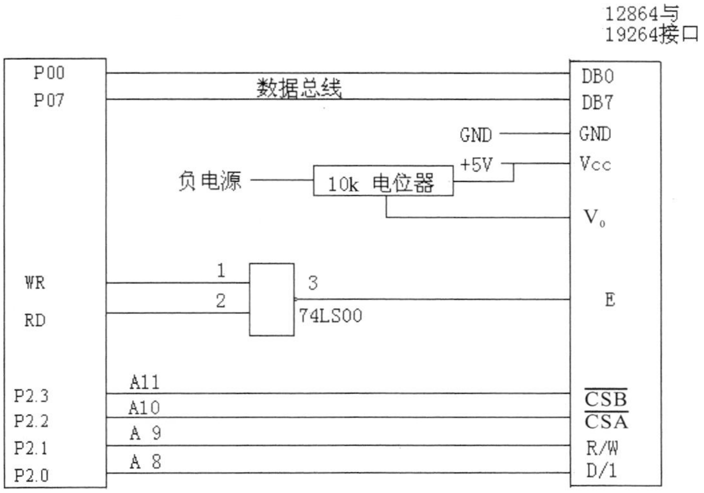

图 3-85　MCU 与液晶的接口电路图

5) LCD12864 连接电路设计

根据以上接口电路图中液晶的各引脚与单片机的接法，可得本设计的液晶模块电路如图 3-86 所示。

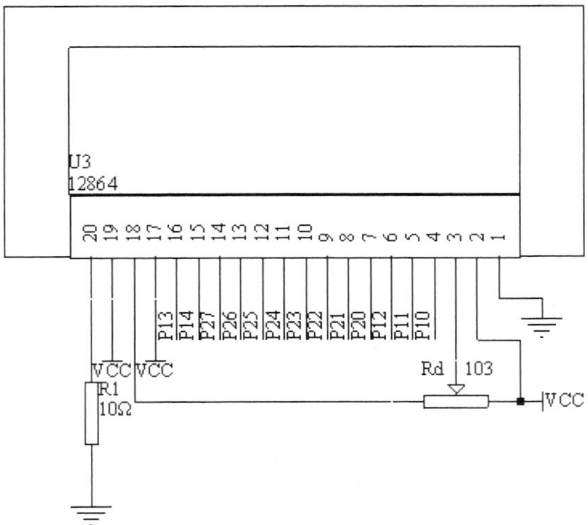

图 3-86　液晶模块电路图

由图 3-86 可以看出：1 脚接地；2 脚接＋5 V；3 脚接 10 k 电位器；4 脚接单片机 P1.0 口；5 脚接 P1.1 口；6 脚接 P1.2 口；7～14 脚接 P2.0～P2.7 口；15、16 脚接 P1.4、P1.3 口；17 脚接电源；18 脚接 10 k 电位器的另一端；19 脚接＋5 V；20 脚接地。

5. 按键模块电路的设计

本设计采用按键接低的方式来读取按键，单片机初始时，因为是高电平，当按键按下时，会给单片机一个低电平，单片机即对信号进行处理。

单片机键盘有独立式键盘和矩阵式键盘两种：独立键盘每一个 I/O 口上只接一个按键，按键的另一端接电源或接地(一般接地)，这种接法程序比较简单且系统更加稳定；而矩阵式键盘接法程序比较复杂，但是占用的 I/O 少。根据本设计的需要这里选用了独立式键盘接法。

独立式键盘的实现方法是利用单片机 I/O 口读取端口的电平的高低来判断是否有键按下。将常开按键的一端接地，另一端接一个 I/O 口，程序开始时将此 I/O 口置于高电平，平时无键按下时 I/O 口保持高电平。当有键按下时，此 I/O 口与地短路，迫使 I/O 口为低电平。按键释放后，单片机内部的上拉电阻使 I/O 口仍然保持高电平。我们要做的就是在程序中查寻此 I/O 口的电平状态就可以了解是否有按键动作了。

用单片机对键盘处理时涉及一个重要的过程，即键盘的去抖动。这里说的抖动是机械抖动，是指当键盘在未按到按下的临界区产生的电平不稳定的正常现象，并且不是我们在按键时注意就可以避免的。这种抖动一般在 10～200 ms，这种不稳定电平的抖动时间对于人来说太快了，而对于时钟是微秒的单片机而言则是漫长的。硬件去抖动就是用部分电路对抖动部分进行处理，软件去抖动不是去掉抖动，而是避开抖动部分的时间，等键盘稳定了再对其进行处理，所以这里选择了软件去抖动。先查寻按键，当有低电平出现时立即延时 10～200 ms 以避开抖动(经典值为 20 ms)，延时结束后再读一次 I/O 口的值，这一次的值如果为 1 表示低电平的时间不到 10～200 ms，视为干扰信号；当读出的值是 0 时则表示有按键按下，调用相应的处理程序。

本系统用到了 3 个按键，采用独立按键，该接法查询简单，程序处理简单，可节省 CPU 资源，按键电路如图 3-87 所示，3 个独立按键分别与 STC89C52 的 P3.6、P3.5、P3.4 接口相连。

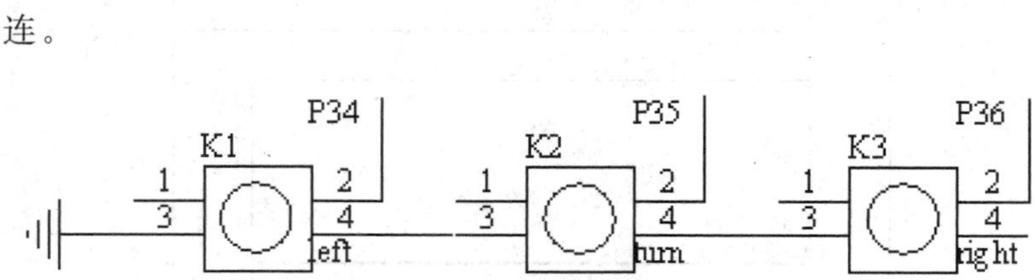

图 3-87　按键电路图

6. 报警模块电路的设计

蜂鸣器驱动电路一般都包含以下几个部分：一个三极管、一个蜂鸣器、一个限流电阻。

蜂鸣器为发声元件，在其两端施加直流电压(有源蜂鸣器)或者方波(无源蜂鸣器)就可以发声，其主要参数是外形尺寸、发声方向、工作电压、工作频率、工作电流、驱动方式(直流/方波)等，这些都可以根据需要来选择。本设计采用有源蜂鸣器，其电路图如图 3-88所示。

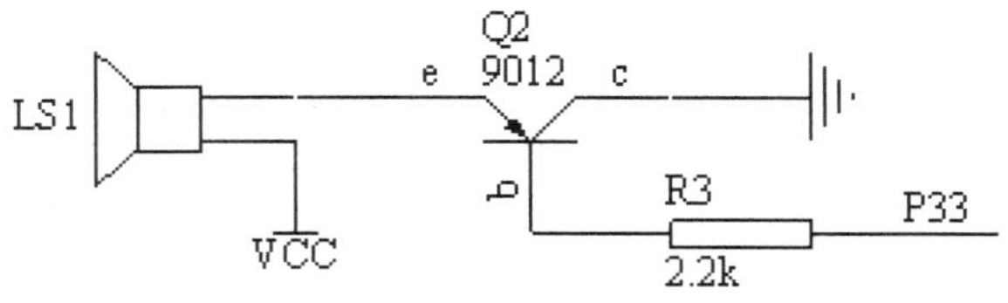

图 3-88　报警模块电路图

图中的三极管 Q2 起开关作用，其基极的高电平使三极管饱和导通，蜂鸣器发声；而基极的低电平则使三极管关闭，蜂鸣器停止发声。

7. 电源模块电路的设计

本系统的供电采用的是用 5V 的 USB 电源线接板子上的 DC 电源接口直接供电，所以在制作该系统时需要焊接一个 DC 电源插口（如图 3-89 所示）和一个自锁开关（如图 3-90 所示），电源模块电路图如图 3-91 所示。

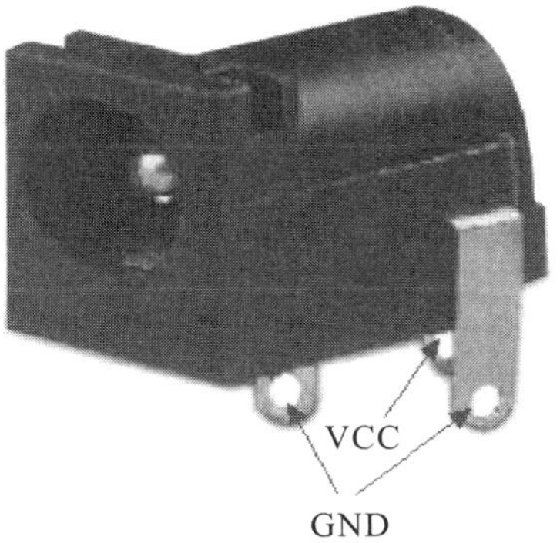

图 3-89　DC 电源插口实物图

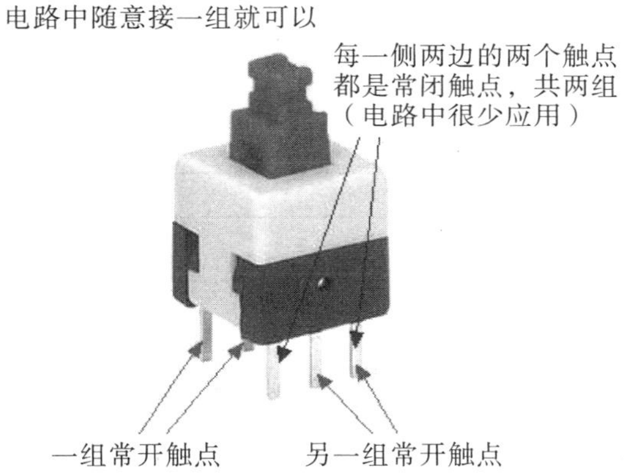

图 3-90　自锁开关实物图

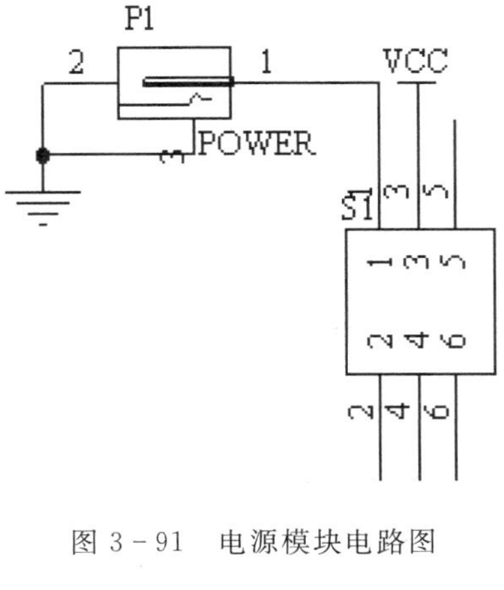

图 3-91　电源模块电路图

8. 系统总体电路的设计

系统的总体电路如图 3-92 所示。

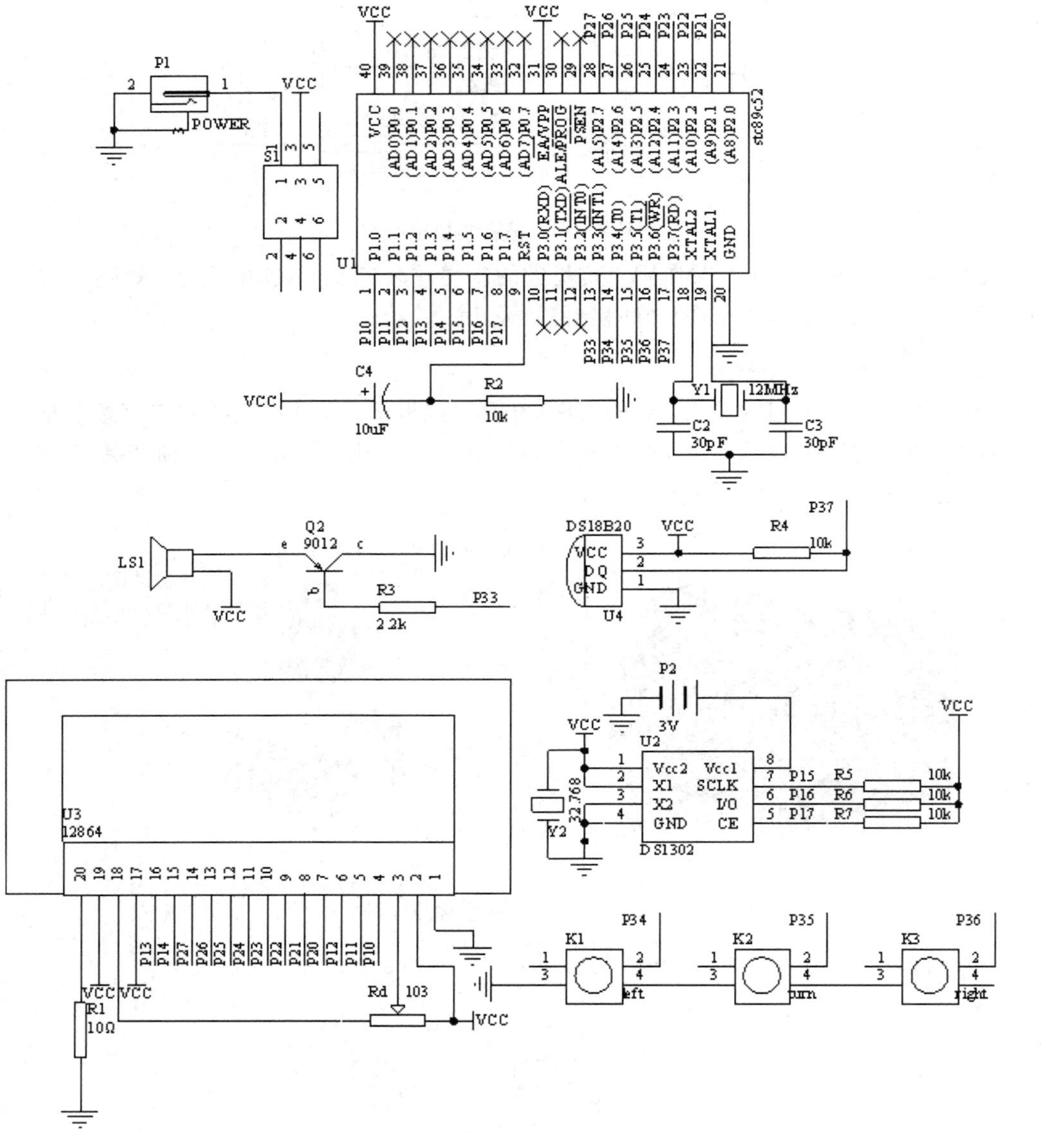

图 3-92　12864 显示的数字电子万年历系统电路原理图

任务 3　系统软件程序设计

电子万年历的功能是在程序的控制下实现的，该系统的软件设计与硬件设计相对应，按整体功能分成多个不同的程序模块并分别进行设计、编程和调试，最后通过主程序将各程序模块连接起来，这样有利于程序的修改和调试，增强了程序的可移植性。

本系统的软件部分主要进行公历计算程序设计、温度测量程序设计、按键的扫描输入等。程序开始运行后首先要进行初始化，将单片机各引脚的状态按程序中的初始化命令进行初始化；初始化完成后运行温度测量程序，读取温度传感器测量出来的温度；然后运行公历计算程序，得到公历的时间、日期信息；再运行按键扫描程序，检测有无按键按下，如果没有按键按下则直接调用节日计算程序，根据得到的公历日期信息计算出节日，如果有按键按下则更新按键修改后的变量后送给节日计算程序，由节日计算程序根据修改后的变量计算出对应的节假日；计算完成后运行显示程序，显示程序将得到的温度数据、公历信息、闹钟信息送给 12864 并显示。

1. 主程序流程图的设计

主程序流程图如图 3－93 所示。

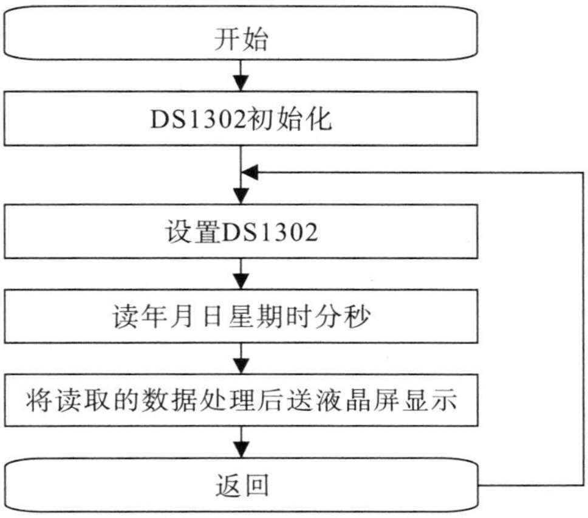

图 3－93 主程序流程图

2. 时钟模块程序设计

1）DS1302 的日历、时间寄存器

DS1302 有 12 个寄存器，其中有 7 个寄存器与日历、时钟相关，存放的数据位为 BCD 码形式，其日历、时间寄存器及其控制字见表 3－15。

表 3－15 DS1302 的日历、时间寄存器表

写寄存器	读寄存器	Bit7	Bit6	Bit5	Bit4	Bit3	Bit2	Bit1	Bit0
80H	81H	CH	10 秒			秒			
82H	83H		10 分			分			
84H	85H	$12/\overline{24}$	0	10 $\overline{AM}$/PM	时	时			
86H	87H	0	0	10 日		日			
88H	89H	0	0	0	10 月	月			
8AH	8BH	0	0	0	0	0	星期		
8CH	8DH	10 年				年			
8EH	8FH	WP	0	0	0	0	0	0	0

表 3－15 为 DS1302 的日历、时间寄存器内容：“CH”是时钟暂停标志位，当该位为 1 时，时钟振荡器停止，DS1302 处于低功耗状态；当该位为 0 时，时钟开始运行。“WP”是写

保护位，在任何对时钟和RAM的写操作之前，“WP”必须为0。当“WP”为1时，写保护位防止对任一寄存器的写操作。

此外，DS1302还有年份寄存器、控制寄存器、充电寄存器、时钟突发寄存器及与RAM相关的寄存器等。时钟突发寄存器可一次性顺序读写除充电寄存器外的所有寄存器内容。DS1302与RAM相关的寄存器分为两类：一类是单个RAM单元，共31个，每个单元组态为一个8位的字节，其命令控制字为C0H～FDH，其中奇数为读操作，偶数为写操作；另一类为突发方式下的RAM寄存器，此方式下可一次性读写所有RAM的31个字节，命令控制字为FEH(写)、FFH(读)。

2) DS1302的控制字

表3-16为DS1302的控制字，此控制字的位7必须置1，若为0则不能对DS1302进行读写数据。对于位6，若对时间进行读/写时，CK=0；对程序进行读/写时，RAM=1。位1～位5指操作单元的地址。位0是读/写操作位，进行读操作时，该位为1；进行写操作时，该位为0。控制字节总是从最低位开始输入/输出的。

表3-16 DS1302的控制字格式

1	RAM/CK	A4		A3	A2	A1	A0	RD/WR

3) DS1302的读写时序

在控制指令字输入后的下一个SCLK时钟的上升沿，数据被写入DS1302，数据输入从低位即位0开始。同样，在紧跟8位的控制指令字后的下一个SCLK脉冲的下降沿，读出DS1302的数据，读出数据时从低位0到高位7，如图3-94所示。

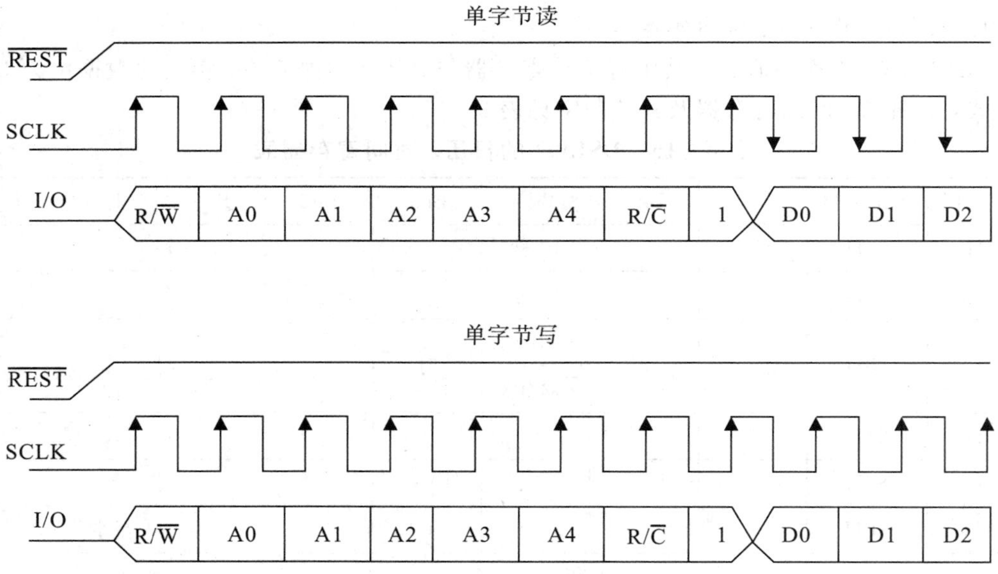

图3-94 DS1302读/写时序图

DS1302在每次进行读、写程序前都必须初始化，先把SCLK端置“0”，接着把RST端置“1”，最后才给予SCLK脉冲，读/写时序如图3-94所示。

4）DS1302 读写程序设计

本系统的时间读取主要来源于单片机对 DS1302 的操作，在硬件上时钟芯片 DS1302 与单片机的连接需要三条线，即 SCLK(7)、I/O(6)、RST(5)，具体连接图见系统硬件设计原理图。读写程序设计如下：

```
函数名：write_ds1302_byte ()
功能：实时时钟写入一字节
说明：往 DS1302 写入 1Byte 数据（内部函数）
入口参数：dat 写入的数据
返回值：无
void write_ds1302_byte(uint8 dat)
    {
    uint8 i;
    for (i=0; i<8; i++) //循环 8 次
    {   SDA = dat & 0x01;
        SCK = 1;         //SCK 端口置 1
        dat >>= 1;
        SCK = 0;         //SCK 端口置 0
    }
}

函数名：read_ds1302_byte(void)
功能：实时时钟读取一字节
说明：从 DS1302 读取 1Byte 数据（内部函数）
入口参数：无
返回值：dat
uint8 read_ds1302_byte(void)
{
    uint8 i, dat=0;
    for (i=0; i<8; i++) //循环 8 次
    {
        dat >>= 1;
        if (SDA)
            dat |= 0x80;
        SCK = 1;         //SCK 端口置 1
        SCK = 0;         //SCK 端口置 0
    }
    return dat;
}

函数名：reset_ds1302(void)
功能：DS1302 复位
说明：复位 DS1302
```

入口参数：无

返回值：无

```
void reset_ds1302(void)
{
    RST = 0；//RST 端口置 0
    SCK = 0；//SCK 端口置 0
    RST = 1；//RST 端口置 1
}
```

函数名：clear_ds1302_WP(void)

功能：清除写保护

说明：清除写保护

调用：write_ds1302_byte(uint8 dat)

入口参数：无

返回值：无

```
void clear_ds1302_WP(void)
{
    reset_ds1302()；
    RST = 1；//RST 端口置 1
    write_ds1302_byte(0x8E)；
    write_ds1302_byte(0)；
    SDA = 0；//SDA 端口置 0
    RST = 0；//RST 端口置 0
}
```

函数名：set_ds1302_WP(void)

功能：设置写保护

说明：设置写保护

调用：write_ds1302_byte(uint8 dat)

入口参数：无

返回值：无

```
void set_ds1302_WP(void)
{
    reset_ds1302()；//复位 1302
    RST = 1；       //RST 端口置 1
    write_ds1302_byte(0x8E)；
    write_ds1302_byte(0x80)；
    SDA = 0；       //SDA 端口置 0
    RST = 0；       //RST 端口置 0
}
```

函数名：set_time(uint8 * timedata)

```
功能：设定时钟数据(秒分时日月周年)
说明：设定时钟数据(秒分时日月周年)
调用：clear_ds1302_WP()；reset_ds1302()；write_ds1302_byte(uint8 dat)；set_ds1302_WP()；
入口参数：指针
返回值：无
void set_time(uint8 *timedata)
{
    uint8 i, tmp, tmps[7];
    for (i=0; i<7; i++)   //转化为 BCD 格式
    {
        tmp = timedata[i] / 10;
        tmps[i] = timedata[i] % 10;
        tmps[i] = tmps[i] + tmp * 16;
    }
    clear_ds1302_WP();       //取消写保护
    reset_ds1302();          //复位芯片
    RST = 1;                 //RST 端口置 1
    write_ds1302_byte(DS1302_W_ADDR);
    for (i=0; i<7; i++)      //循环 7 次
    {
        write_ds1302_byte(tmps[i]);
        delay(10);           //延时
    }
    write_ds1302_byte(0);
    SDA = 0;                 //SDA 端口置 0
    RST = 0;                 //RST 端口置 0

    set_ds1302_WP();         //设置写保护
}

函数名：read_time(uint8 *timedata)
功能：读时钟数据(秒分时日月周年)
说明：读时钟数据(秒分时日月周年)
调用：clear_ds1302_WP()；reset_ds1302()；write_ds1302_byte(uint8 dat)；set_ds1302_WP()；
入口参数：指针
返回值：无
void read_time(uint8 *timedata)
{
    uint8 i, tmp;
    clear_ds1302_WP();       //取消写保护
    reset_ds1302();          //复位芯片
    RST = 1;                 //RST 端口置 1
```

```
        write_ds1302_byte(DS1302_R_ADDR);
        for (i=0; i<7; i++) //循环7次
        {
            timedata[i] = read_ds1302_byte();
            delay(10);          //延时
        }
        SDA = 0;                //SDA端口置0
        RST = 0;                //RST端口置0
        set_ds1302_WP();        //设置写保护
        for (i=0; i<7; i++) //循环7次
        {
            tmp = timedata[i];
            timedata[i] = (tmp/16%10) * 10;
            timedata[i] += (tmp%16);
        }
    }
```

3. 12864液晶显示模块程序设计

1) 液晶显示控制驱动器的指令系统

HD61202的指令系统比较简单，总共只有七种。

(1) 显示开/关指令。当DB0=1时，LCD显示RAM中的内容；DB0=0时，关闭显示。

R/W	RS	DB7	DB6	DB5	DB4	DB3	DB2	DB1	DB0
0	0	0	0	1	1	1	1	1	1/0

(2) 显示起始行(ROW)设置指令。该指令设置了对应液晶屏最上一行显示RAM的行号，有规律地改变显示起始行，可以使LCD实现显示滚屏的效果。

R/W	RS	DB7	DB6	DB5	DB4	DB3	DB2	DB1	DB0
0	0	1	1	显示起始行(0—63)					

(3) 页(PAGE)置指令。显示RAM共64行，分8页，每页8行。

R/W	RS	DB7	DB6	DB5	DB4	DB3	DB2	DB1	DB0
0	0	1	0	1	1	1	页号(0—7)		

(4) 列地址(Y Address)设置指令。设置了页地址和列地址，就唯一确定了显示RAM中的一个单元，这样MCU就可以用读、写指令读出该单元中的内容或向该单元写进一个字节数据。

R/W	RS	DB7	DB6	DB5	DB4	DB3	DB2	DB1	DB0
0	0	0	1	显示列地址(0—63)					

(5) 读状态指令。该指令用来查询HD61202的状态，各参量含义如下：

BUSY：1—内部在工作；0—正常状态。

ON/OFF：1—显示关闭；0—显示打开。

REST：1—复位状态；0—正常状态。

R/W	RS	DB7	DB6	DB5	DB4	DB3	DB2	DB1	DB0
1	0	BUSY	0	ON/OFF	REST	0	0	0	0

在 BUSY 和 REST 状态时，除读状态指令外，其他指令均不对 HD61202 产生作用。在对 HD61202 操作之前要查询 BUSY 状态，以确定是否可以对 HD61202 进行操作。

(6) 写数据指令。读、写数据指令每执行完一次读、写操作，列地址就自动增一。必须注意的是，进行读操作之前，必须有一次空读操作，紧接着再读才会读出所要读的单元中的数据。

R/W	RS	DB7	DB6	DB5	DB4	DB3	DB2	DB1	DB0
0	1	写数据							

(7) 读数据指令。

R/W	RS	DB7	DB6	DB5	DB4	DB3	DB2	DB1	DB0
1	1	读显示数据							

2) 显示控制驱动器的软件设计

液晶控制器 HD61202 一共有七条指令，从作用上可分为两类，显示状态设置指令和数据读/写操作指令，详细指令系统可查看图形液晶显示器产品有关手册。显示起始行设置中 L5～L0 为显示起始行的地址，取值在 0～3FH(1～64 行)范围内。页面地址设置中 P2～P0 为选择的页面地址，取值范围为 0～7H，代表 1～8 页。列地址设置中 C5～C0 为 Y 地址计数器的内容，取值在 0～3FH(1～64 行)范围内。

显示器上 128 点×64 点，每 8 点为一字节数据，都对应着显示数据 RAM(在 HD61202 芯片内)，一点对应一个 bit，计算机写入或读出显示存储器的数据代表显示屏上某一点列上的垂直 8 点行的数据。D0 代表最上一行的点数据，D1 为第二行的点数据，…，D7 为第八行的点数据。该 bit=1 时，该点则显示黑点出来；该 bit=0 时，该点则消失。另外，LCD 指令中有一条 display ON/OFF 指令，display ON 时显示 RAM 数据对应显示的画面；display OFF 时则画面消失，RAM 中显示数据仍存在。

由于 MGLS12864 液晶显示器没有内部字符发生器，所以在屏幕上显示的任何字符、汉字等需自己建立点阵字模库，然后均按图形方式进行显示。由于 HD61202 显示存储器的特性，不能将计算机内的汉字库和其他字模库提出直接使用，需要将其旋转 90°后再写入。点阵字模库的建立包括以下几个方面：

(1) 建立 8×16 点阵常用字符、数字、符号字模库。可选用计算机 BIOS 中 ASCII 的 8×16 字模库，所有字符按照 ASCII 值从小到大升序排列。

```
asm{MOV ax, 1130h /* AH=11h，功能调用，装入字库至软字库 */
mov bh, 6 /* AL=30h 取点阵信息 */
int 10h /* BH=6 取 ROM8×16 点阵指针(VGA) */
mov ax, es /* 出口：ES：BP 指向字库指针 */
mov ascii_es, ax
```

```
mov ax, bp
mov ascii_bp, ax };
ascii_offset=ascii_bp+16 * asciicode;
for(j=0; j<16; j++) buf[j]=peekb(ascii_es, ascii_offset+j); /* 读 16 字节点阵数据 */
for(m=0; m<16; m++) /* 点阵数据转换成 LCD 格式数据 */
{ if(m<8) { beginbyte= 7; shiftn="7"; }
  else { beginbyte="15"; shiftn="15"; }
  for(j=0; j<8; j++)
  ascii8x16[m]=(ascii8x16[m]+ (buf[beginbyte-j]>>(shiftn-m))&0x01)<<1;
}
```

也可选用 UCDOS 的 ASC16 文件作字模库。ASC16 文件的字符为 8×16 点阵，所有字符按照 ASCII 值从小到大升序排列。计算字符首地址的公式：字符首地址＝字符的 ASCII 码值×16＋字模库首地址。

(2) 建立所用到的 16×16 点阵字模库。汉字字符可选用 UCDOS 的 HZK16 文件作字模库。HZK16 文件的字符为 16×16 点阵，所有字符按照区位码从小到大升序排列。计算汉字字符首地址的公式如下：汉字首地址＝((区码－1)×94＋位码－1)×32。

编者用 C 语言编写读取 UCDOS 点阵字库字模的程序，完成字模读取。数据重新排列，并按 MCS－51 汇编程序的要求写成相应格式的文本文件。

```
p=((quma-1) * 94+weima-1) * 32;
cclibfile="fopen"("HZK16", "rb");
fseek(cclibfile, (long)p, SEEK_SET);
fread(buf, sizeof(unsigned char), 32, cclibfile); /* 读 32 字节点阵数据 */
for(m=0; m<32; m++){ /* 点阵数据转换成 LCD 格式数据 */
  if(m<8) { beginbyte="14"; shiftn="7"; }
  else if( m>= 8 && m<16 ) { beginbyte="15"; shiftn="15"; }
  else if( m>=16 && m<24 ) { beginbyte="30"; shiftn="23"; }
  else { beginbyte="31"; shiftn="31"; }
  for(j=0; j<8; j++)
  hzk16x16[m]=(hzk16x16[m]+ (buf[beginbyte-2 * j] >>(shiftn-m))&0x01)<<1;
}
```

(3) 常用图形(如产品商标等)的点阵图形的建立。对已有的图形可采用扫描仪进行扫描，然后用图形处理软件进行处理，再将 BMP 格式文件转换成 MCS－51 汇编文件的格式。

以上所有的字模数据都存放在单片机 W78E58 的程序存储器中，如果用到的汉字、图形较多，可选用较大容量的程序存储器。

通用子程序：通用子程序分左半屏、右半屏写指令代码子程序和写显示数据子程序。液晶显示驱动器 HD16202 内部有个忙标志寄存器，当 BF＝1 时，表示内部操作正在运行，不能接收外部数据或指令。下面子程序中设指令代码寄存器为 COMM，数据寄存器为 DATA。

(COMM EQU 20H /* 指令寄存器 */ DATA EQU 21H /* 数据寄存器 */)

· 左半屏写指令子程序

```
WR_CMD1：MOV DPTR，#CRADR1 ；/*读状态字口地址*/
WAIT1：MOVX A，@DPTR ；/* 读状态字 */
JB ACC.7，WAIT1 ；/*判忙标志 BF，如 BF=1 忙，等待*/
MOV DPTR，#CWADR1 ；/*写指令字口地址*/
MOV A，COMM ；/*取指令代码*/
MOVX @DPTR，A ；/*写指令代码*/
RET
```

· 左半屏写数据子程序

```
WR_DATA1：MOV DPTR，#CRADR1 ；/*读状态字口地址*/
WAIT11：MOVX A，@DPTR ；/* 读状态字 */
JB ACC.7，WAIT11 ；/*判忙标志 BF，如 BF=1 忙，等待*/
MOV DPTR，#DWADR1 ；/*写数据字口地址*/
MOV A，DATA ；/*取数据/
MOVX @DPTR，A ；/*写数据*/
RET
```

· 右半屏写指令子程序 WR_CMD2 和写数据子程序 WR_DATA2 的编制同左半屏子程序相同，只是对应口地址不同。

4. 系统整体程序设计

系统应用程序设计主要包含 DS1302 程序、LCD 显示程序、农历转换程序。程序由八个文件组成，如表 3-17 所示。

表 3-17　12864 显示的数字电子万年历系统程序文件列表

文件名	完成功能
DS1302.h	DS1302 端口定义及用到的函数声明
DS1302.c	DS1302 时钟函数的定义
LCD.h	LCD12864 端口定义及用到的函数声明
LCD.c	LCD12864 函数定义
lunar_calendar.h	农历转换用到的函数声明
lunar_calendar.c	农历转换等函数的定义
main.h	main.h 主函数所用端口定义，包含的头文件及函数的声明
main.c	主函数的定义

(1) DS1302.hDS1302 端口定义及用到的函数声明如下：

```
#ifndef _DS1302_H_
#define _DS1302_H_
#include "main.h"
#define DS1302_W_ADDR 0xBE
#define DS1302_R_ADDR 0xBF
//时间：秒分时日月周年
typedef struct time
{
```

```
    int8 sec;
    int8 min;
    int8 hour;
    int8 day;
    int8 mon;
    int8 week;
    int8 year;
}TIME;
//闹钟：分时
typedef struct alarm
{
    int8 min;
    int8 hour;
}ALARM;
void set_time(uint8 * timedata);
void read_time(uint8 * timedata);
#endif
```

(2) DS1302.cDS1302时钟函数的定义如下：

```
#include "DS1302.h"          //包含头文件
/*写一个字节*/
void write_ds1302_byte(uint8 dat)
{
    uint8 i;
    for (i=0; i<8; i++)      //循环8次
    {   SDA = dat & 0x01;
        SCK = 1;             //SCK端口置1
        dat >>= 1;
        SCK = 0;             //SCK端口置0
    }
}
/*读一个字节*/
uint8 read_ds1302_byte(void)
{
    uint8 i, dat=0;
    for (i=0; i<8; i++)      //循环8次
    {
        dat >>= 1;
        if (SDA)
            dat |= 0x80;
        SCK = 1;             //SCK端口置1
        SCK = 0;             //SCK端口置0
    }
    return dat;
```

```
}
void reset_ds1302(void)
{
    RST = 0;                    //RST 端口置 0
    SCK = 0;                    //SCK 端口置 0
    RST = 1;                    //RST 端口置 1
}
/* 清除写保护 */
void clear_ds1302_WP(void)
{
    reset_ds1302();
    RST = 1;                    //RST 端口置 1
    write_ds1302_byte(0x8E);
    write_ds1302_byte(0);
    SDA = 0;                    //SDA 端口置 0
    RST = 0;                    //RST 端口置 0
}
/* 设置写保护 */
void set_ds1302_WP(void)
{
    reset_ds1302();             //复位 1302
    RST = 1;                    //RST 端口置 1
    write_ds1302_byte(0x8E);
    write_ds1302_byte(0x80);
    SDA = 0;                    //SDA 端口置 0
    RST = 0;                    //RST 端口置 0
}
/* 设定时钟数据(秒分时日月周年) */
void set_time(uint8 *timedata)
{
    uint8 i, tmp, tmps[7];
    for (i=0; i<7; i++)         //转化为 BCD 格式
    {
    tmp = timedata[i] / 10;
        tmps[i] = timedata[i] % 10;
        tmps[i] = tmps[i] + tmp*16;
    }
    clear_ds1302_WP();          //取消写保护
    reset_ds1302();             //复位芯片
    RST = 1;                    //RST 端口置 1
    write_ds1302_byte(DS1302_W_ADDR);
    for (i=0; i<7; i++)         //循环 7 次
    {
```

```
        write_ds1302_byte(tmps[i]);
        delay(10);              //延时
    }
    write_ds1302_byte(0);
    SDA = 0;                    //SDA 端口置 0
    RST = 0;                    //RST 端口置 0
    set_ds1302_WP();            //设置写保护
}
/*读时钟数据(秒分时日月周年)*/
void read_time(uint8 *timedata)
{
    uint8 i, tmp;
    clear_ds1302_WP();          //取消写保护
    reset_ds1302();             //复位芯片
    RST = 1;                    //ST 端口置 1
    write_ds1302_byte(DS1302_R_ADDR);
    for (i=0; i<7; i++)         //循环 7 次
    {
        timedata[i] = read_ds1302_byte();
        delay(10);              //延时
    }
    SDA = 0;                    //SDA 端口置 0
    RST = 0;                    //RST 端口置 0
    set_ds1302_WP();            //设置写保护
    for (i=0; i<7; i++)         //循环 7 次
    {
        tmp = timedata[i];
        timedata[i] = (tmp/16%10) * 10;
        timedata[i] += (tmp%16);
    }
}
```

(3) LCD. hLCD12864 端口定义及用到的函数声明如下：

```
#ifndef _LCD_H_
#define _LCD_H_
#include "main. h"
void LCD_init(void);
void clear12864(void);
void play8(uint8 x, uint8 y, uint8 *addr);
void play16(uint8 x, uint8 y, uint8 *addr);
void play8_num(uint8 x, uint8 y, uint8 num);
void play32(uint8 x, uint8 y, uint8 num);
void play32_num(uint8 x, uint8 y, uint8 num);
void play_week(uint8 x, uint8 y, uint8 num);
```

```
void play_lunar_calendar(uint8 x, uint8 y, uint8 c_mon, uint8 c_day);
#endif
```

(4) LCD.cLCD12864 函数定义如下：

```
#include "LCD.h"
#include "word.h"
/* 12864 判忙 */
void chekbusy12864(void)
{
    uint8 dat;
    RS = 0;                 //指令模式
    RW = 1;                 //读数据
    do{
        P2 = 0;
        E = 1;              //E 端口置 1
        _nop_();            //延时 1μs
        dat = P2 & 0x80;
        E = 0;              //E 端口置 0
    }while (dat != 0);
}
/* 12864 片选 i：0 是左屏，1 是右屏，2 是双屏 */
void choose12864(uint8 i)
{
    switch (i)
    {
        case 0: CS1 = 0; CS2 = 1; break; //片选左屏
        case 1: CS1 = 1; CS2 = 0; break; //片选右屏
//      case 2: CS1 = 0; CS2 = 0; break;
        default: break; //退出
    }
}
/* 写命令 */
void cmd_w12864(uint8 cmd)
{
    chekbusy12864();
    RS = 0;         //RS 端口置 0
    RW = 0;         //RW 端口置 0
    _nop_();        //延时 1μs
    E = 1;          //E 端口置 1
    _nop_();        //延时 1μs
    P2 = cmd;
    _nop_();        //延时 1μs
    E = 0;          //E 端口置 0
}
```

```
/ * 写数据 * /
void dat_w12864(uint8 dat)
{
    chekbusy12864();
    RS = 1;         //RS 端口置 1
    RW = 0;         //RW 端口置 0
_nop_();            //延时 1μs
    E = 1;          //E 端口置 1
_nop_();            //延时 1μs
    P2 = dat;
_nop_();            //延时 1μs
    E = 0;          //E 端口置 0
}
/ * 清屏 * /
void clear12864(void)
{
    uint8 page, row;
    choose12864(0);
    for(page=0; page<8; page++)
    {
        cmd_w12864(0xb8+page);
        cmd_w12864(0x40);
        for(row=0; row<64; row++)
        {
            dat_w12864(0x00);    //写数据 0
        }
    }
    choose12864(1);
    for(page=0; page<8; page++)
    {
        dat_w12864(0x00);        //写数据 0
        }
    }
}
/ *  LCD 初始化 * /
void LCD_init(void)
{
    chekbusy12864();
    cmd_w12864(0xc0);            //从第 0 行开始显示
    cmd_w12864(0x3f);            //LCD 显示 RAM 中的内容
    clear12864();
}
/ *  8×16 字符的显示 * /
```

```
void play8(uint8 x, uint8 y, uint8 *addr)
{
    uint8 i;
    if (x > 63)
    {
        choose12864(1);
        x = x-64;
    }
    else
    {
        choose12864(0);
    }
    cmd_w12864(0x40|x);
    cmd_w12864(0xb8|(y++));
    if ((y & 0x80) == 0)
        for (i=0; i<8; i++)
            dat_w12864(*addr++);
    else
        for (i=0; i<8; i++)
            dat_w12864(0xFF - *addr++);
    cmd_w12864(0x40|x);
    cmd_w12864(0xb8|y);
    if ((y & 0x80) == 0)
        for (i=0; i<8; i++)
            dat_w12864(*addr++);
    else
        for (i=0; i<8; i++)
            dat_w12864(0xFF - *addr++);
}
/* 16×16 显示 */
void play16(uint8 x, uint8 y, uint8 *addr)
{
    uint8 i;
    if (x > 63)
    {
        choose12864(1);
        x = x-64;
    }
    else
    {
        choose12864(0);
    }
    cmd_w12864(0x40|x);
```

```
        cmd_w12864(0xb8|(y++));
        if ((y & 0x80) == 0)
            for (i=0; i<16; i++)
                dat_w12864( * addr++);
        else
            for (i=0; i<16; i++)
                dat_w12864(0xFF - * addr++);

        cmd_w12864(0x40|x);
        cmd_w12864(0xb8|y);
        if ((y & 0x80) == 0)
            for (i=0; i<16; i++)
                dat_w12864( * addr++);
        else
            for (i=0; i<16; i++)
                dat_w12864(0xFF - * addr++);
}
/ * 16×32 字符显示 * /
void play32(uint8 x, uint8 y, uint8 num)
{
    uint8 i, j, * addr;
    addr = Num + num * 64;
    if (x > 63)
    {
        choose12864(1);
        x = x-64;
    }
    else
    {
        choose12864(0);
    for (j=0; j<4; j++)
    {
        cmd_w12864(0x40|x);
        cmd_w12864(0xb8|(y++));
        if ((y & 0x80) == 0)
            for (i=0; i<16; i++)
                dat_w12864( * addr++);
        else
            for (i=0; i<16; i++)
                dat_w12864(0xFF - * addr++);
    }
}
/ *  8×16 数字的显示 * /
```

```
void play8_num(uint8 x, uint8 y, uint8 num)
{
    play8(x, y, &S_num[16 * (num/10%10)]);
    play8(x+8, y, &S_num[16 * (num%10)]);
}
/ * 16×32 BCD 数字的显示 * /
void play32_num(uint8 x, uint8 y, uint8 num)
{
    play32(x, y, num/10%10);
    play32(x+16, y, num%10);
}
/ * 显示星期 * /
void play_week(uint8 x, uint8 y, uint8 num)
{
    switch (num)
    {
        case 1: play8(x+32, y, S_S); play8(x+40, y, C_u); play8(x+48, y, C_n); break;
        case 2: play8(x+32, y, S_M); play8(x+40, y, C_o); play8(x+48, y, C_n);
break;
        case 3: play8(x+32, y, S_T); play8(x+40, y, C_u); play8(x+48, y, C_e); break;
        case 4: play8(x+32, y, S_W); play8(x+40, y, C_e); play8(x+48, y, C_d);
break;
        case 5: play8(x+32, y, S_T); play8(x+40, y, C_h); play8(x+48, y, C_u);
break;
        case 6: play8(x+32, y, S_F); play8(x+40, y, C_r); play8(x+48, y, C_i); break;
        case 7: play8(x+32, y, S_S); play8(x+40, y, C_a); play8(x+48, y, C_t); break;
        default : break;
    }
}
/ * 显示农历 * /
void play_lunar_calendar(uint8 x, uint8 y, uint8 c_mon, uint8 c_day)
{
    uint8 n=0;
    if (c_mon ! = 1)
        n = c_mon;
    play16(x, y, &Y_num[32 * n]);        //月
    x += 16;
    play16(x, y, yue);
    x += 16;

    if (c_day <= 10)                     //日
        play16(x, y, chu);
    else if (c_day <= 19)
```

```
        play16(x, y, &Y_num[32 * 10]);
    else if (c_day == 20)
        play16(x, y, &Y_num[32 * 2]);
    else if (c_day <= 29)
        play16(x, y, nian);
    else if (c_day == 30)
        play16(x, y, &Y_num[32 * 3]);
    else
        play16(x, y, sa);

    x += 16;
    n = c_day % 10;
    if (n == 0)
        play16(x, y, &Y_num[32 * 10]);
    else
        play16(x, y, &Y_num[32 * n]);
}
```

(5) lunar_calendar.h 农历转换用到的函数声明如下：

```
#ifndef _T_H_
#define _T_H_
#include "main.h"
#include "DS1302.h"
void turn_lunar_calendar(TIME *t, uint8 *lunar);
#endif
```

(6) lunar_calendar.c 农历转换函数的定义如下：

```
#include "DS1302.h"//包含头文件 DS1302.h
static unsigned int LunarCalendarDay;
//static code unsigned long LunarCalendarTable[199] = {节约代码空间
static code unsigned long LunarCalendarTable[60] = {
//0x04AE53, 0x0A5748, 0x5526BD, 0x0D2650, 0x0D9544, 0x46AAB9, 0x056A4D,
0x09AD42, 0x24AEB6, 0x04AE4A,
/*1901-1910*/取消此段，节约代码空间
//0x6A4DBE, 0x0A4D52, 0x0D2546, 0x5D52BA, 0x0B544E, 0x0D6A43, 0x296D37,
0x095B4B, 0x749BC1, 0x049754,
/*1911-1920*/取消此段，节约代码空间
//0x0A4B48, 0x5B25BC, 0x06A550, 0x06D445, 0x4ADAB8, 0x02B64D, 0x095742,
0x2497B7, 0x04974A, 0x664B3E,
/*1921-1930*/取消此段，节约代码空间
//0x0D4A51, 0x0EA546, 0x56D4BA, 0x05AD4E, 0x02B644, 0x393738, 0x092E4B,
0x7C96BF, 0x0C9553, 0x0D4A48,
/*1931-1940*/取消此段，节约代码空间
//0x6DA53B, 0x0B554F, 0x056A45, 0x4AADB9, 0x025D4D, 0x092D42, 0x2C95B6,
0x0A954A, 0x7B4ABD, 0x06CA51,
```

```
/*1941—1950*/取消此段，节约代码空间
//0x0B5546, 0x555ABB, 0x04DA4E, 0x0A5B43, 0x352BB8, 0x052B4C, 0x8A953F,
0x0E9552, 0x06AA48, 0x6AD53C,
/*1951—1960*/取消此段，节约代码空间
//0x0AB54F, 0x04B645, 0x4A5739, 0x0A574D, 0x052642, 0x3E9335, 0x0D9549,
0x75AABE, 0x056A51, 0x096D46,
/*1961—1970*/取消此段，节约代码空间
//0x54AEBB, 0x04AD4F, 0x0A4D43, 0x4D26B7, 0x0D254B, 0x8D52BF, 0x0B5452,
0x0B6A47, 0x696D3C, 0x095B50,
/*1971—1980*/取消此段，节约代码空间
//0x049B45, 0x4A4BB9, 0x0A4B4D, 0xAB25C2, 0x06A554, 0x06D449, 0x6ADA3D,
0x0AB651, 0x093746, 0x5497BB,
/*1981—1990*/取消此段，节约代码空间
//0x04974F, 0x064B44, 0x36A537, 0x0EA54A, 0x86B2BF, 0x05AC53, 0x0AB647,
0x5936BC, 0x092E50, 0x0C9645,
/*1991—2000*/取消此段，节约代码空间
0x4D4AB8, 0x0D4A4C, 0x0DA541, 0x25AAB6, 0x056A49, 0x7AADBD, 0x025D52,
0x092D47, 0x5C95BA, 0x0A954E,
/*2001—2010*/
0x0B4A43, 0x4B5537, 0x0AD54A, 0x955ABF, 0x04BA53, 0x0A5B48, 0x652BBC, 0x052B50,
0x0A9345, 0x474AB9,
/*2011—2020*/
0x06AA4C, 0x0AD541, 0x24DAB6, 0x04B64A, 0x69573D, 0x0A4E51, 0x0D2646,
0x5E933A, 0x0D534D, 0x05AA43,
/*2021—2030*/
0x36B537, 0x096D4B, 0xB4AEBF, 0x04AD53, 0x0A4D48, 0x6D25BC, 0x0D254F,
0x0D5244, 0x5DAA38, 0x0B5A4C,
/*2031—2040*/
0x056D41, 0x24ADB6, 0x049B4A, 0x7A4BBE, 0x0A4B51, 0x0AA546, 0x5B52BA,
0x06D24E, 0x0ADA42, 0x355B37,
/*2041—2050*/
0x09374B, 0x8497C1, 0x049753, 0x064B48, 0x66A53C, 0x0EA54F, 0x06B244, 0x4AB638,
0x0AAE4C, 0x092E42,
/*2051—2060*/
//0x3C9735, 0x0C9649, 0x7D4ABD, 0x0D4A51, 0x0DA545, 0x55AABA, 0x056A4E,
0x0A6D43, 0x452EB7, 0x052D4B,
/*2061—2070*/
//0x8A95BF, 0x0A9553, 0x0B4A47, 0x6B553B, 0x0AD54F, 0x055A45, 0x4A5D38,
0x0A5B4C, 0x052B42, 0x3A93B6 /*2071—2080*/取消此段，节约代码空间
//0x069349, 0x7729BD, 0x06AA51, 0x0AD546, 0x54DABA, 0x04B64E, 0x0A5743,
0x452738, 0x0D264A, 0x8E933E
/*2081—2090*/取消此段，节约代码空间
//0x0D5252, 0x0DAA47, 0x66B53B, 0x056D4F, 0x04AE45, 0x4A4EB9, 0x0A4D4C,
```

```
0x0D1541, 0x2D92B5
/*2091-2099*/取消此段，节约代码空间
};
static code int MonthAdd[12] = {0, 31, 59, 90, 120, 151, 181, 212, 243, 273, 304, 334};
static int LunarCalendar(int year, int month, int day)
{
    int Spring_NY, Sun_NY, StaticDayCount;
    int index, flag;
    //Spring_NY 记录春节离当年元旦的天数
    //Sun_NY 记录阳历日离当年元旦的天数
    if( ((LunarCalendarTable[year-2001] & 0x0060) >> 5) == 1)
            Spring_NY = (LunarCalendarTable[year-2001] & 0x001F) - 1;
    else
            Spring_NY = (LunarCalendarTable[year-2001] & 0x001F) - 1 + 31;
    Sun_NY = MonthAdd[month-1] + day - 1;
    if( (! (year % 4)) && (month > 2))Sun_NY++;
        //StaticDayCount 记录大小月的天数 29 或 30
        //index 记录从哪个月开始来计算
        //flag 用来对闰月的特殊处理
        //判断阳历日在春节前还是春节后
    if (Sun_NY >= Spring_NY)//阳历日在春节后(含春节那天)
        {
            Sun_NY -= Spring_NY;
            month = 1;
            index = 1;
            flag = 0;
    if( ( LunarCalendarTable[year - 2001] & (0x80000 >> (index-1)) ) ==0)
                StaticDayCount = 29;
            else
                StaticDayCount = 30;
            while(Sun_NY >= StaticDayCount)
            {
                Sun_NY -= StaticDayCount;
                index++;
    if(month == ((LunarCalendarTable[year - 2001] & 0xF00000) >> 20) )
                {
                    flag = ~flag;
    if(flag == 0)
                        month++;
                }
                else
                    month++;
    if( ( LunarCalendarTable[year - 2001] & (0x80000 >> (index-1)) ) ==0)
```

```
                StaticDayCount=29;
            else
                StaticDayCount=30;
        }
        day = Sun_NY + 1;
    }
else//阳历日在春节前
    {
        Spring_NY -= Sun_NY;
        year--;
        month = 12;
        if ( ((LunarCalendarTable[year - 2001] & 0xF00000) >> 20) == 0)
            index = 12;
        else
            index = 13;
        flag = 0;
if( ( LunarCalendarTable[year - 2001] & (0x80000 >> (index-1)) ) ==0)
            StaticDayCount = 29;
        else
            StaticDayCount = 30;
while(Spring_NY > StaticDayCount)
        {
            Spring_NY -= StaticDayCount;
            index--;
if(flag == 0)
                month--;
if(month == ((LunarCalendarTable[year - 2001] & 0xF00000) >> 20))
                flag = ~flag;
if( ( LunarCalendarTable[year - 2001] & (0x80000 >> (index-1)) ) ==0)
                StaticDayCount = 29;
            else
                StaticDayCount = 30;
        }
        day = StaticDayCount - Spring_NY + 1;
    }
    LunarCalendarDay = day;
    LunarCalendarDay |= (month << 6);
if(month == ((LunarCalendarTable[year - 1901] & 0xF00000) >> 20))
        return 1;
    else
        return 0;
}
int lunar_calendar(int *solar, uint8 *lunar)
```

```
    {
        int flag=0;
        {
          lunar[0] = (LunarCalendarDay & 0x3C0) >> 6;
          flag = 1; //闰月
        }
        else
        {
    lunar[0] = (LunarCalendarDay & 0x3C0) >> 6;
        }
    lunar[1] = LunarCalendarDay & 0x3F;
        return flag;
    }
/*农历转换*/
void turn_lunar_calendar(TIME *t, uint8 *lunar)
{
    int solar[3];
    solar[0] = t->year+2000;
    solar[1] = t->mon;
    solar[2] = t->day;
    lunar_calendar(solar, lunar);
}
```

(7) main.h 主函数所用的端口定义、包含的头文件及函数的声明如下：

```
ifndef _MAIN_H_
#define _MAIN_H_
//#include <AT89X55.H>
//#include <REGX52.H>
#include<reg52.h>//包含头文件
#include <intrins.h>//包含头文件
#include <math.h>//包含头文件
#include <stddef.h>//包含头文件
//数据类型定义
typedef unsigned char uint8;    //数据类型定义
typedef unsigned int uint16;    //数据类型定义
typedef unsigned long uint32;   //数据类型定义
typedef char int8;              //数据类型定义
typedef int int16;              //数据类型定义
//芯片引脚定义
sbit RS=P1^0;                   //指令数据
sbit RW=P1^1;                   //读写
sbit E=P1^2;                    //液晶 E
sbit CS1=P1^3;                  //液晶片选
sbit CS2=P1^4;                  //液晶片选
```

```
sbit SCK = P1^5;              //时钟
sbit SDA = P1^6;              //数据
sbit RST = P1^7;              //DS1302 复位(片选)
sbit KeyIn1 = P3^4;           //设置
sbit KeyIn3 = P3^5;           //加
sbit KeyIn2 = P3^6;           //减
sbit BEEP = P3^3;             //蜂鸣器管脚定义
void delay(uint16 n);         //延时函数
void delay_ms(uint16 n);      //延时 ms 函数
#endif
```

(8) main.c 主函数的定义如下：

```
#include "main.h"//包含头文件 main.h
#include "LCD.h"//包含头文件 LCD.h
#include "DS1302.h"//包含头文件 DS1302.h
#include "word.h"//包含头文件 word.h
#include "lunar_calendar.h" //包含头文件 lunar_calendar.h
#include "buzz.h"//包含头文件 buzz.h
#include "eeprom52.h"
TIME time, tmp_time;    //时间变量
ALARM alarm; //时间变量
char a_a;
bit Alarm_flag=0; //时间变量
bit Clock_flag=0; //时间变量
bit flag=0; //时间变量
sbit DQ=P3^7;    //DS18B20 pin 温度传感器引脚
/************把数据保存到单片机内部 eeprom 中*************/
void write_eeprom()
{
    SectorErase(0x2c00);    //清空
    SectorErase(0x2e00);
    byte_write(0x2c01, Alarm_flag);
    byte_write(0x2c02, Clock_flag);
    byte_write(0x2c03, alarm.hour);
    byte_write(0x2c04, alarm.min);
    byte_write(0x2060, a_a);
}
/************把数据从单片机内部 eeprom 中读出来***********/
void read_eeprom()
{
    Alarm_flag=byte_read(0x2c01);
    Clock_flag=byte_read(0x2c02);
    alarm.hour=byte_read(0x2c03);
    alarm.min=byte_read(0x2c04);
```

```
    a_a = byte_read(0x2060);
}
/* * * * * * * * * * * 开机自检 eeprom 初始化* * * * * * * * * * * * * * * * * * * * /
void init_eeprom()
{
    a_a = byte_read(0x2060);
    if(a_a ! = 1)//新的单片机初始单片机内问 eeprom
    {
        a_a = 1;
        write_eeprom();    //保存数据
    }
}
//——————————————————————18B20—————————————————————
unsigned char L_18B20, H_18B20, zhengshu, shangwen, xiawen;   //温度用变量
unsigned int fg=0, xiaoshu_a;                                   //温度用变量
//——————————————————————18B20—————————————————————
void delay(uint16 n)                                            //延时 μs 级
{
    while (n——);
}
//* * * * * * * * * * * * * * * * * * * * * * * * * * * * * * * * * * * * * * * * * /
//函数: LCD_Delay()
//描述: 延时 t ms 函数
//参数: t
//返回: 无
//备注: 11.0592MHZ   t=1 延时时间约 1ms
//版本:   2015/01/01   First version
//* * * * * * * * * * * * * * * * * * * * * * * * * * * * * * * * * * * * * * * * * /
void Delay_nms(unsigned int t)
{
    unsigned int i, j;
    for(i=0; i<t; i++)        //循环 t 次
    for(j=0; j<113; j++)     //循环 113 次，每次约 3μs
    ;
}
////////////////////////////////////////////////
/* ———————DS18B20——————— * /
void delay_18B20(unsigned int i)
{
    while(i——);
}
/ * DS18B20 的复位脉冲主机通过拉低单总线至少 480 μs 以产生复位脉冲，
然后主机释放单总线并进入接收模式，此时单总线电平被拉高。
```

```
  DS18B20检测到上升沿后延时15～60 μs，拉低总线60～240 μs产生应答脉冲  */
void Init_DS18B20(void)
{
    unsigned char x=0;
    DQ = 1;              //DQ复位
    delay_18B20(8);      //稍做延时
    DQ = 0;              //单片机将DQ拉低
    delay_18B20(80);     //精确延时大于480 μs
    DQ = 1;              //拉高总线
    delay_18B20(14);     //延时
    x=DQ;                //稍作延时后如果x=0则初始化成功，x=1则初始化失败
    delay_18B20(20);     //延时
}
/*写时隙主机在写1时隙向DS18B20写入1，在写0时隙向DS18B20写入0
所有写时隙至少需要60 μs，且在两次写时隙之间至少需要1 μs的恢复时间。
两种写时隙均以主机拉低总线开始，
产生写1时隙：主机拉低总线后，必须在15 μs内释放总线，由上拉电阻拉回至高电平
产生写0时隙：主机拉低总线后，必须整个时隙保持低电平  */
void WriteOneChar(unsigned char dat)
{
    unsigned char i=0;
    for (i=8; i>0; i--)        //循环8次
    {
        DQ = 0;                //DQ输出0
        DQ = dat&0x01;
    delay_18B20(5);            //延时
        DQ = 1;                //DQ输出1
    dat>>=1;                   //右移位
  }
}
/*所有读时隙至少60 μs，且两次独立的读时隙之间至少需要1 μs的恢复时间。
每次读时隙由主机发起，拉低总线至少1 μs。
若传1，则保持总线高电平；若发送0，则拉低总线。
传0时DS18B20在该时隙结束时释放总线，再拉回高电平状态，主机必须在读时隙开始后的
15 μs内释放总线，并保持采样总线状态  */
unsigned char ReadOneChar(void)
{
    unsigned char i=0;
    unsigned char dat = 0;
    for (i=8; i>0; i--)
    {
        DQ = 0;                //给脉冲信号
        dat>>=1;               //移位
```

```
        DQ = 1;              //给脉冲信号
        if(DQ)               //如果DQ=1，执行下面的语句
        dat|=0x80;
        delay_18B20(4);                     //延时
    }
    return(dat);                            //返回数据
}
void read_18B20(void)
{
    Init_DS18B20();
    WriteOneChar(0xCC);                     //跳过读序号列号的操作
    WriteOneChar(0x44);                     //启动温度转换
    delay_18B20(100);                       //this message is very important
    Init_DS18B20();                         //初始化DS18B20
    WriteOneChar(0xCC);                     //跳过读序号列号的操作
    WriteOneChar(0xBE);   //读取温度寄存器等(共可读9个寄存器)，前两个就是温度
    delay_18B20(100);                       //延时
    L_18B20=ReadOneChar();                  //读取低八位数据
    H_18B20=ReadOneChar();                  //读取高八位数据
    zhengshu=L_18B20/16+H_18B20*16;         //整数部分
    xiaoshu_a=(L_18B20&0x0f)*10/16;         //小数第一位
}
//--------------------DS18B20--------------------
/*按键扫描*/
int8 scan_key(void)
{
    int8 val=-1;                            //初始化键值为-1
    if (KeyIn1 == 0)                        //判断=0?有无按键
    {
        val = 1;                            //键值=1
        while (KeyIn1 == 0);                //等待按键释放
    }
    else if (KeyIn2 == 0)                   //判断=0?有无按键
    {
    val = 2;                                //键值=2
        while (KeyIn2 == 0);                //等待按键释放
    }
    else if (KeyIn3 == 0)                   //判断=0?有无按键
    {
        val = 3;                            //键值=3
        while (KeyIn3 == 0);                //等待按键释放
    }
    //if (val > 0)
```

```
        //buzzer_sound();
    return val;                               //返回键值
}
/*主界面框架*/
void main_frame(void)
{
    play32(80, 2, 10);                        //显示数
    play32(32, 2, 10);                        //显示数
    play8(16, 0, S_xie);                      //显示斜线
    play8(40, 0, S_xie);                      //显示斜线
//  play8(96, 0, RH);
//  play8(120, 0, S_percent);
    play8(120, 6, S_du);                     //显示度
}
/*主界面*/
void main_show(bit refresh)
{
    uint8  lunar[2];
    if (refresh)
        read_time((uint8 *)&time);           //读时间函数//时间
    if (refresh || (time.sec != tmp_time.sec))      //秒更新
    {
        tmp_time.sec = time.sec;                    //读取秒数据
        play8_num(104, 6, zhengshu);                //温度显示
        play32_num(96, 2, time.sec);                //显示秒
    }
    if (refresh)
        main_frame();                               //刷新界面
    if (refresh || (time.min != tmp_time.min))      //分更新
    {
        if (!refresh)
            flag = 0;
        tmp_time.min = time.min;                    //读取分
        play32_num(48, 2, time.min);                //显示分
    }
    if (refresh || (time.hour != tmp_time.hour))    //时更新
        {
        if ((!refresh)&&(Clock_flag))
            alarm_sound();
        tmp_time.hour = time.hour;                  //读取时
        play32_num(0, 2, time.hour);                //显示时
    }
    if (refresh || (time.day != tmp_time.day))      //日更新
```

```
    {
        tmp_time.day = time.day;                          //读取日
        play8_num(48, 0, time.day);                       //显示日
        //农历
        turn_lunar_calendar(&time, lunar);
        play_lunar_calendar(0, 6, lunar[0], lunar[1]);
    }
    if (refresh || (time.week != tmp_time.week))   //周更新
    {
        tmp_time.week = time.week;                        //读取周
        play_week(68, 0, time.week);                      //显示周
    }
    if (refresh || (time.mon != tmp_time.mon))     //月更新
    {
        tmp_time.mon = time.mon;                          //读取月
        play8_num(24, 0, time.mon);                       //显示月
        //农历
        turn_lunar_calendar(&time, lunar);                //转换农历月
        play_lunar_calendar(0, 6, lunar[0], lunar[1]);   //显示农历月
    }
    if (refresh || (time.year != tmp_time.year))          //年更新
    {
        tmp_time.year = time.year;                              //读取年数据
        play8_num(0, 0, time.year);                             //显示年
        //农历
        turn_lunar_calendar(&time, lunar);                      //转换农历年
        play_lunar_calendar(0, 6, lunar[0], lunar[1]);         //显示农历年
    }
    }
/*主机界面设置*/
void main_set(void)
{
    int8 key_val, state=1;                                      //变量
    play32_num(96, 2|0x80, time.sec);                           //显示秒
    while (1)
    {   key_val = scan_key();                                   //键盘扫描
        if (key_val == 1)                                       //设置
        {
            if (state >= 7)
                state = 0;
            else
                state++;                                        //位置状态加 1
            set_time((uint8 *)&time);                           //设置时间
```

```
        main_show(1);                              //显示主界面
        switch (state)
        {   case 0: set_time((uint8 *)&time); break;           //设置时间
            case 1: play32_num(96, 2|0x80, time.sec); break;   //显示秒
            case 2: play32_num(48, 2|0x80, time.min); break;   //显示分
            case 3: play32_num(0, 2|0x80, time.hour); break;   //显示时
            case 4: play_week(68, 0|0x80, time.week); break;   //显示周
            case 5: play8_num(48, 0|0x80, time.day); break;    //显示日
            case 6: play8_num(24, 0|0x80, time.mon); break;    //显示月
            case 7: play8_num(0, 0|0x80, time.year); break;    //显示年
            default: break;   //退出循环
        }
    }
    else if (key_val > 1)        //按键值大于 1
    {
        if (state == 1)          //位置 1 设置秒
        {
            if (key_val == 3)                      //加按下?
                time.sec++;                        //秒加 1
            else
                time.sec--;                        //秒减 1
            if (time.sec >= 60)
                time.sec = 0;
            else if (time.sec < 0)
                time.sec = 59;
            play32_num(96, 2|0x80, time.sec); //显示秒
        }
        else if (state == 2)                       //位置 2 设置分
        {
            if (key_val == 3)                      //加按下?
                time.min++;                        //加 1
            else
time.min--;                                        //减 1
            if (time.min >= 60)
                time.min = 0;
            else if (time.min < 0)
                time.min = 59;
            play32_num(48, 2|0x80, time.min); //显示分
        }
        else if (state == 3)                       //位置 3 设置时
        {       if (key_val == 3)                  //加按下?
                time.hour++;                       //加 1
            else
```

```
            time. hour－－；                    //减 1
        if (time. hour>= 24)
            time. hour = 0；
        else if (time. hour< 0)
            time. hour = 23；
        play32_num(0, 2|0x80, time. hour)； //显示时
    }
    else if (state == 4)                    //位置 4 设置周
    {       if (key_val == 3)               //加按下?
            time. week++；                  //加 1
        else
            time. week－－；                 //减 1
        if (time. week>= 8)
            time. week = 1；
        else if (time. week< 1)
            time. week = 7；
        play_week(68, 0|0x80, time. week)； //显示周
    }
    else if (state == 5)                    //位置 5 设置日
    {
        if (key_val == 3)                   //加按下?
            time. day++；                   //加 1
        else
            time. day－－；                  //减 1
        if (time. day >= 32)
            time. day = 1；
        else if (time. day < 1)
            time. day = 31；
        play8_num(48, 0|0x80, time. day)；  //显示日
    }
else if (state == 6)                        //位置 6 设置月
    {
        if (key_val == 3)                   //加按下?
    time. mon++；                           //加 1
        else
            time. mon－－；                  //减 1
        if (time. mon >= 13)
            time. mon = 1；
        else if (time. mon < 1)
            time. mon = 12；
        play8_num(24, 0|0x80, time. mon)； //显示月
    }
    else if (state == 7)                    //位置 7 设置年
```

```
            {
                if (key_val == 3)                   //加按下?
                    time.year++;                    //加1
                else
                    time.year--;                    //减1
                if (time.year>= 100)
                    time.year = 0;                  //0年
                else if (time.year< 0)
                    time.year = 99;                 //99年
                play8_num(0, 0|0x80, time.year);    //显示年
            }
            else
            {
                break;                              //退出循环
            }
        }
        if (state == 0)
            break;                                  //退出循环
    }
}
/*闹钟界面显示*/
void alarm_show(void)
{
    int8 key_val, state=1;
    uint32 t=0;
    play16(0, 0, nao);                              //显示闹
    play16(16, 0, zhong);                           //钟
    play16(32, 0, maohao);                          //冒号:
    if (Alarm_flag)
        play16(48, 0, kai);                         //开
    else
        play16(48, 0, guan);                        //关
    play32_num(32, 2, alarm.hour);                  //时
    play32(64, 2, 10);                              //冒号
    play32_num(80, 2, alarm.min);                   //分
    play16(0, 6, zheng);                            //显示整
    play16(16, 6, dian);                            //显示点
    play16(32, 6, bao);                             //显示报
    play16(48, 6, shi);                             //显示时
    play16(64, 6, maohao);                          //显示冒号
    if (Clock_flag)
        play16(80, 6, kai);                         //显示开
    else
```

```
        play16(80, 6, guan);                    //显示关
    for (t=0; t<30000; t++)
    {   key_val = scan_key();                   //键盘扫描获取键值
        if (key_val > 1)                        //判断数据
            break;
        else if (key_val == 1)                  //判断数据
        {
            if (Alarm_flag)
                play16(48, 0|0x80, kai);        //显示开
            else
                play16(48, 0|0x80, guan);       //关
            while (1)
            {key_val = scan_key();              //键盘扫描获取键值
                if (key_val == 1)               //完成设置
                {
                    if (state >= 4)             //判断数据
                        state = 0;
                    else
                        state++;
                    if (Alarm_flag)
                        play16(48, 0, kai);     //显示开
                    else
                        play16(48, 0, guan);    //显示关
                    play32_num(32, 2, alarm.hour);    //闹钟时显示
                    play32_num(80, 2, alarm.min);     //闹钟分显示
                    if (Clock_flag)
                        play16(80, 6, kai);           //显示开
                    else
                        play16(80, 6, guan);          //显示关
            switch (state)                            //判断数据
                    {
                        case 1:
                            if (Alarm_flag)           //判断数据
            play16(48, 0|0x80, kai);                  //显示开
                            else
                                play16(48, 0|0x80, guan);       //显示关
                            break;
                        case 2:
                            play32_num(80, 2|0x80, alarm.min);   //闹钟分显示
                            break;
                        case 3:
                            play32_num(32, 2|0x80, alarm.hour);  //闹钟时显示
                            break;
```

```
                case 4:
                    if (Clock_flag)                            //判断数据
                        play16(80, 6|0x80, kai);               //显示开
                    else
                        play16(80, 6|0x80, guan);              //显示关
                    break;
                default: break;
            }
        }
        else if (key_val > 1)                                  //判断数据
        {
            if (state == 1)                                    //判断数据
            {
                Alarm_flag = ~Alarm_flag;
                if (Alarm_flag)
                    play16(48, 0|0x80, kai);                   //显示开
                else
                    play16(48, 0|0x80, guan);                  //显示关
                    write_eeprom();
            }
            else if (state == 2)                               //判断数据
            {
                if (key_val == 3)                              //判断数据
                    alarm.min++;                               //加 1
                else
                    alarm.min--;                               //减 1
                if (alarm.min >= 60)                           //判断数据
                    alarm.min = 0;
                else if (alarm.min < 0)                        //判断数据
                    alarm.min = 59;
                play32_num(80, 2|0x80, alarm.min);             //闹钟分显示
                    write_eeprom();
            }
    else if (state == 3)                                       //判断数据
            {
                if (key_val == 3)                              //判断数据
                    alarm.hour++;                              //加 1
                else
                    alarm.hour--;                              //减 1
                if (alarm.hour >= 24)                          //判断数据
                    alarm.hour = 0;
                else if (alarm.hour < 0)                       //判断数据
                    alarm.hour = 23;
```

```
                        play32_num(32, 2|0x80, alarm.hour);        //闹钟时显示
                            write_eeprom();
                    }
                    else if (state == 4)                            //判断数据
                    {
                        Clock_flag = ~Clock_flag;
                        if (Clock_flag)                             //判断数据
                            play16(80, 6|0x80, kai);                //显示开
                        else
                            play16(80, 6|0x80, guan);               //显示关
                            write_eeprom();
                    }
                    else
                    {
                        break;                                      //退出
                    }
                }
                if (state == 0)                                     //状态为0退出
                break;                                              //状态为0退出
            }
            if (state == 0)                                         //状态为0退出
                break;                                              //状态为0退出
        }
    }
}
void daling()                                                       //打铃函数
{
    uint8 i;
    for(i=0; i<10; i++)
    {
        Delay_nms(200);
        BEEP=~BEEP;
    }
}
main()
{
    uint8 key_val;
    read_18B20();                       //初始DS18B20
    Delay_nms(1000);                    //延时1 s，等待18B20工作正常
    LCD_init();                         //初始化液晶
    clear12864();                       //清屏幕
    main_frame();                       //显示主界面框架
    main_show(1);                       //刷新1次
```

```
    read_18B20();                      //读温度
    play8_num(104, 6, zhengshu);       //显示温度
    init_eeprom();
    read_eeprom();
    while(1)
    {
        key_val = scan_key();
        if (key_val == 1)              //K1?
        {
            main_set();                //设置主界面
        }
        else if (key_val == 2)         //K2?
        {
            clear12864();              //清屏幕
            alarm_show();              //闹钟画面
            clear12864();              //清屏幕
            main_show(1);              //主界面
        }
        else if (key_val == 3)         //K3?
        {
        }
        else
        {
            read_time((uint8 *)&time); //读取时间
            read_18B20();
                main_show(0);          //显示主界面
        }
        //闹钟
        if (Alarm_flag)                //如果有闹钟标志，执行下面的程序
        {
            if ((time.sec <30) && (alarm.hour == time.hour)
                             && (alarm.min == time.min))
                                       //判断条件是否满足
            {
              if(time.sec%2==0)
            daling();
            }
        }
    }
}
```

5. 系统仿真电路设计

12864 显示的数字电子万年历系统的仿真电路如图 3－95 所示。

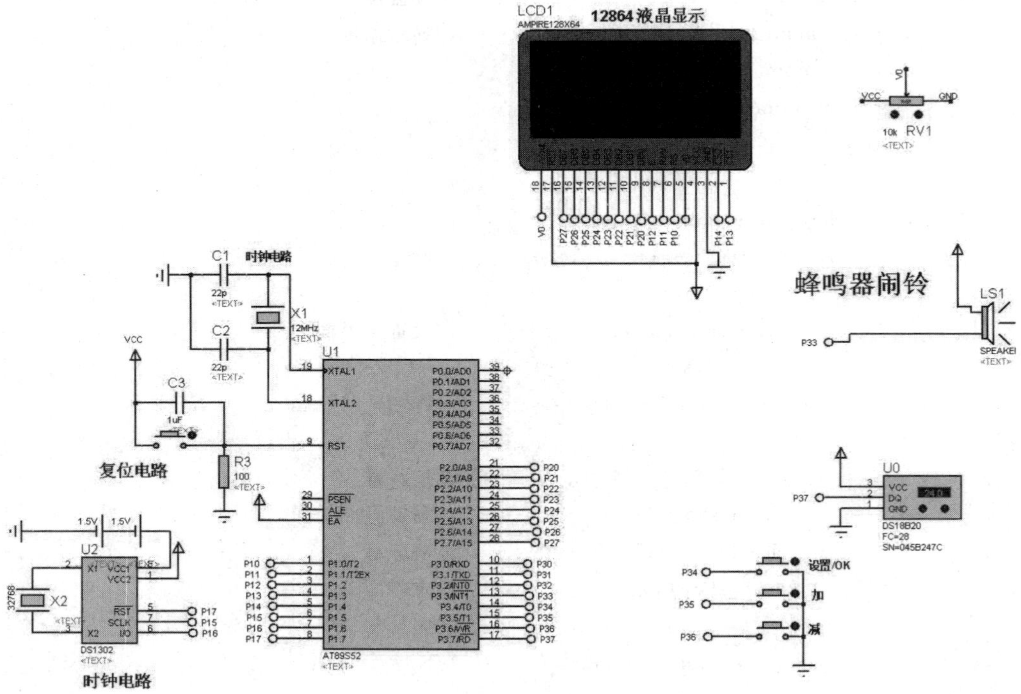

图 3－95　12864 显示的数字电子万年历系统仿真电路图

项目扩展任务

请读者在理解本项目的基础上以组或个人为单位，完成如下任务：

- 完成系统硬件电路的制作；
- 完成系统程序的设计、仿真调试；
- 完成项目技术报告的制作。

参 考 文 献

[1] 冯博，等. 项目式 51 单片机技术实践教程(C 语言版). 北京：电子工业出版社，2014.
[2] 牛军，等. MCS－51 单片机技术项目驱动教程(C 语言). 北京：清华大学出版社，2015.
[3] 夏西泉，王锡惠. 51 单片机基础实验与课程实训教程(C 语言版). 北京：北京理工大学出版社，2012.
[4] 孙立书，等. 51 单片机应用技术项目教程(C 语言版). 北京：清华大学出版社，2015.
[5] 李斌，张晶. MCS－51 单片机应用技术项目教程. 北京：北京航空航天大学出版社，2011.
[6] 王国永. MCS－51 单片机原理及应用. 北京：机械工业出版社，2014.